高等院校计算机类规划教材
国家新闻出版改革发展项目
数据科学与大数据技术专业

大数据入门与实验

吴　斌　滕一阳　编著

北京邮电大学出版社
www.buptpress.com

内容简介

本书是一本大数据技术入门教材，先介绍了大数据技术入门知识，再重点介绍了一个大数据分析教学平台——BDAP，并列举了大量大数据分析入门实验教学案例，详细展示了运用BDAP进行实验的过程。本书主要内容包括大数据初识、大数据技术初识、大数据分析教学平台、大数据分析教学平台的实验解析和扩展实验案例以及如何在入门基础上渐进实现个性化培养提升等内容。本书的目标是在讲解大数据相关基础知识的同时培养读者运用大数据分析教学平台进行大数据分析实验的能力。本书可作为计算机学科相关专业，特别是数据科学与大数据技术专业的基础教材，也可以作为大数据知识普及类的学习参考书。

图书在版编目(CIP)数据

大数据入门与实验 / 吴斌，滕一阳编著. -- 北京：北京邮电大学出版社，2022.4
ISBN 978-7-5635-6603-7

Ⅰ. ①大… Ⅱ. ①吴… ②滕… Ⅲ. ①数据处理—教材 Ⅳ. ①TP274

中国版本图书馆 CIP 数据核字（2022）第 006883 号

策划编辑：姚　顺　刘纳新　　**责任编辑**：王小莹　　**封面设计**：七星博纳

出版发行：北京邮电大学出版社
社　　址：北京市海淀区西土城路 10 号
邮政编码：100876
发 行 部：电话：010-62282185　传真：010-62283578
E-mail：publish@bupt.edu.cn
经　　销：各地新华书店
印　　刷：保定市中画美凯印刷有限公司
开　　本：787 mm×1 092 mm　1/16
印　　张：13.75
字　　数：322 千字
版　　次：2022 年 4 月第 1 版
印　　次：2022 年 4 月第 1 次印刷

ISBN 978-7-5635-6603-7　　定价：36.00 元

大数据顾问委员会

大数据专业教材编委会

前言

为顺应全球范围内运用大数据推动经济发展、完善社会治理体系、提高政府服务和监管能力的大趋势，2015 年国务院印发了《促进大数据发展行动纲要》，此后我国大数据相关产业迎来了进一步的发展。据 2021 年 7 月中国互联网协会发布的《中国互联网发展报告(2021)》统计，在大数据领域 2020 年我国大数据产业规模达到 718.7 亿元，增幅领跑全球数据市场。大数据已渗透到社会生活的方方面面，政府部门，医疗、金融、交通、教育、传媒、电商、电信、服务等行业对大数据相关人才的需求量逐年递增，因此各大高校争相开设大数据相关专业以培养产业急需的专业人才。2015 年，教育部公布新增数据科学与大数据技术专业。2016 年，获批开设此专业的学校有北京大学、中南大学和对外经济贸易大学三所学校，截至 2022 年 3 月，开设此专业的学校已经累计增加到 700 多所。并且，截至 2022 年 3 月，开设大数据管理与应用专业的学校达到 182 所。同时全国共有上千所职业院校成功申报了大数据技术与应用专业，以培养大数据应用型、实战型人才。大数据相关人才培养进入快车道。此外，大数据技术与当前新兴产业紧密关联，在大学生创新创业活动中，已经成为重要的基本技术之一，因此，大数据技术相关知识的学习在计算机科学与技术等一些相关专业上逐渐向通识教育转变。而大数据技术还是一门实践性非常强的专业技术，需要加强学生的专业实践能力，本书就是在这样的背景下编写的，它不仅满足大数据基本知识教育，而且也紧密结合实践能力培养。

本书先介绍大数据的时代背景和大数据相关入门知识，包括大数据的基本概念、数据分析流程、大数据技术框架与生态等；然后介绍如何运用大数据基本知识与工具进行大数据预处理、分析及实验。本书重点介绍了一款大数据分析教学平台——BDAP，它是由北京邮电大学计算机学院数据科学与服务中心研发的大数据分析教学平台，包含了该中心在数据科学与大数据技术领域中十多年积累的科研成果，已经在计算机学院本科生相关大数据实验课程教学中应用了四年多。上千名学生在此平台上进行学习与实验。而且，本书还介绍了大数据分析教学平台中的各类实验，从易到难地详细介绍了实验过程和要求。为了进一步培养学生利用海量数据进行数据分析和挖掘的兴趣，本书由浅入深地介绍了许多与深度学习相关的概念、领域，并以实战为目标，对若干个流行的实验平台进行了简单的介绍。最后，本书总结结合 BDAP 的教学实践经验，展望科教融合下的课程建设。

读者可通过网址 http://www.bupt-dssc.org.cn 进入 BDAP。首先请刮开本书封底上的“北邮智信”验证涂层获得激活码，然后进行注册、登录。

本书内容源于作者四年多在北京邮电大学计算机学院创新创业实践课中大数据技术单元的教学讲义。北京邮电大学计算机学院开设的创新创业实验课已被列为国家级一流本科社会实践类。本书可以作为大数据相关专业课程的实验参考书，也可以用于计算机相关专业的大数据技术入门基础实验教学。

本书内容丰富，浅显易懂，适合对大数据技术感兴趣的零基础人员学习。同时，本书配备了专业学习实践平台，整理了大量学习实验案例，由浅入深，循序渐进地引导读者走进大数据技术的世界。

本书作为高等院校计算机类规划教材系列和数据科学与大数据技术专业教材丛书系列中的一本书，得到了北京邮电大学出版社的大力支持。同时，在本书的编写过程中，作者得了北京邮电大学计算机学院数据科学与服务中心的王柏老师、白婷老师，以及杨卉帆、曹晨雨、晏成昊、李芳涛、任浩箐、崔翔冲、胡益博、漆金晟、张静怡同学的支持，在此感谢为本书出版而付出辛劳的所有人员。

吴　斌
于北京邮电大学

目　录

第1章

大数据的时代背景

2008年*Nature*出版专刊*Big Data*，它从互联网技术、网络经济学、超级计算、环境科学、生物医药等多个方面介绍了海量数据带来的挑战[1]。2011年*Science*推出关于数据处理的专刊*Dealing with Data*，讨论了数据洪流(data deluge)带来的挑战，特别指出，倘若能够更有效地组织和使用这些数据，人们将得到更多的机会，从而发挥科学技术对社会发展的巨大推动作用[2]。2011年5月，全球知名咨询公司麦肯锡发布报告称："数据，已经渗透到当今每一个行业和业务职能领域，成为重要的生产因素。人们对于海量数据的挖掘和运用，预示着新一波生产率增长和消费者盈余浪潮的到来，标志着大数据时代的到来"。人、机、物三元世界的高度融合引发了数据规模的爆炸式增长和数据模式的高度复杂化，世界已进入网络化的大数据(big data)时代。

Big Data 专刊

大数据是现有产业升级与新产业诞生的重要推动力量。数据为王的大数据时代到来后，产业界的需求与关注点发生了重大转变：企业关注的重点转向数据；计算机行业正在转变为真正的信息行业，从追求计算速度转变为关注大数据处理能力；软件行业从以编程为中心转变为以数据为中心。大数据处理的兴起也改变了云计算的发展方向，使其进入以分析即服务(AaaS)为主要标志的Cloud 2.0时代。采用大数据处理方法，生物制药、新材料研制生产的流程会发生革命性的变化，可以通过数据处理能力极高的计算机并行处理，同时进行大批量的仿真比较和筛选，大大提高科研和生产效率，甚至使整个行业迈入数字化与信息化的新阶段。数据已成为与矿物和化学元素一样的原始材料，未来可能形成数据服务、数据探矿、数据化学、数据材料、数据制药等一系列战略性的新兴产业。

Dealing with Data

大数据还引起了科技界对科学研究方法论的重新审视，正在引发科学研究思维与方法的一场革命。最早的科学研究只有实验科学，随后出现了以研究各种定律和定理为特征的理论科学。由于理论分析方法在许多问题上过于复杂，难以解决实际问题，所以人们开始寻求模拟的方法，导致计算科学的兴起。海量数据的出现催生了一种新的科研模式，即面对海量数据，科研人员只需从数据中直接查找或挖掘所需要的信息、知识，甚至无须直接接触研究的对象。

1.1 大数据的产生

现在的社会是一个信息化、数字化的社会，互联网、物联网和云计算技术的迅猛发展，使得数据充斥着整个世界。与此同时，数据也成为一种新的自然资源，亟待人们对其进行合理、高效、充分地利用，使之能够给人们的生活工作带来更大的效益和价值。在这种背景下，不仅数据的数量以指数形式递增，而且数据的结构越来越趋于复杂，这就赋予了“大数据”比以往普通“数据”更加深层的内涵。

在科学研究（天文学、生物学、高能物理等）、计算机仿真、互联网应用、电子商务等领域，数据量呈现快速增长的趋势。美国互联网数据中心（IDC）指出，互联网上的数据每年将增长 50%以上，每 2 年便将翻一番。数据并非单纯指人们在互联网上发布的信息，全世界的工业设备、汽车、电表上有着无数的数码传感器，随时感应和传递运动速度、温度、湿度乃至空气中化学物质的变化等，这也产生了海量的数据信息。

（1）科学研究产生大数据。现在的科研工作比以往任何时候都依赖大量的数据信息交流处理，尤其是在各大科研实验室之间研究数据的远程传输的时候。例如，类似希格斯玻粒子的发现就需要每年 36 个国家的 150 多个计算中心之间进行约 26 PB 的数据交流。

（2）物联网的应用产生大数据。物联网（the Internet of things）[3]是新一代信息技术的重要组成部分，解决了物与物、人与物、人与人之间的互联。本质上，人与机器、机器与机器的交互大都是为了实现人与人之间的信息交互而产生的。在这种信息交互的过程中，催生了从信息传送到信息感知再到面向分析处理的应用。人们接收日常生活中的各种信息，将这些信息传送到数据中心，利用数据中心的智能分析决策得出信息处理结果，再通过互联网等信息通信网络将这些数据信息传递到四面八方。而在互联网终端的设备利用传感网等设施接收信息并进行有用的信息提取，得到自己想要的数据结果。

（3）海量网络信息的产生催生大数据。互联网时代，数以亿计的机器、企业、个人随时随地都会获取和产生新的数据。互联网搜索巨头 Google 公司现在能够处理的网页数量在 10^{12} 以上，每月处理的数据超过 400 PB，并且呈继续高速增长的趋势；Youtube 中每天上传的总视频时长超过 7 万小时；截至 2021 年 3 月，淘宝年度活跃消费者达到 7.9 亿，月度活跃用户超 7.9 亿，淘宝上约有 8.8 亿件在线商品，每天超过数千万笔交易，单日产生的数据量超过 50 TB，存储的数据量达到 40 PB；新浪微博上每天有数十亿的外部网页和 API 接口访问需求，每分钟都会发出数万条微博。据 IDC 的研究结果显示，互联网每年产生的数字信息量在以 60%的速度增长。截止到 2021 年，全球每年产生的数据信息已达到 59 ZB。所有的这些都是海量数据的呈现。

随着社交网络的逐渐成熟，传统互联网转变为移动互联网，移动宽带速度的迅速提升，除了个人计算机、智能手机、平板电脑等常见的客户终端之外，更多更先进的传感设备、智能设备（如智能汽车、智能电视、工业设备和手持设备等）都将接入网络，由此产生的数据量比以往任何时期都多，数据增长速度也比以往任何时期都快，互联网上的数据量正在迅猛增长[4]。

1.2 大数据战略

1.2.1 大数据战略的内涵及意义

（1）大数据战略产生的背景

当前信息技术发展迅速，新型信息的发布方式不断涌现，引发了数据规模的爆炸式增长和数据模式的高度复杂化。除人力资源、自然资源外，数据正成为另一种重要的战略资源。作为新一代信息技术与服务业态，大数据以从海量数据集合中发现新知识、创造新价值、提升新能力为主要特征，对国民经济、国家安全、科学研究、生活方式等产生重要影响。

许多国家在多个领域内积极支持大数据的发展和应用，制定大数据战略，力求抢占优势地位，各个国家间的竞争日趋激烈。美国高度重视大数据的研发与应用，是首个研究大数据并将其列为国家战略的国家，早在 2012 年就发布《大数据研究与发展计划》，将大数据作为加强国家安全的关键因素，并成立"大数据高级指导小组"，启动部署大数据国家战略；2014 年发布《大数据：把握机遇，维护价值》，强调大数据的有效利用；2016 年又发布了《联邦大数据研究与开发战略计划》，围绕大数据研究和开发的关键领域提出下一步发展战略，以维持其在数据科学领域强有力的领导地位。澳大利亚政府则于 2013 年发布《公共服务大数据战略》，侧重于大数据在公共服务中的应用，在大数据的管理、大数据与隐私保护、大数据整合分析、大数据开放共享 4 个方面给予特别关注。欧盟于 2014 年发布《数据驱动经济战略》，聚焦大数据价值链，倡导欧洲各国紧抓大数据发展机遇。此外，英国、日本等国家也高度重视本国的大数据发展，纷纷出台大数据战略。其中：英国为帮助该国经济从疫情中复苏，2020 年发布《国家数据战略》；日本将大数据视为信息通信领域的战略重点，重视大数据的务实应用，先后推出《面向 2020 年的 ICT 综合战略》《创建最尖端 IT 国家宣言》《数据与竞争政策研究报告书》等，在数据开放流通、培养大数据人才等方面做出部署。

中国正处于从追随者、模仿者到开拓者、引领者的过渡时期。面对大数据领域日益激烈的竞争，实施国家大数据战略、统筹制定大数据中长期发展路线图、重构国家综合竞争优势、谋求未来竞争中的新制高点迫在眉睫。

（2）大数据战略的内涵

"大数据"从被提出到获得普遍认可并成为全球热词，伴随的是数据在各行业领域的深层渗透与应用。作为复杂而庞大的数据集，大数据具备很大的分析与挖掘价值，是影响竞争和发展的重要因素。大数据战略是视大数据为一种战略资源的科学战略布局，而大数据国家战略则是将大数据提升到国家战略资源规划层面。其目的是关注如何利用大数据技术解决民生、国家治理、国家安全以及国际竞争力等问题。

大数据战略落脚于战略，实质上是关于大数据发展应用的全局策划和指导。大数据并不简单指大规模的数据集合，它是海量数据与处理这些数据的技术的结合，是对数据集合的有效应用,通过采集、加工、处理和分析庞杂多样的数据以发现新知识并创造新价值。所以,对大数据含义的界定实际上是一种观念变革,大数据战略的真正内涵也正在于此。

(3) 大数据战略的意义与作用

大数据是众多关键行业关注的问题。在信息化发展的新阶段,大数据对经济发展、社会秩序、国家治理、人民生活都会产生重大影响。扩张发展大数据与其他行业的结合会催生新业态。一方面,数据的挖掘如同开采新型能源,可以发现新知识、创造新价值,成为驱动发展的重要推动力;另一方面,大数据作为提升国家治理能力和重塑国家竞争优势的新手段,制定大数据战略,提高数据治理能力有利于实现政府的科学决策、社会的精准治理和公共服务的高效有序。最后,当今世界综合国力的竞争不再局限于传统实体资源的竞争,数字主权与数据安全也成为影响国际竞争的重要因素,“谁掌握了数据,谁就掌握了主动权”成为全球共识,将大数据发展提升至国家战略高度已经成为普遍共识。全球实践也证明,大数据战略不仅可以提升社会生产力、创造新的社会价值,而且可以提高政府管理效率、提升服务水平、加快创新能力建设[5]。因此,在挖掘大数据价值和促进大数据发展方面,制定和实施国家大数据战略势在必行。

现阶段,尚未有任何国家对大数据领域形成垄断。中国作为重要的大数据资源集散地,有着世界上最多的互联网用户,这是成为数据强国的历史性机遇。面对新形势下的机遇与挑战,推动实施国家大数据战略,深刻了解其科学内涵,是加快数字中国建设的必然选择。

1.2.2 中国大数据战略的层次体系

(1) 国家层次的大数据战略

① 综合型大数据战略

近年来,我国推出了一系列大数据政策,以指导大数据技术应用、产业及技术的发展。党中央、国务院有关政策的部分统计见表 1.1。

2015 年,中共十八届五中全会提出“国家大数据战略”之后,国务院发布了《促进大数据发展行动纲要》,从国家大数据发展战略的全局高度出发,明确提出要促进数据资源的开放共享、构建数据强国、推动大数据治国,这是第一份指导我国大数据发展的权威性、系统性纲领文件,为我国大数据应用、产业和技术的发展提供了行动指南。2016 年 7 月,党中央和国务院立足于中国信息化建设进程和新形势,出台了《国家信息化发展战略纲要》,它是规范和指导未来 10 年中国信息化发展的纲领性文件,是国家战略体系的重要组成部分,是信息化领域规划、政策制定的重要依据。2016 年 10 月,中共中央政治局就实施网络强国战略进行集体学习,习近平总书记提出要建设全国一体化的大数据中心,加快落实国家大数据战略。2016 年 12 月,国务院发布了《“十三五”国家信息化规划》,明确提出要建立统一开放的大数据体系,加强数据资源规划建设,建立国家互联网大数据平台和国家治理大数据中心,深化大数据应用,强化数据资源管理,注重数据安全保护。2017 年 10 月,习近平总书记在党的十九大报告中指出,要推动大数据和实体经济深度融合,建设网络强国、数字中国和智慧社会。同年12月，习近平在中共中央政治局对国家大数据战略实施进行第二次集体学习时指出，“大数据发展日新月异，我们应审时度势、精心谋划、超前布局、力争主动”，并深入分析大数据发展的现状和趋势，强调根据中国实际部署实施国家大数据战略，加快建设数字中国，让大数据在各项工作中发挥更大作用，服务社会与民众。2018年1月，为进一步加强和规范科学数据管理，保障科学数据安全，提高开放共享水平，更好地支撑国家科技创新、经济社会发展和国家安全保障，国务院办公厅印发《科学数据管理办法》。2020年5月，《中共中央 国务院关于新时代加快完善社会主义市场经济体制的意见》发布实施，进一步提出加快培育发展数据要素市场。

表1.1 我国大数据政策部分汇总

时间	出处	文件名称/讲话
2015.08	国务院	《促进大数据发展行动纲要》
2015.10	中共中央	《中国共产党第十八届中央委员会第五次全体会议公报》
2016.01	发展和改革委员会	《国家发展改革委办公厅关于组织实施促进大数据发展重大工程的通知》
2016.03	国务院	《中华人民共和国国民经济和社会发展第十三个五年规划纲要》
2016.07	国务院	《国家信息化发展战略纲要》
2016.09	国务院	《政务信息资源共享管理暂行办法》
2016.10	习近平	“建设全国一体化的国家大数据中心”
2016.12	国务院	《“十三五”国家信息化规划》
2017.05	国务院	《政务信息系统整合共享实施方案》
2017.05	习近平	“一带一路”国际合作高峰论坛上的讲话
2017.10	中共中央/习近平	《决胜全面建成小康社会 夺取新时代中国特色社会主义伟大胜利》
2017.12	习近平	“实施国家大数据战略，加快建设数字中国”
2018.01	国务院	《科学数据管理办法》
2020.04	国务院	《关于构建更加完善的要素市场化配置体制机制的意见》
2020.05	国务院	《中共中央 国务院关于新时代加快完善社会主义市场经济体制的意见》

② 各行业的大数据战略

围绕宏观大数据国家战略，各部委和相关行业也出台了一系列政策来推动大数据的应用发展，具体政策统计见表1.2，包含医疗、政务信息资源、农业、经济、生态环境、国土资源、林业、交通运输、水利、气象、教育、交通旅游服务等方面。

从总体来看，相关部门及行业从多方位响应了国家大数据战略，尤其是关系国民经济建设与发展的重点行业领域，且不断深化战略部署，引导大数据应用向专业化、个性化纵深发展。不同于国家的宏观战略，各部委根据各自的职能分工进行相应部署，发挥“互联网+”的应用潜力，挖掘信息资源价值，推动大数据与各行业领域的深度融合。

表 1.2　部分行业领域大数据政策汇总

时间	出处	文件名称
2015.12	农业农村部	《农业部推进农业农村大数据发展的实施意见》
2016.01	发展和改革委员会	《国家发展改革委办公厅关于组织实施促进大数据发展重大工程的通知》
2016.02	国务院	《中医药发展战略规划纲要(2016—2030 年)》
2016.03	生态环境部	《生态环境大数据建设总体方案》
2016.06	国务院	《国务院办公厅关于促进和规范健康医疗大数据应用发展的指导意见》
2016.07	自然资源部	《关于促进国土资源大数据应用发展的实施意见》
2016.07	国家林业和草原局	《关于加快中国林业大数据发展的指导意见》
2016.07	中国煤炭工业协会、中国煤炭运销协会	《推进煤炭大数据发展的指导意见》
2016.08	交通运输部	《关于推进交通运输行业数据资源开放共享的实施意见》
2016.08	发展和改革委员会	《国家发展改革委办公厅关于请组织申报大数据领域创新能力建设专项的通知》
2016.10	农业农村部	《农业农村大数据试点方案》
2016.10	国务院	《“健康中国 2030”规划纲要》
2016.11	国家中医药管理局	《中医药信息化发展“十三五”规划》
2017.01	工业和信息化部	《大数据产业发展规划(2016—2020 年)》
2017.01	卫计委	《“十三五”全国人口健康信息化发展规划》
2017.05	水利部	《关于推进水利大数据发展的指导意见》
2017.09	气象局	《气象大数据行动计划(2017—2020 年)》
2017.09	公安部	《关于深入开展“大数据 + 网上督察”工作的意见》
2018.01	教育部	《教育部机关及直属事业单位教育数据管理办法》
2018.03	交通运输部/文化和旅游局	《关于加快推进交通旅游服务大数据应用试点工作的通知》
2018.04	国务院	《国务院办公厅关于促进“互联网 + 医疗健康”发展的意见》
2019.02	工业和信息化部/国家机关管理局/国家能源局	《关于加强绿色数据中心建设的指导意见》
2019.07	工业和信息化部	《电信和互联网行业提升网络数据安全保护能力专项行动方案》
2020.02	工业和信息化部	《工业数据分类分级指南(试行)》
2020.04	工业和信息化部	《关于公布支撑疫情防控和复工复产复课大数据产品和解决方案》
2020.05	工业和信息化部	《关于工业大数据发展的指导意见》

(2) 地方层次的大数据战略

国家大数据战略的实施离不开地方政府的协同配合与贯彻落实。作为大数据战略的前沿阵地,很多地方政府很早就预见到大数据在未来经济社会领域的发展前景与重要意义，并进行了积极探索。2012年，广东省政府办公厅率先发布《广东省实施大数据战略工作方案》，成功试水大数据战略。2012年，上海市政府数据开放平台启动，上海市科学技术委员会颁布了《上海推进大数据研究与发展三年行动计划(2013—2015年)》。2013年6月，重庆发布了《重庆市大数据产业发展规划》。此外，北京、天津、武汉等地也出台了相关文件。地方政府的探索无疑加快了中央政府部署大数据战略的步伐，2015年，国务院印发的《促进大数据发展行动纲要》从国家大数据发展战略全局的高度，提出了我国大数据发展的顶层设计和统筹布局，支持地方开展大数据产业发展和应用试点，谋划当地的大数据发展规划。之后，各级地方政府更是积极响应，各地大数据发展政策密集出台，地方大数据管理机构也陆续成立。

与国家宏观规划不同，地方政府的战略充分体现的是该地区的资源优势与发展特色。例如，2020年广东省工业和工信厅发布的《广东省5G基站和数据中心总体布局规划(2021—2025年)》，提出加快以5G基站和数据中心为重点的新一代信息基础设施建设，加强顶层设计和规划引导，加快新型基础设施与数字产业融合发展，为广东省经济社会高质量发展提供有力支撑。从地区分布看，各地区均有大数据战略相关文件发布，其中发布文件最多的是贵州省，这一方面在于国家的扶持政策，如2015年《促进大数据发展行动纲要》把发展贵州大数据产业正式上升为国家战略，支持贵州大数据产业集聚区创建工作；另一方面在于贵州省自身的前瞻性、战略性探索。

总体来说，目前地方大数据规划主要有两类：一类是与地区发展现状紧密结合的引领性规划，如各省市制定的大数据发展意见、发展规划，这类规划从政策机制上对大数据进行战略部署，提出发展目标和行动方向；二是具备可操作性的具体措施落实型规划，这类规划往往提出某些具体领域的实施方案或在专项工程中的具体部署，而在具体部署中，则重点关注了信息基础设施建设、人才队伍培养、法规标准制定等方面。值得一提的是，贵州省作为抓住发展大数据机遇、实现“弯道超车”的典型，走出了一条不同于东西部省份的发展新路。无论是《贵州省大数据产业发展应用规划纲要(2014—2020年)》《贵州省信息基础设施条例》《关于加快大数据产业人才队伍建设的实施意见》等发展政策的制订，还是中国首部大数据地方法规《贵州省大数据发展应用促进条例》、首部政府数据共享开放地方法规《贵阳市政府数据共享开放条例》、首部大数据安全管理地方性法规《贵阳市大数据安全管理条例》等法规的出台施行，都印证了贵州省在大数据发展及创新应用方面取得显著成效，展示了其在探索战略行动路径中积累了丰富经验，也为其他地区提供了良好借鉴。

(3) 企业层次的大数据战略

企业利用大数据可以更敏锐地感知市场变化，洞察客户、消费者以及合作伙伴与竞争对手的行为；更精准地优化企业运营，和商业伙伴一起开展协同创新。企业要顺应大数据时代，利用大数据和大数据分析来增强洞察力，释放企业潜力，实现转型和发展。对此，需要加强对大数据的持续投入和研发，注重合作和行业应用，制定与之契合的大数据战略。

根据2016年贝恩公司对大数据行业的调研可知，对于拥有优秀大数据能力的企业，其财务业绩排在行业前25位的可能性是没有该能力的企业的2倍；做出正确决策的可能性是没有该能力的企业的3倍；决策速度是没有该能力的企业的5倍。大数据对于企业乃至整个社会的重要性不言而喻[6]。

对企业而言，无法持续产生价值的数据是没有意义的，所以，企业足够了解自身拥有或获取的数据资产，并能以此建立清晰的大数据战略，为企业发展创造价值显得尤为关键。2018年《中国大数据发展调查报告》显示，企业对数据分析的重视程度进一步提高，接近2/3的大数据企业已经成立了相关的数据分析部门，六成以上企业认为完善行业标准、健全法律法规有助于推动大数据发展。对传统行业和新型大数据企业而言，大数据的价值毋庸置疑，如何制定大数据战略，让大数据真正为自己所用、产生相应价值是值得企业深思的问题。

1.3 大数据的应用

大数据将给各行各业带来变革性机会，但真正的大数据应用仍处于发展初级阶段。下面就目前大数据在电子政务、网络通信、医疗、能源、零售等行业中的应用进行简单介绍[7]。

1.3.1 大数据在电子政务中的应用

基于大数据技术的诸多优势，在电子政务领域，大数据技术主要用于网站数据分析，社会信用平台、大数据交换共享平台与电子政务决策系统的构建等。

(1) 大数据技术支持下的政府网站数据分析

为准确掌握网站的浏览情况，大多数网站都会对用户的日常浏览情况进行数据分析，相关分析要素包括用户访问的路径、不同网页的停留时间、浏览网页的具体时间等，通过对以上要素的研究，能够对用户需求、习惯进行准确分析，并能够对后期网站缺陷的具体调整提供指导性意见。

以某政府网站为例，由于网页设计不合理，因此在用户打开某一页面时，长期处于等待状态，如此一来，用户对这一网页的实际浏览次数为0。针对这一情况，网站管理人员通过对某一周期内的网站浏览情况进行分析，因为一定周期内浏览网站用户的数量较大，且相关要素成倍增加，所以，在处理以上信息的过程中就用到了大数据技术。对于网页访问次数出入较大的数据，则需要进行深入分析，在排除网页的可链接性之后，检查网页内的相关信息，确保网页内的信息可靠、安全。

一方面，通过用户浏览网站后留下的大量信息，网站可以将用户信息存入数据库，并利用大数据技术对相关信息进行分类，以实现网站信息的精准推送；另一方面，经过大数据处理后的数据信息逐渐成为政府行政决策的重要依据，并能够在一定程度上保证行政决策的有效性和科学性。

(2) 大数据技术支持下的社会信用平台的构建

为更好地掌握居民信用信息，建立以个人为单位的信用数据库，需要以大数据技术为依托，收集相关部门所掌握的居民信用资料，并通过大数据技术进行对比、整合，进而得出准确的个人信用情况。例如，在购房贷款过程中，商业银行往往需要用户提供《个人征信档案》，在《个人征信档案》中，不仅包括用户的基本身份信息，还包括用户在所有金融机构办理的各种信用卡情况，以及是否存在不良信用记录等，这些信息的存在意味着政府机构与金融机构之间实现了以大数据技术为核心的信息共享，通过对比用户身份信息，将属于同一用户的信用信息进行整合，并重新存储于数据库之中。

政府行为的社会信用平台构建旨在掌握用户的个人诚信资料，并为基于个人行为的政府服务工作提供数据支撑，打击社会范围内长期存在老赖等现象。构建大数据技术支持下的社会信用平台能够实现社会范围内道德诚信体系的不断加强，促进社会道德水平的提升。

(3) 大数据技术支持下的大数据交换共享平台的构建

随着政府部门事务性工作的不断增加，仅依靠人工对相关数据进行收集、分类、整合、处理等，不仅效率低，速度慢，还容易出现人为性差错，数据结果的人为性因素较大。在此情况下，借助大数据技术在多元数据收集、处理方面的优势，以及大数据技术下的大数据交换共享平台，政府可以通过网络获取社会各领域的相关数据，并对数据资源进行有效整合，形成庞大的数据库资源。

然而，对数据库来说，只有得到利用才能体现其价值。在这种情况下，政府部门就需要充分利用大数据交换共享平台的优势，建立以政府事物为中心的社会基础数据库，为政府相关工作的开展提供横向、纵向信息的全方位共享。在区域间政府工作交流方面，大数据交换共享平台能够突破传统政务工作的空间限制，进而促进跨地区政府部门的信息资源整合与业务开展。

为更好地发挥电子政务的优势，在大数据交换共享平台的构建方面，需要对这一平台的信息资源目录体系进行完善，制定政府间统一的大数据交换共享平台的使用标准，规范政府在使用大数据交换共享平台的各种行为，以实现对数据资源的合理、高效利用。所以，大数据交换共享平台的使用，不仅便于政府工作的开展，还促进了社会管理工作有条不紊地展开，社会环境的稳定得以实现。

(4) 大数据技术支持下的电子政务决策系统的构建

在实际使用过程中，大数据技术并不仅仅是简单地对多元数据的收集、整合、分析、处理，对大数据技术的使用方来说，庞大的数据价值还在于能够辅助政府决策。

利用计算机软件，对庞大数据中的相关数据进行筛选、分析。利用这些经过计算机软件的处理之后的信息，能够得到更加准确的计算结果，政府部门依据这一结果，就可以完成一系列的政府决策，从而实现政府办事效率的快速提高。

例如，在市政建设方面，对于城市内部交通拥堵问题，可以借助交通系统长期提供的大数据信息，了解城市内交通拥堵的主要路段、时间，以及在庞大数据信息的支持下，通过建模的方式，采取多种治堵方式，并利用大数据技术对每一种方式的实际效果进行综合评估，最终选择效果最好的治堵方式。

对于政府决策的客观性、准确性等，使用大数据技术辅助决策有着极大的优势。但是，基于大数据技术缺乏人类情感因素的介入，以至于相关决策并不能够完全突出“以人为本”的政府工作理念。所以，政府部门应慎重对待大数据技术下的电子政务决策，需根据相关内容的实际情况，做出最佳的决策选择[8]。

1.3.2 大数据在网络通信行业中的应用

大数据与云计算相结合所释放出的巨大能量几乎波及所有的行业，而信息、互联网和通信行业首当其冲。特别是对于通信业，在传统话音业务低值化、增值业务互联网化的趋势中，大数据与云计算有望成为其加速转型的动力和途径。对大数据而言，信息已经成为企业战略资产。每天都会从管道、业务平台、支撑系统中产生海量有价值的数据，基于这些大数据的商业智能应用将为通信运营商带来巨大机遇和丰厚利润。

例如，通信业者可以充分有效利用大数据技术，将其运用到无线网络的优化中，提高用户的使用感知，树立其无线网络品牌。让无线信号持续良好覆盖，同时减少无主导小区的区域，可以减少干扰、掉话、话务不均衡和切换故障 4 个方面产生的问题。网络优化包括优化准备、数据(测试数据和后台数据)采集、问题分析、优化调整实施、提取数据印证 5 个部分。其中数据采集、问题分析、优化调整实验需要根据无线网络的目标要求和网络优化后的状况反复进行，直至无线网络满足优化目标，达到关键网络指标要求为止，其流程如图 1.1 所示[9]。

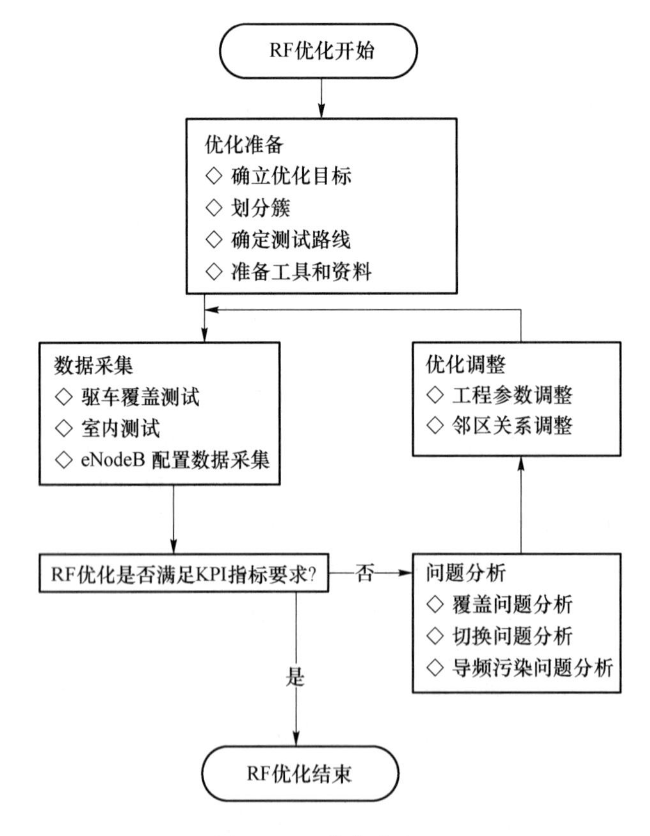

图 1.1 网络优化流程

1.3.3 大数据在医疗行业中的应用

随着我国国民经济建设的不断完善，人们生活水平日益提高，对医疗健康服务的需求也在逐渐攀升，与此同时，相关的服务标准也在逐渐提高，医疗资源紧张、配置失衡及利用率低等问题凸显，对医疗行业发展带来了一定挑战。而凭借着大数据等相关最新技术的快速发展，医疗行业可以通过使用这些先进的技术手段，强化服务质量，从大数据中对患者病情快速掌握和处理，进而可以全面提高医疗服务效率，也可以向患者提供更有针对性的服务。对大数据的有效利用，将帮助医疗行业创造出更大的价值，促进我国医疗行业现代化，而这也将成为我国医疗行业实现跨越式发展的重要契机。

（1）协助临床医疗诊断

近年来互联网技术快速发展，人们几乎人手一部互联网终端设备，这就意味着在互联网背后时时刻刻都会生成大量的数据信息，这些数据信息有许多便是与医疗行业直接相关的。患者在进行就诊过程中，会接受医院的数据信息建档，各类与诊疗相关的数据信息都会被记录在数据档案之中，进而生成大数据信息资源。通过利用大数据技术对这些数据信息档案中的信息进行深度挖掘和处理，便可以建立起病症分析模型，帮助医务人员更好地分析各类病症问题。而且，该模型也可以帮助医务人员将其与其他病症进行对比。通过发现病症模型之间的差异，医务人员可以获得更为直观的数据支持，从而提高分析的准确性。

医务人员在进行临床诊断时，大数据技术也可以帮助医务人员获得更为完善的指标数据，帮助医务人员更加客观准确地诊断病情。医务人员也可以结合这些大数据信息和当前患者的实际情况，制订出周详的治疗和保健方案，帮助患者提高恢复健康的速度。

利用大数据技术不仅可以帮助医务人员更加科学地做出临床诊断，还能够帮助医务人员避免经验主义带来的影响，确保诊断的客观性，进而极大地降低了临床诊断中误诊和漏诊发生的概率。

（2）协助医疗药物研发

在医疗药物的研发过程中，传统的药物研制方法存在着研发周期过长、成功率较低的缺陷，而利用大数据技术可以协助医疗药物的研发，不仅能够极大地缩短研发周期，还能够全面提高研发的成功率。

在进行药物研发市场分析阶段时，可以利用大数据技术将所收集到的各类数据信息进行深度挖掘和分析，及时掌握市场上目前紧缺的药物类型，并且结合市场中消费者的实际需求开展有针对性的研制工作，这将使药物研发更符合市场需求，提高药物研发的经济效益，也能够更有针对性地满足消费者的医疗服务要求。

在进入到药物测试阶段时，利用大数据技术可以深入分析患者的用药信息，这就意味着能够在数据支持的基础上拓宽测试数据的样本体量，及时发现不同药物之间的对比关系以及药物内部存在的潜在功能，进而全面提高药物预测的准确度。

在进入临床用药阶段时，通过录入患者的各类数据指标和用药信息，大数据技术将在计算机内自动生成患者相关病症的发展特征、用药变化、用药剂量特征以及用药疗程数据等，通过将这些数据进行对比分析，能够筛选出适用于药品研发的各类数据信息，进而可以帮助研发人员获得更有力的数据参考。

（3）完善患者健康管理

利用大数据技术可以帮助患者建立起完整的健康管理体系，全方位地对各类能够影响健康的危险因素进行及时的监控，包括环境因素、病毒因素、营养状况因素、基因影响因素等。在大数据技术的支持下可以实现数据对比分析功能，进而挖掘出不同因素对于患者健康情况所造成的直接影响。

与此同时，利用大数据技术也可以对不同地区人民群众的身体状况进行实时地监测，并根据不同地区人民群众的特点提出有针对性的健康建议，进而可以有效地提高我国人民群众的卫生健康水平。

将大数据资源与各类智能化移动设备和可穿戴设备相结合，可以对个人身体健康情况进行实时监测，进而帮助人们及时了解自身生命周期的健康质量，并且督促人们加强管理，实现健康管理连续性的目的。

大数据技术应用在个人健康管理工作中，可以实时掌握各类数据信息，提高用户健康监督管理力度，准确把握用户的生活习惯，进而帮助医务人员更有针对性地制订出科学合理的健康管理方案。

（4）帮助健全医疗保险体系

利用大数据可以帮助健全医疗保险体系，大数据可以及时收集居民相关的各类病历档案、医疗费用花销情况等。使用大数据也能够对居民的健康状况进行准确分析，精准判断保险费用额度，从而可以帮助居民获得更加合理科学的医疗保险策略，尽可能避免不必要的医疗保险花销，也可以有效降低医疗资源的浪费情况。与此同时，通过利用大数据技术对各类数据资源进行深度挖掘，可以帮助保险部门及时发现骗保行为，维护保险公司经济权益，避免不必要的损失。

（5）促进智能决策建设

利用大数据技术能够促进医疗行业实现智能决策建设。在过去进行临床诊断时往往需要依靠医生的医疗经验和专业技术进行主观判断，这就意味着有时会出现误诊和漏诊的情况。利用大数据系统进行医疗诊断时，凭借先进的技术支持，医生可以更为准确地掌握患者的实际情况和各类隐藏信息。

大数据智能分析可以辅助医生进行更为客观的诊断，也可以帮助医生采取更为科学的治疗方法，促进适度医疗，避免过度医疗。医疗管理部门也可以利用大数据技术对整个区域内的卫生状况进行深度分析，将所获得的结果作为提高公共卫生保障工作的决策依据，全面提高公共卫生的管理质量[10]。

1.3.4 大数据在能源行业中的应用

互联网技术与互联网思维逐步与能源系统实现融合，能源行业开始意识到大数据在能源行业全环节的巨大应用潜力，大数据对促进可再生能源的发展、激发能源行业的跨界融合活力与创新发展动力具有重大的意义。将大数据技术应用于能源行业有利于政府实现能源监管、社会共享能源信息资源。大数据技术是推进能源市场化改革的基本载体,也是贯彻落实国家“互联网+”智慧能源发展战略、推进能源系统智慧化升级的重要手段;同时,它也在助力跨能源系统融合、提升能源产业创新支撑能力、催生智慧能源新兴业态与新经济增长点等方面发挥积极的作用。面向“互联网+”智慧能源的能源大数据基本架构由应用层、平台层、数据层以及物理层组成,如图1.2所示。

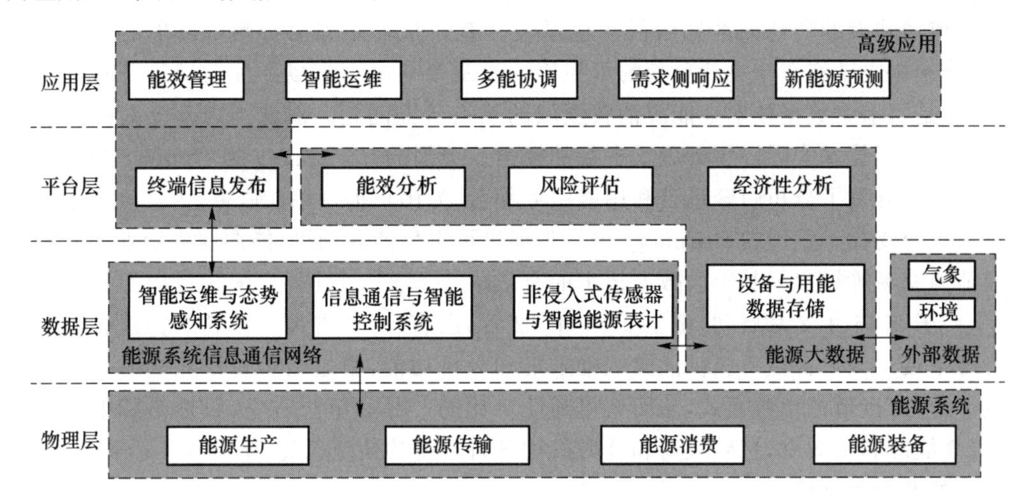

图1.2 能源大数据的基本架构

(1) 能源规划与能源政策领域

能源大数据在政府决策领域的应用主要体现在能源规划与能源政策制定两个方面。在能源规划方面,政府可通过采集区域内用户的用电量、天然气用量等各类用能数据,利用大数据技术获取和分析用户的能效管理水平信息与用能行为信息,可为能源网络的规划与能源站的选址布点提供技术支撑。此外,基于用能数据、地理信息以及气象数据可分析区域内的基本能源结构与能源资源禀赋,为实现能源的可持续开发与利用提供指导方向。一方面,在能源政策的制定上,政府可利用大数据分析区域内用户的用能水平和用能特性,定位本地企业的能耗问题,研究产业布局结构的合理性,为制定经济发展政策提供更为科学化的依据;另一方面,依托能源大数据对能源资源以及用能负荷的信息挖掘与提炼,可为政府制定新能源与电动汽车补贴方案、建立电价激励机制等提供依据,也可为政府优化城市规划、发展智慧城市、引导新能源汽车有序发展提供重要参考。

(2) 能源生产领域

在能源生产领域,大数据技术的应用目前主要集中在可再生能源发电精准预测、可再生能源消纳能力提升等方面。可再生能源具有天然的间歇性与随机性,需要合理进行储能等灵活性资源配置规划并依赖可靠、可信的功率预测信息安排电源的运行方式,以充分减小可再生电源对电网的冲击影响,减少弃风弃光现象,并保证供电可靠性。目前,国内远景能源科技有限公司以实现风电与光伏的智慧化能源生产为目标,其融合物联网、大数据以及机器学习(machine learning)技术打造的EnOSTM平台每天处理将近TB级的数据量,在可再生能源功率预测水平及控制精度等方面领先业内同行。此外,国外学者利用大数据对通过气象统计、地理图像等信息研究风场选址以及提升设备运行寿命的自动发电控制等方面进行了深入研究。随着互联网技术在能源生产领域的不断融合,可以通过互联网整合区域内所有风场功率预测的可用数据,打破单一风电场孤立预测的传统模式,有利于实现预测信息的开放交互,进一步提升可再生能源预测的服务质量。

(3) 能源消费领域

随着能源消费侧的可再生能源渗透比例不断提高以及微电网系统逐渐成熟,能源用户从传统消费者的角色向产销者的角色过渡。有效整合能源消费侧可再生能源发电资源、充分利用电动汽车等灵活负荷的可控特性以及参与电力市场的互动交易并实现利润最大化,是目前大数据技术在能源消费领域的热点研究问题。对此国内外已对能源消费终端的大数据技术实际应用开展了有益的探索。美国的 C3 Energy 和 Opower 公司运用大数据技术开发了分析引擎平台和用能服务平台,为用户提供用能服务,为实现需求侧响应提供重要支撑。德国的 E-Energy 项目为促进可再生能源预测、能源服务商业模式开发以及能源交易等提出了基于大数据技术的有效解决方案。我国"全国智慧能源公共服务云平台"于 2015 年 2 月启动,截至 2021 年 12 月,已有 14 个省市单位签约构建智慧能源地方分平台。该平台主要提供能源数据采集和分析功能,通过云平台建立实时设备管理数据平台,打造新的销售模式,从而获得高性价比的产品和解决方案,目标是降低用能成本,提高能源利用效率,打破政府和金融机构各自封闭的信息孤岛,掌握真实透明数据,实行有效的监管和调控。

(4) 智慧能源服务新业态

随着大数据技术在能源系统的深度扩展,将在能源网络的监控与运维、能源市场化交易等方面催生一批崭新的智慧能源服务新业态。在能源系统的运维方面,基于广域量测数据的态势感知技术已应用于智能电网的输配电站的在线运营维护中,可实现实时事件预警、故障定位、振荡检测等功能。此外,风电、光伏等可再生能源电站硬件繁杂、选址分散,需借助大数据技术根据机组回传数据分析监测各零件的磨损、疲劳情况,据此在线预测和判定设备的运行状态,有助于简化大规模监测系统的部署,及早防范潜在的故障因素。展望未来,能源系统融合必将提高设备规模与能源网络的复杂程度,而且随着电力市场的逐步放开完善,将在同一区域内涌现多家售电主体。这将导致运营区域和电力资产分散,而配备专业运维队伍缺乏经济性,因此传统的集中式运营维护模式难以适应能源系统的发展趋势。通过引入互联网共享理念,利用互联网与大数据技术实现分布式运营维护,依据运营维护需求与地理信息匹配专业运营维护商将是未来能源大数据所衍生的新业态模式。

还有一个值得关注的方面是大数据技术对能源交易市场建设与完善的重要推动作用。目前,国内外的大数据技术在能源交易方面的实际应用仍处于起步阶段。英国国家电网在美国的纽约布法罗医学院建立了微型光伏售电交易市场试点,运用大数据技术对该区域内的光伏、储能与用户负荷实现优化匹配,并提供发电资源的定价服务。随着能源大数据技术在能源生产、传输、消费各环节的深入发展与逐渐成熟,可为能源行业提供开放、共享的能源信息平台,推进能源自主灵活交易,使得能源价格信息能够直接反映供需关系,引导资源进行优化配置,促进公平、公开、共享的能源市场环境的形成。此外,通过能源大数据技术可有效引导各类高效能源技术根据需求和技术特点优化组合,形成各类能源交易与增值服务等综合能源服务新模式[11]。

1.3.5 大数据在零售行业中的应用

与传统的数据源相比,大数据能够让企业更大面积地接触市场,拉近企业与消费者的距离,从而提高企业的商业洞察力,帮助企业做出正确的决策。在当前时代背景下,大数据对于零售行业的发展具有重要作用,主要体现在顾客、销售、店铺和商品4个方面。

从顾客方面来看,大数据能够帮助零售企业收集顾客的消费兴趣点,能够对顾客的多次消费行为进行分析,通过对顾客群按相关分类进行划分,达到根据顾客的喜好向其推介商品的目的。从销售方面来看,大数据能够帮助零售企业实现对各大分店的销售数据和实时库存数据的管理,为企业商品的及时调配提供依据,同时实现多种渠道的交叉销售,提高零售企业的运营效率。从店铺方面来看,大数据有利于实现对各个线下实体店促销活动及热卖产品的分析,从而为企业产品的生产及调配提供依据。从商品方面来说,大数据可以帮助企业实时更新销售数据,提供商品的库存、退换货等数据,便于企业制订相关决策等。总之,大数据对于零售行业的发展具有重要的应用价值,具体分析见表1.3。

表1.3 大数据在零售行业中的应用价值

顾客	店铺	销售	商品
第一,采集各兴趣点的数据,进行实时消费行为分析	第一,对顾客在店铺的购买路径进行跟踪,基于数据进行卖场及货物布局优化	第一,在总部实时监控各门店的POS数据和实时库存,与供应商合作做好商品的运输和调配	第一,提供单店单品每天的销售数据,进行商品销售预测,制订防损计划和进行绩效跟踪
第二,根据顾客的历史购买行为、消费习惯和同一细分市场顾客群的消费行为进行商品推荐	第二,分析各门店的热点产品和促销活动	第二,实时处理顾客订单,进行智能化的订单分配,方便处理大订单和密集订单	第二,进行商品定价分析和价格调整述议
第三,支持顾客自助购物和实时服务	第三,利用人流量、车流量、人均消费额等商圈数据进行选址优化	第三,进行多渠道交叉销售	第三,提供单品的库存、进货、投诉、退换货、返修等数据
第四,检测社交媒体反馈,及时响应用户需求		第四,构建多渠道的消费体验	

1.4 大数据人才的需求

大数据技术在各行业的应用发展迅速,各类型企业对大数据人才的需求逐年增多。据我国相关部门统计,未来3～5年内,各行业将有100万左右的数据工程师和数据分析师的需求量，百度、腾讯、阿里巴巴等IT企业，都急需大批量大数据技术人才。然而由于目前国内外高校开展大数据技术人才培养的时间不长，技术市场上掌握大数据处理和应用开发技术的人才十分短缺，供不应求，如图1.3所示，因此培养社会急需的大数据人才已经迫在眉睫。如今，对大数据人才的需求主要分布在移动互联网领域，其次是金融互联网、O2O、企业服务、游戏、教育、社交等领域，如图1.4所示。

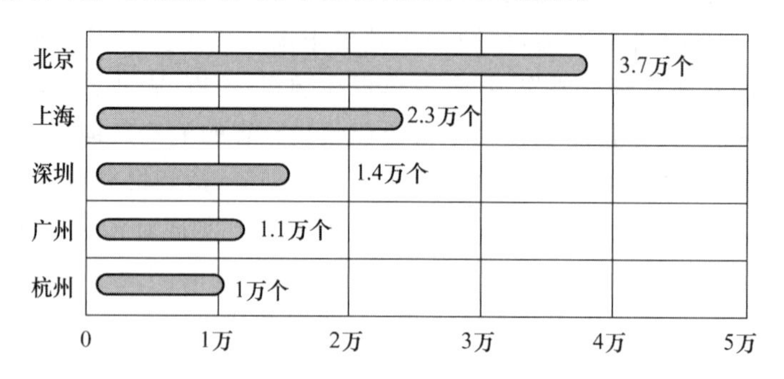

图1.3 大数据人才缺口

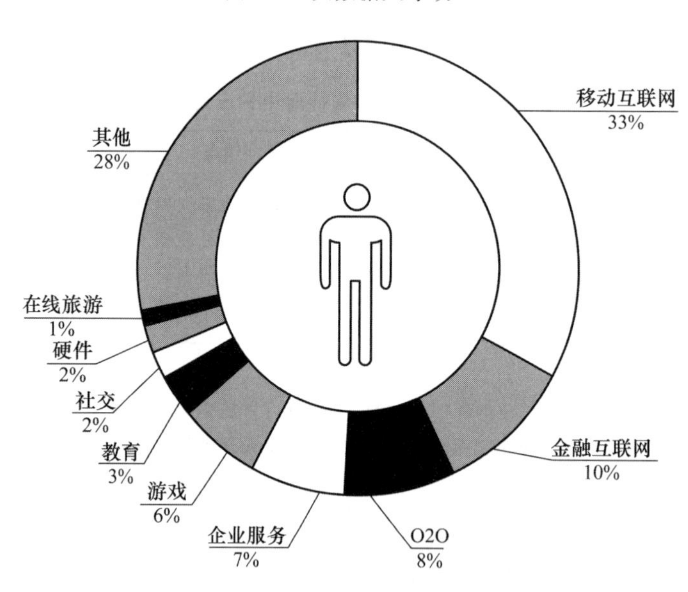

图1.4 大数据人才需求行业分布

1.4.1 大数据人才的能力要求

大数据产业的快速发展使企业对大数据人才的需求大大增加，技术市场上出现大数据人才供不应求的现象。因此，一方面，要加速培养面向大数据应用的IT类人才，满足行业对大数据分析师和工程师岗位的需求；另一方面，要面向非IT类专业开展大数据通识教育，满足行业对大数据复合型管理类岗位的需求。大数据人才的能力要求主要包括专业基础能力、专业核心能力和扩展应用能力，本节就这3个方面进行介绍。

(1) 专业基础能力

① 计算思维与系统能力。“计算”与“分布式系统”对大数据项目尤为重要，计算思维与系统能力主要是指运用计算方法和模型去求解问题、设计系统等能力，包括形式化、模型化描述以及抽象思维与逻辑思维能力。

② 程序设计与实现能力。该能力主要是指运用结构化程序设计和面向对象程序设计的基本思想、方法和技巧解决行业应用实际问题的能力。大数据项目对于程序设计与实现能力的要求不仅仅局限于软件实现，还包括数据采集和数据呈现。

(2) 专业核心能力

① 大数据技术体系理解能力。理解大数据的核心技术体系及核心子系统、Hadoop生态系统架构，学会 HDFS、MapReduce、HBase 等基本子系统的应用方法。

② 数据预处理、分析与应用能力。具备利用各种大数据行业工具，对行业海量数据进行数据预处理、清洗、融合、分析等能力，以及实现智能化决策和控制的能力，并能运用机器学习、数据挖掘、专家系统等技术，为大数据行业应用提供智能支撑。

③ 数据挖掘及应用开发能力。面向具体应用领域，掌握数据输入、传输、存储、统计分析、挖掘和数据可视化等完整的系统逻辑，会运用 Python、R 语言等设计算法与程序。

(3) 扩展应用能力

① 项目管理能力。了解行业知识背景，掌握大数据工程项目管理的基本原理和方法，既具备大数据基本知识技能，又具备项目管理能力。

② 创新创业能力。具备将大数据技术与行业专业知识相结合、完成大数据应用创新并提供整体解决方案的能力。

1.4.2 大数据人才的分类

社会需要的大数据人才主要包括 3 种类型。

(1) 技术型人才：即大数据技术专家，主要职责是设计、研究、开发高技术含量的大数据产品或平台。要求具有资深 IT 经验，对底层框架、系统架构、核心算法等有较深的造诣。因此大数据技术型人才应具备大数据专业基础和专业核心能力。

(2) 咨询型人才：主要职责是利用现有的大数据产品或技术，为不同行业客户提供大数据项目的设计、实施等咨询服务。对 IT 技术的掌握主要关注应用层，不大关注底层实现。因此大数据咨询型人才应具备大数据专业基础能力。

(3) 复合型人才：即具有数据思维的企业管理者，主要职责是从本职工作的角度出发，提出利用数据运营支撑本职工作的思路和计划，协助数据科学家设计出更好的大数据应用系统。因此大数据复合型人才应具备大数据应用拓展能力[12]。

不同类型大数据人才的知识能力结构与强度要求如表 1.4 所示。其中：沟通能力包括文案策划、演讲、计划、协调、团队协作等方面；业务知识包括市场、销售、生产、人事、法务等方面的知识；行业知识包括贸易、金融、保险、物流、通信、制造等方面的知识；IT 通识包括操作系统、编程、数据库、网络、OFFICE 等方面的知识；大数据知识包括业务需求、解决方案、数据科学、数据工程、结果实施、商业优化、系统运维、数据运营、项目管理、数据隐私、成本等方面的知识。国家信息中心发布的《2017中国大数据发展报告》中提供的大数据产业人才需求调查报告显示，需求最为旺盛的前三类大数据工作岗位是分析类、技术研发类和管理类岗位，分别对应上述3类大数据人才。这3类岗位在整个大数据产业人才需求中的占比高达88.61%。同时，该报告明确指出，本科学历的人才是目前大数据产业人才的主力军[12]。大数据产业的人才需求见表1.5。

表1.4　不同类型数据人才的知识能力结构与能力强度要求

人才类型	能力类型				
	大数据知识能力	IT通识能力	业务知识能力	行业知识能力	沟通能力
技术型人才	10	10	5	5	6
咨询型人才	8	6	8	6	10
复合型人才	5	4	10	10	10

注：数学越大代表对该能力的要求越高。

表1.5　大数据产业的人才需求

方向	具体岗位	具体职责
数据采集与处理	爬虫工程师，自然语言处理、语音识别、图像处理等方面的工程师	通过多种途径采集数据、清洗数据，将非结构化数据进行结构化处理，形成完整的数据集合
底层技术架构	云计算架构师、大数据架构工程师、机器学习工程师等	根据客户的需求，帮助政府与企业在云上搭建大数据平台，通过机器学习的方式提升对数据的识别能力
数据分析	数据分析师、大数据分析师、数据挖掘工程师等	基于海量的数据源，根据客户的需求，制作相应的数据商品，深度挖掘数据背后的价值，拓展数据使用范围
解决方案	智慧城市解决方案专家、大数据解决方案专家等	为政府以及国家各部门提供智慧城市以及大数据平台的顶层设计，并提供整体解决方案
垂直行业	银行、金融、交通、医疗等垂直行业的人才	为大数据高频交易的垂直行业提供相应的专业支持，从数据层面提供相应的咨询服务

1.5　数据科学与大数据技术专业

众所周知，数据强国战略的实施需要大量专业水平高、实战能力强的大数据人才。据IDC调查数据显示，到2025年大数据人才缺口将达到200万。为满足日益增长的用人需求，2015年教育部公布，新增数据科学与大数据技术专业。2016年3月公布的《高校本科专业备案和审批结果》中，北京大学、对外经济贸易大学和中南大学3所高校成为首批获批开设数据科学与大数据技术专业的高校。2017年又有包括北京邮电大学在内的32所高校获批开设数据科学与大数据技术专业。接下来的几年时间里，各大高校纷纷增设了大数据相关专业，全国每年新增开设数据科学与大数据技术专业的高校数量如图1.5所示，其中开设了数据科学与大数据技术专业的“双一流”大学如图1.6所示。截至2022年

3 月，教育部已先后批准 700 多所高校开设大数据相关专业，重点培养专业的大数据人才。

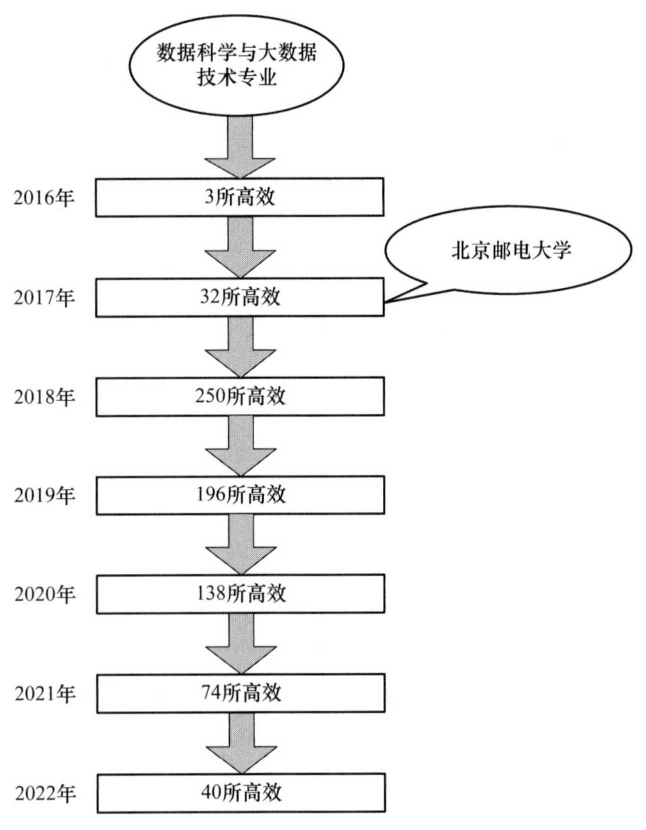

图 1.5　全国每年新增开设数据科学与大数据技术专业的高校数量

地区	学校	地区	学校
北京	北京大学	湖北	华中农业大学
	中国人民大学		武汉理工大学
	北京理工大学		华中师范大学
	北京化工大学		中南财经政法大学
	北京邮电大学	黑龙江	哈尔滨工业大学
	中国农业大学	广东	华南理工大学
	北京师范大学	贵州	华南师范大学
	中央民族大学	海南	贵州大学
	北京林业大学	河北	海南大学
	北京体育大学	江苏	河北工业大学
	对外经济贸易大学		中国矿业大学
	中国传媒大学	江西	苏州大学
	中央财经大学		南昌大学

续 表

地区	学校	地区	学校
上海	同济大学	内蒙古	内蒙古大学
	复旦大学	山西	太原理工大学
	华东师范大学	新疆	石河子大学
	上海财经大学		新疆大学
甘肃	兰州大学	云南	云南大学
福建	厦门大学	四川	电子科技大学
	福州大学		西南财经大学
安徽	中国科学技术大学		西南交通大学
	安徽大学	陕西	西北工业大学
重庆	重庆大学		西安电子科技大学
	西南大学	山东	山东大学
天津	南开大学	辽宁	东北大学
	天津大学		大连海事大学
湖南	中南大学		辽宁大学
	湖南大学	吉林	吉林大学

图 1.6 开设了数据科学与大数据技术专业的“双一流”大学

1.5.1 数据科学与大数据技术专业的定位

信息技术与经济社会的交汇融合使数据迅猛增长，数据已成为国家基础性战略资源，大数据正日益对全球生产、流通、分配、消费活动以及经济运行机制、社会生活方式和国家治理能力产生重要影响。数据科学与大数据技术专业就是在此背景下设立的一个新专业。以北京邮电大学数据科学与大数据技术专业为例，其专业特色是以数据科学和计算机科学为基础，面向互联网、通信等 IT 企业应用，培养具有深厚网络背景的大数据高级系统研发和数据分析人才。其数据科学与大数据技术的培养课程体系如图 1.7 所示。

课程教育	思想政治、大学英语、军事理论、心理健康	思想理论课实验、体育、军训
	素质教育：理工、人文、艺术	实践类课程
	数学与自然科学基础课程	实验类课程
专业教育	学科基础	专业实验、课程设计实验
	专业基础	专业实习、实训
	专业课程	毕业设计
创新创业教育	创新创业课程	创新创业训练与实践

图 1.7 数据科学与大数据技术专业的培养课程体系

数据科学与大数据技术专业以让学生全面成长成才为首要目标，以素质教育为重点，关注学生知识学习、能力培养和素质养成三者的关系，根据专业培养目标重点突出学生的能力培养，特别是创新创业能力和可持续发展能力。数据科学与大数据技术专业系统地学习数据科学与大数据技术核心专业知识和应用技术，在计算机科学与技术专业理论学习的基础上，突出大数据采集、存储与管理、分析与应用等大数据技术核心专业知识的学习和技能培养。此专业十分重视学生的实践能力，配备专门的大数据技术专业教学平台，该平台用于专业理论课程配套的各种实验和实践教学。培养出的毕业生能够运用所学知识与技能去分析和解决复杂工程问题，能够从事与计算机、互联网及大数据技术相关的技术研究、应用开发和管理等工作，并能够继续攻读计算机科学与技术专业及数据科学与大数据技术相关专业的后续学位，而且能够在重要的科研、生产、管理等担当重任，在国家创新体系中发挥重要作用。

1.5.2 数据科学与大数据技术专业的培养目标

数据科学与大数据技术专业是一个软硬件结合、兼顾数据科学理论与应用、以计算技术为基础、以数据科学与大数据技术为核心的宽口径专业。它重在培养适应国家和社会发展需求的，德智体美劳全面发展的，具有扎实的“计算机科学与技术”专业理论基础的，拥有良好的科学素养和社会责任感与使命感、宽广的国际视野、创新创业能力和团队合作精神、系统的数据思维的，能从事数据科学与大数据相关软硬件及网络的研究、设计、开发以及综合应用的，可持续发展能力强的高级工程技术人才。毕业生能够运用所学知识与技能去分析和解决复杂工程问题，能够在计算机和互联网领域以及相关大数据应用行业从事数据科学研究、大数据相关应用系统研发、技术管理等工作，并具有继续深造学习的能力。

此专业培养的学生在毕业后5年左右能达到下列要求。

(1) 具有良好的人文素养、高尚的职业道德和强烈社会责任感；德智体美劳全面发展，成为服务中国数据科学与大数据技术领域建设的高水平人才；遵守数据工程师的职业道德规范；针对大数据领域复杂工程问题的工程实践，能够履行社会责任，考虑对经济、环境、法律、安全、健康、伦理等方面的影响。

(2) 具有扎实的数学和自然科学基础；掌握专业基本理论、知识和技能；能够综合运用所学知识和技能分析、研究并解决计算机、数据科学与大数据技术领域复杂工程实践问题。

(3) 具有较强的计算机、大数据领域系统建设、应用和管理的能力，并具备创新能力和承担复杂工程项目的能力；能胜任在计算机和互联网领域及相关大数据应用行业的研发和技术管理等职位，成为国家大数据领域的高水平人才。

(4) 具有终身学习能力，能够适应数据科学与大数据技术的快速发展，拓展相关知识结构和提升专业技能；具有符合岗位要求的组织与管理能力；具有国际化视野和团队合作、沟通与交流能力。

第2章
大数据初识

2.1　大数据的定义

目前，虽然大数据的重要性得到了大家的一致认同，但是关于大数据的定义却众说纷纭[13]。大数据是一个抽象的概念，除去数据量庞大这一特征，大数据还有一些其他特征，这些特征决定了大数据与“海量数据”和“非常多的数据”这些概念之间的不同。在一般意义上，大数据是指无法在有限时间内用传统IT技术和软硬件工具对其进行感知、获取、管理、处理和服务的数据集合。科技企业、研究学者、数据分析师和技术顾问等的关注点不同，对大数据也有着不同的定义。通过以下定义，或许可以帮助我们更好地理解大数据在社会、经济和技术等方面的深刻内涵。

2010年Apache Hadoop组织将大数据定义为：“普通的计算机软件无法在可接受的时间范围内捕捉、管理、处理的规模庞大的数据集。”在此定义的基础上，2011年5月，全球著名咨询机构麦肯锡公司发布了《大数据：下一个创新、竞争和生产力的前沿》报告，在报告中对大数据的定义进行了扩充。大数据是指其大小超出了典型数据库软件的采集、存储、管理和分析等能力的数据集。该定义有两方面内涵：一是符合大数据标准的数据集大小是变化的，其数据量会随着时间的推移、技术的进步而增长；二是不同部门符合大数据标准的数据集大小会存在差别。目前，大数据的数据量一般是几TB到几PB[14]。根据麦肯锡的定义可以看出，数据量大并不是大数据的唯一特征，数据规模不断增长以及无法依靠传统的数据库技术进行管理，也是大数据的两个重要特征。

Big Data：A Survey

其实，早在2001年，就出现了关于大数据的定义。META集团（现为Gartner公司）的分析师道格·莱尼（Doug Laney）在研究报告中，将数据增长带来的挑战和机遇定义为三维式，即数量（Volume）、速度（Velocity）和种类（Variety）的增加[15]。虽然这一描述最先并不是用来定义大数据的，但是Gartner公司和许多企业（其中包括IBM公司[16]和微软公司[17]）在此后的10年间仍然使用这个“3V”模型来描述大数据[18]。数量意味着生成和收集大量的数据，数据规模日趋庞大；速度是指大数据的时效性，数据的采集和分析等过程必须迅速及时，从而最大化地利用大数据的商业价值；种类表示数据的类型繁多，不仅包含传统的结构化数据，还包含音频、视频、网页、文本等半结构和非结构化数据。

但是，对于大数据的定义，有些公司有不同的意见。例如，在大数据研究领域内极具影响力的国际数据公司就有不同的意见，2011年在该公司发布的报告中[19]，大数据被定义为："大数据技术描述了新一代的技术和架构体系，通过高速采集、发现或分析，提取各种各样的大量数据的经济价值。"从这一定义来看，大数据的特点可以总结为4个"V"，即Volume（体量浩大）、Variety（模态繁多）、Velocity（生成快速）和Value（价值巨大但密度很低）。IBM公司在"4V"之上提出了大数据的"5V"特征，增加了Veracity（准确性和可信赖度高）。大数据的"5V"特征指出了大数据的意义和必要性，即挖掘蕴藏其中的巨大价值。这种定义指出大数据最为核心的问题：如何从规模巨大、种类繁多、生成快速的数据集合中挖掘出可信赖的、价值高的数据。正如Facebook的副总工程师杰伊·帕瑞克所言："如果不利用所收集的数据，那么你所拥有的只是一堆数据，而不是大数据。"[20]

此外，美国国家标准和技术研究院（NIST）也对大数据做出了定义："大数据是指其数据量、采集速度，或数据表示限制了使用传统关系型方法进行有效分析的能力，或需要使用重要的水平缩放技术来实现高效处理的数据。"这是从学术角度对大数据的概括，除了提到"5V"定义所提及的概念外，还特别指出需要高效的方法或技术对大数据进行分析处理。

就大数据究竟该如何定义，工业界和学术界已经进行了不少讨论。但是，大数据的关键并不在于如何定义或界定，而在于如何提取数据的价值，如何利用数据，如何将"一堆数据"变为"大数据"。

2.2 大数据的特征

如图2.1所示，大数据的"5V"特征包含以下5个层面的意义。

第一，数据体量（Volume）巨大。这指收集和分析的数据量非常大，从GB级到TB级再到PB级，甚至开始以EB级和ZB级来计数。IDC的研究报告称，未来10年全球大数据将增加50倍，管理数据仓库的服务器数量将增加10倍[21]。

第二，处理速度（Velocity）快。需要对数据进行实时地分析，以更好地满足实时性需求。目前，对数据智能化和实时性的要求越来越高，如开车时会通过查看智能导航仪查询最短路线，吃饭时会了解其他用户对自己就餐餐厅的评价，见到可口的食物会拍照、发微博等，这些人与人、人与机器之间的信息交流互动都不可避免地带来数据交换。而数据交换的关键是降低延迟，以近乎实时的方式呈献给用户[22]。

第三，数据种类（Variety）多。大数据来自多种数据源，数据种类和格式日渐丰富，包含结构化、半结构化和非结构化等多种数据形式，如网络日志、视频、图片、地理位置信息等。

第四，价值（Value）巨大但密度很低。大数据时代数据的价值就像从沙子里淘金，数据量越大，里面真正有价值的东西就越少。现在的任务就是利用云计算、智能化开源实现平台等技术，提取出这些 ZB、PB 级数据中有价值的信息，将这些信息转化为知识，进而发现规律，最终用知识促成正确的决策和行动。

第五，对数据准确性和真实性(Veracity)的要求高。大数据的分析和处理需要高质量的数据来解释和预测未来事件。如果数据本身如果是虚假的，那么它就失去了存在的意义，因为任何通过虚假数据得出的结论都可能是错误的，甚至是和正确结论相反的[23]。

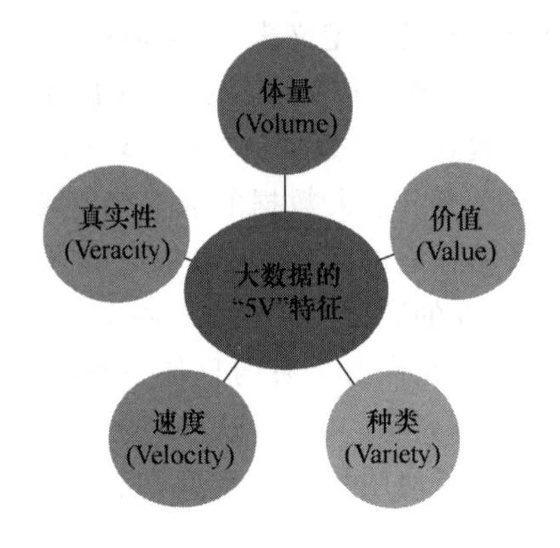

图 2.1　大数据的"5V"特征

2.3　典型行业的大数据

自 2014 年我国首次将"大数据"写入《政府工作报告》，以及 2015 年国务院印发《促进大数据发展行动纲要》后，大数据已成为我国发展的重要着力点。2017 年，工业和信息化部正式对外发布《2016—2020 年大数据产业发展规划》，提出到 2020 年，基本形成技术先进、应用繁荣、保障有力的大数据产业体系。本节就当今典型社会行业中的大数据进行简单介绍，主要涉及金融、健康医疗、电子商务行业的大数据。

2.3.1　金融行业的大数据

麦肯锡公司的一份研究报告显示，无论是应用潜力还是投资规模，金融行业都是大数据应用的重点行业。在全球金融监管趋严、同业竞争激烈、数据规模爆发式增长的形势下，金融机构纷纷借助大数据提升业务处理水平。

金融行业大数据的优势可以总结为以下 4 点。一是数据量大。金融业是数据密集型行业，对数据强依赖。以银行业为例，100 万元的创收平均会产生 130 GB 的数据，数据成为金融机构的核心资产。在不断增长的海量数据背景下，采用具有更有弹性的计算、存储扩展能力的分布式计算技术成为必然选择。二是数据质量高。与其他行业相比，金融数据逻辑性强，要求具有更高的实时性、安全性和更强的稳定性。金融行业核心实时交易系统数据要求强一致性，正常状态下数据错误率为零，金融业开展大数据应用

大数据发展下的
金融市场新生态

时，数据清洗环节将较为简单。三是结构化数据占比高。金融行业于20世纪初开始信息化建设，基础信息化建设现已初步完成。相较于医疗、工业等领域，金融行业结构化数据占比高，数据标准化程度高。结构化数据与非结构化数据相比，在分析工具成熟度方面具有明显优势。后期，传统金融机构不断拓展互联网业务，远程业务办理、无人营业网点、机器人大堂经理等现代金融科技不断丰富演进，金融行业的半结构化数据和非结构化数据占比将快速增长。四是应用场景广泛、潜力大。大数据在金融行业有众多应用场景，包括精准营销、风险控制、客户关系管理、反欺诈检测、反洗钱检测、决策支持、股票预测、宏观经济分析与预测等。通过大数据应用，金融机构可开展精准营销，提升风控准确性，降低风控成本，增加用户黏性，改善客户体验，增强服务敏捷性。

大数据在金融行业的发展前景广阔，充满机遇，但是也存在一些挑战。第一，大数据使金融业的数据安全和个人隐私保护更加困难。大数据时代的数据共享带来数据不可控、数据泄密等问题，关于涉及用户隐私和权益的数据类别界定还需法律进一步细化明确。第二，大数据的数据量大且集中，一旦遭遇网络攻击或窃取，将使数据安全全面临更大的挑战。第三，金融业外部数据的利用率较低。当前，金融机构大部分可利用的数据依然是传统业务产生的数据，而外部数据，如税收、保险、公共缴费等数据源尚需进一步拓宽，这就需要更高层面的统筹协调，才能支持更为全面的数据分析与利用。

2.3.2 健康医疗行业的大数据

健康医疗大数据是大数据在医疗领域中的一个应用分支，主要指人们疾病防治、健康管理等过程中产生的与健康医疗相关的数据。目前，健康医疗大数据可广泛应用于临床诊疗、药物研发、卫生监测、公众健康、政策制定和执行等，其海量性、多样性的特点和与大数据分析、人工智能(Artificial Intelligence, AI)等技术的结合可为健康医疗产业带来创造性变化，全面提升健康医疗行业的治理能力和水平。

医疗健康大数据

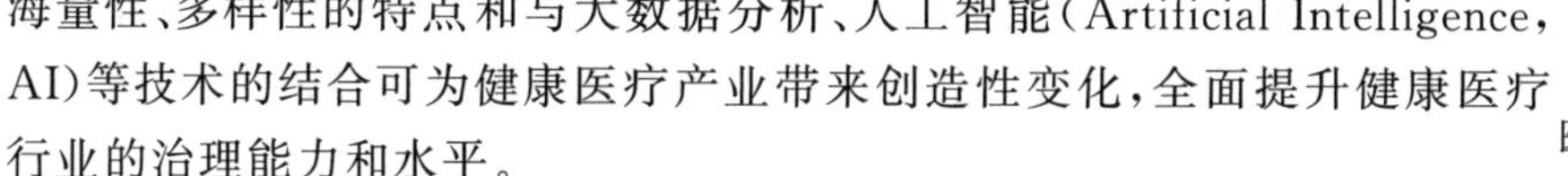

健康医疗大数据不仅具有大数据的“5V”特点，还包括时序性、隐私性、不完整性等医疗领域内固有的主要特征。第一，时序性指患者就诊、疾病发病过程有时间进度，医学检测的波形、图像均为时间函数。第二，隐私性指患者的医疗数据具有高度的隐私性，泄露信息将造成严重后果。第三，不完整性指大量的健康医疗数据来源于人工记录，导致数据记录的残缺和偏差；另外，医疗数据的不完整搜集和处理也使医疗数据库无法全面反映疾病等信息。

目前，健康医疗行业的数据量规模巨大，市场规模不断上升。随着我国人民生活水平的提高、人口老龄化的加剧和居民健康管理意识的增强，我国医疗和健康服务需求不断提高，下游应用需求的拓展带动了健康医疗大数据产业的发展，伴随着区域数据中心建设的推进和社会资本的不断涌入，企业发展活力持续迸发，我国健康医疗大数据产业规模不断扩大。

2.3.3 电信行业的大数据

电信企业掌握用户的话单记录、上网日志、社交活动、消费行为、位置信息等数据，并且电信企业掌握的数据具有完整性、真实性、连续性等特点。电信大数据的应用主要分为两方面：对内可以提升营销效率和管理能力；对外将极大地促进社会创新。一方面，电信企业通过数据挖掘和处理，可以改善用户体验，及时准确地进行业务推荐和客户关怀；优化网络质量，调整资源配置；助力市场决策，快速准确确定公共管理和市场策略。另一方面，电信运营商可以利用成熟的GPS定位技术和高速的无线传输网络，为公交车、出租车公司提供车辆调度和管理服务，提高车辆运营效率和大众人群使用公共车辆的满意度。

电信大数据应用的优势如下。

第一，数据规模大、类型丰富，数据覆盖深度和广度不断拓展。电信大数据在数据规模、数据精准性和多样性方面，具有突出的价值优势，而且随着物联网的不断发展，万物互联带来电信大数据覆盖深度和广度的不断拓展。在数据规模方面，工业和信息化部统计数据显示，2016年我国三大运营商的电话用户达15.3亿户，其中移动电话用户为13.2亿，固定电话用户为2.07亿。在如此庞大规模的用户基础之上，运营商每天搜集的数据可达PB级。在数据准确性方面，运营商以号码为唯一的ID来整合各类数据，并且手机号码实名登记，我国目前手机实名登记率达到95%，这充分保证了电信大数据的真实可靠。在数据多样性方面，运营商的数据包括通话数据、位置数据、用户属性数据、用户上网数据、手机消费数据、终端数据等，数据类型涵盖结构化的用户基本信息数据、半结构化的用户访问日志数据、非结构化的流媒体数据等。

第二，数据应用价值广泛，能有效促进经济发展、改善公共服务。电信网络是信息化社会的基础支撑，承载大量国民经济活动。电信大数据与各行各业的融合应用可直接支撑我国社会和国民经济发展的方方面面。例如，将电信大数据与人口数据结合可绘制出人口迁徙地图；将电信大数据与交通数据结合可以指导城市交通管理；将电信大数据与商业数据结合可为商圈店铺选址提供分析服务等。随着物联网、工业互联网等的深化拓展，以及多样化智能终端的全面普及，将使电信大数据在智能制造、工业4.0等新型工业化领域拥有广阔的应用空间，能够有力支撑传统经济的信息化转型，促进“互联网+”战略的落地实施。

2.3.4 电子商务行业的大数据

随着互联网、云计算和物联网的迅速发展，无所不在的移动设备、RFID、无线传感器每分每秒都在产生数据，数以亿计的用户的互联网服务时时刻刻都在产生巨量的交互数据信息。而对于电子商务行业产生的大量结构化和半结构化的可视化数据，通过数据挖掘和数据分析等手段，经过过程性和综合性的考量，可帮助电商企业做全局性、系统性的决策，寻找最优化的解决方案和运营决策。

大数据技术在电子商务中的应用广泛，以下是3个典型应用场景。第一，实现精准营销。通过大数据技术对市场营销涉及的海量数据进行挖掘与分析，为不同平台中客户所呈现出的浏览习惯、个人喜好与其他相关信息贴上相应的标签，形成客户画像，从而为企业产品和服务的精准营销工作提供科学、系统的参考依据。第二，提升购物体验。将大数据技术应用于对客户的消费行为与习惯建模，然后以此为基础应用数据挖掘技术，完成对关键字的改进，从而达到对用户所输入关键字进行拓展的要求，这样做不仅可以提升对商品信息进行检索的速度与精确程度，还可以在检索过程中完成商品的分类，将商品信息应当具有的浏览效果加以呈现。第三，提升库存管理。对零售行业而言，想要保证所确定指标效率的准确性，前提在于明确商品销量与库存之间的比例。应用大数据技术完成库存管理工作，可以提升工作人员对商品库存进行追踪的实时性与科学性，同时还可以通过对市场供求的变化趋势加以分析的方式，对市场的发展方向进行准确把握，从而保证所制订生产计划的合理性，最大限度地降低库存出现积压状况的概率，提升电子商务企业对资金进行周转的能力。

与金融行业大数据的挑战类似，目前的电子商务行业大数据也存在数据安全风险、数据异构与孤岛现象等问题。

第3章 大数据技术初识

随着大数据越来越多地被提及,有些人惊呼大数据时代已经到来。2012 年《纽约时报》的一篇专栏指出,"大数据"时代已经降临,在商业、经济及其他领域中,决策将日益基于数据和分析而做出,而并非基于经验和直觉。为了利用大数据,各国不仅需要在数据分析方面招聘更多的人员,还需要培训现有的劳动力,以便有效地挖掘和分析数据。数据不仅影响企业,还影响医疗、体育、电子商务、广告等行业,以及以前认为不太可能影响的政治、气候变化等领域,因为这些领域也会发展成为数据密集型领域。

大数据几乎无法使用大多数的数据库管理系统处理,而必须使用"在数十、数百甚至数千台服务器上同时平行运行的软件"(电脑集群是其中一种常用的方式)。大数据的定义取决于持有数据组的机构的能力,以及其平常用来处理分析数据的软件的能力。对一些组织来说,第一次面对数百 GB 的数据集可能让他们需要重新思考数据管理的选项;对另一些组织来说,数据集可能需要达到数十或数百 TB 才会对他们造成困扰。

如今,大数据被用来寻找 COVID-19 的治疗方法,研究大流行病的热点,并且根据数据可预测下一个大流行病浪潮的中心点。大数据还被用来分析 COVID-19 对企业、供应链分配路线、股票市场和就业部门的影响,并被用来分析能够帮助振兴全球市场的模型。因此,可以肯定的是,随着时间的推移、数据池的增加和面向行业的必需品的蓬勃发展,大数据将能够长期地满足各种信息处理的需求。特别是当它与其他技术(如物联网和人工智能)搭配并由其提供动力时,它将继续引导我们进入下一代创新、数字转型的世界。

3.1 数据分析流程

数据分析是指用适当的统计学习方法对收集来的大量数据进行分析,并将分析结果加以汇总和理解消化,以求最大化地利用数据并挖掘数据潜在价值和作用。数据分析是为了提取有用信息和形成结论而对数据进行详细研究和概述总结的过程。数据分析流程如图 3.1 所示。

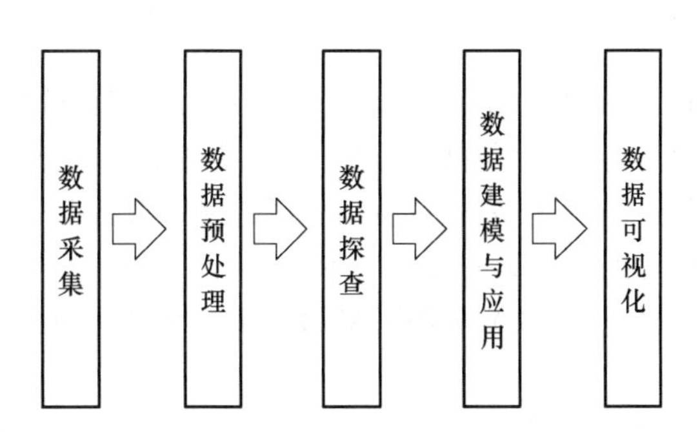

图 3.1 数据分析流程

3.1.1 数据分析的基本流程

数据分析基本流程通常包含数据预处理、数据探查、数据建模与应用、数据可视化。数据预处理是指基于收集到的数据进行一些处理，从而弥补由于人为和非人为原因导致的数据问题，以便数据用于后续流程环节。数据探查的目的是为了调节数据的整体情况，该过程对后续的建模是不可或缺的环节。数据建模是基于对数据有一定了解的基础上，对数据进行抽象组织并挖掘数据之间隐藏的模式和价值。数据可视化是指将数据的各个属性值以多维数据的形式表示，这样可以从不同的维度观察数据，从而对数据进行更深入的观察和分析。对数据进行抽象组织并挖掘数据之间隐藏的模式和价值。

3.1.2 数据预处理

在真实世界中，数据通常是不完整的、不一致的和极易受到噪声干扰的，因此无法直接进行数据挖掘，或数据挖掘的结果差强人意。那么，如何对数据进行处理并提高数据质量，才能使得挖掘过程更加有效同时提高挖掘结果的质量？

为了解决以上问题，大量的数据预处理技术不断涌现。目前存在 4 种主流的数据预处理方法，分别是数据清理、数据集成、数据规约及数据变换。数据清理可以用来清理数据中的噪声，以及纠正数据不一致问题。数据集成可以将不同来源的数据在逻辑或物理上作为一个一致的数据进行集成存储。数据规约可以通过聚集、删除冗余特征或聚类等方法来降低数据的规模。数据变换（如规范化）可以用来把数据压缩到较小的区间（如 0.0～1.0 或 －1.0～1.0），提高了设计距离度量挖掘算法的准确率和效率。这些技术并不互斥，可以共存。例如，数据清理可能涉及纠正错误数据的变换，可以把一个数据字段的所有项通过数据变换技术转换成公共格式进行数据清理。

在数据清理环节，通常需要处理空缺值和噪声数据。空缺值是指数据中不完整部分所对应的值，引起空缺值的原因通常是设备异常或人为操作不规范。处理空缺值的方法需根据数据的特征采用忽略元组，人工填写，使用属性的平均值、中位数填充空缺值等。噪声数据是指测量变量中的随机错误或偏差，引起噪声的原因通常是数据收集工具的异常、数据传输方式和技术限制等。通用的处理噪声数据的方法包括分箱、聚类、人工检查和回归等。

集成多个数据源时,通常会出现数据冗余。例如,来自不同数据源的同一属性对应不同的字段名或一个属性可由另一个属性导出。根据造成数据冗余的原因特性,可通过数据间的相关性分析检测到,从而能够有效地减少或避免结果数据中的冗余与不一致性。

数据规约可以用来得到数据集的规约表示,在保证可以得到相同和相近的分析结果的前提下,缩小数据规模体量。数据规约可采取的策略包括数据立方体聚集、维规约、数据压缩和数值规约。

数据变换一般采用规范化和属性构造对数据进行处理。规范化包括最小-最大规范化和 z-score 规范化,属性构造可通过现有属性构造新属性,并将其添加至属性集中以加深对高位数据结构的理解及提高其精确度。

3.1.3 数据探查

数据探查通过自动化的手段了解数据内容、背景、结构以及路径分析,其内容包括数据成分、业务规则分析以及数据间关系等问题,能够有效地精确识别数据转换机制、创建数据有效性和准确性规则、检查数据依赖性等,从而促进用户充分了解数据,并确保数据的可用性。数据探查主要包括数据质量分析和数据特征分析。

数据质量分析可分为异常值分析和缺失值分析。异常值是指数据中数值明显偏离其余观测值,而异常值分析就是检验数据中是否存在符合异常值特征的不合理数据。其分析方法有简单统计量分析和箱型图分析等。缺失值分析聚焦于分析造成缺失的原因,即人为原因和非人为原因,其中人为原因是指在数据采集过程中,因数据处理人员的失误造成信息泄露,而非人为原因是指在特定的实际背景下无法获取全部数据或数据存在部分缺失。

数据特征分析主要是指分布分析,旨在揭示数据的分布特征和分布类型。数据特征分析可以从定量数据和定性数据两个角度分析。对于定量数据,可通过绘制频率分布表或频率分布直方图进行分析;对于定性数据,可通过绘制饼图和条形图显示数据分布情况。

数据探查是数据预处理和数据建模间至关重要的一个环节,其决定数据挖掘整体过程中数据的正确性。正确有效的数据探查可以帮助用户了解数据的局限性和不准确性。

3.1.4 数据建模与应用

开展大数据分析时,首先应开展需求调研和数据调研工作,明确分析需求,其次应开展数据准备共工作,即进行数据源选择、数据抽样选择、数据类型选择、缺失值处理、异常值检测和处理等处理工作。大数据分析建模需要进行选择模型、训练模型、评估模型、应用模型、优化模型过程。

选择模型:基于收集到的功能需求、数据需求等信息,研究决定选择具体的模型,如分布分析,属性分析等模型,以便更好地切合具体的应用场景和分析需求。

训练模型:每个数据分析模型的模式基本是固定的,但其中存在一些不确定的参数变量,通过其中的变量适应变化多端的应用需求,增强模型的泛化能力。

评估模型:将具体的数据分析模型放在特定应用背景下对数据分析模型进行评估,评价模型质量的常用指标可以是平均误差、判定系数等,评估分类预测模型的常用指标包括准确率、AUC值和ROC曲线等。

应用模型:对数据分析评估测量完成后,需要将模型应用于实践中,通过数据展现等方式将各类结构化和非结构化数据中隐含的信息展现给用户,并用于解决实际中的相关问题。

优化模型:在评估数据分析模型中,若模型存在过拟合或欠拟合的情况,则说明该模型具有优化空间。在实际使用过程中,需要对模型进行定期优化或在实际应用场景中效果性能较差时进行优化。

数据建模是大数据应用的重要基础环节,通过对数据建模不仅可以对原始数据有效地组织,还可以为数据展现提供重要支撑,从而更有效地凸显数据价值。

3.1.5 数据可视化

身处大数据时代,很多人在不断探索如何找出大数据所蕴含的知识。以前,人们认为信息就是力量,但如今,对数据进行分析、利用和挖掘才是力量所在。

大数据可视化这种新鲜的数据表达方式是应信息社会蓬勃发展而出现的。因为我们不仅要呈现世界,更重要的是通过呈现来处理更庞大的数据,归纳数据内在的模式关联和结构。大数据可视化是位于科学、设计和艺术三学科的交叉领域,蕴藏着无限的可能性。

数据可视化旨在借助于图形化手段,清晰有效地传达与沟通信息。数据可视化领域的起源可以追溯到20世纪50年代计算及图形学的早期。当时,人们利用计算机创建出首批图形图表。1987年,由布鲁斯·麦考梅克、托马斯·德房蒂和马克辛·布朗所编写的美国国家科学基金会报告 *Visualization in Scientific Computing*,对这一领域产生了大幅度的促进和刺激。这份报告强调了新的基于计算机的可视化技术方法的必要性。随着计算机运算能力的迅速提升,人们建立了规模越来越大、复杂程度越来越高的数值模型,从而造就了形形色色的数值型数据集。同时人们不但可以利用医学扫描仪和显微镜之类的数据采集设备产生大型的数据集,而且可以利用可保存文本、数值和多媒体信息的大型数据库来收集数据。因而,就需要更高级的计算机图形学技术与方法来处理和可视化这些规模庞大的数据集。20世纪90年代初期,人们发起了一个称为信息可视化的新研究领域,旨在为许多应用领域中对抽象的异质性数据集的分析工作提供技术和方法支持。一直以来,数据可视化处于不断演变之中,其边界在不断地扩大。

有的信息如果通过单纯的数字和文字来传达,则可能需要花费数分钟甚至几小时,甚至可能无法传达。但是通过颜色、布局、标记和其他元素的结合,图形却能够在短时间内把这些信息成功传达。

早期的数据可视化工具仅仅将数据加以结合,通过不同的展现方式提供给用户,用于发现数据隐藏的内在模式和关联信息。新型的数据可视化产品必须满足互联网爆发的大数据需求，因此必须满足能够快速的收集、筛选、分析、归纳、展现决策者所需要信息的需求，并根据新增的数据进行实时的更新。因此，在大数据时代，数据可视化工具必须具有以下特性。

（1）简单操作。数据可视化工具满足快速开发、易于操作的特性，能满足互联网时代信息多变的特点，用户操作方便。

（2）具有实时性。数据可视化工具必须适应大数据时代数据量的爆炸式增长需求，必须快速地收集和分析数据，并对数据信息进行实时更新。

（3）具有多种数据集成支持方式。数据的来源不仅仅局限于数据库及其他存储形式，数据可视化工具需支持团队协作数据、数据仓库、文本等多种方式，并能够通过互联网进行展现。

（4）具有更丰富的展现方式。数据可视化工具需具有更丰富的展现方式，能充分满足数据展示的多维度需求。

伴随着大数据时代的到来，数据可视化日益受到关注，可视化技术也日益成熟。然而，数据可视化仍存在许多问题，且面临着巨大的挑战。数据可视化存在以下问题。

（1）信息丢失。减少可视数据集的方法会导致最终可视化结果的信息丢失。

（2）视觉噪声。在现实世界中，数据集中的大多数数据可能具有较强的关联性，因此无法将其分离后作为独立的对象显示。

（3）大型图像感知。数据可视化不仅仅受限于设备的长度及其分辨率，还受限于世界的感知。

（4）高速图像变换。用户虽然能够观察数据，却不能对数据强度变换做出反应。

（5）高性能要求。静态可视化对性能要求不高，因为可视化速度较低，然而动态可视化对性能要求相对较高。

数据可视化未来面临的挑战主要指可视化分析过程中数据展现的方式，包括可视化技术和信息可视化结果。可感知的加护扩展性是大数据可视化面临的挑战之一。从大规模数据库或数据仓库中查询数据可能导致高延迟，使交互率降低。同时，在大数据应用程序中，大规模数据及高维数据使数据可视化变得十分困难。在超大规模的数据可视化分析中，我们可以构建更大、更清晰的视觉显示设备，但是人类的感知度制约了大屏幕显示的有效性和优越性。

在面临上述挑战的同时，数据可视化技术在未来科技发展中依然扮演着一个不可或缺的角色。数据可视化技术与数据挖掘有着紧密的联系。数据可视化可以帮助人们洞察出数据背后隐藏的潜在信息，提高数据挖掘效率，因此，数据可视化与数据挖掘紧密结合是数据可视化研究的一个重要发展方向。数据可视化与大规模、高维度、非结构化数据有着紧密的联系。目前，我们身处于大数据时代，大规模、高维度、非结构化数据层出不穷，要将这样的数据以可视化形式完美地展现出来并非易事。因此，数据可视化与大规模、高维度、非结构化数据结构是数据可视化研究的另一重要发展方向。

3.2 数据分析技术

数据分析是大数据技术领域最核心、产生直接价值的部分。数据分析指用适当的统计、分析方法对收集来的大量数据进行分析，将它们加以汇总、理解并消化，以求最大化地开发数据的功能，发挥数据的作用。数据分析是为了提取有用信息和形成结论而对数据加以详细研究和概括总结的过程[24]。

数据也称为观测值，是实验、测量、观察、调查等的结果。数据分析中所处理的数据分为定性数据和定量数据。只能归入某一类而不能用数值进行测度的数据称为定性数据。定性数据中表现为类别，但不区分顺序的，是定类数据，如性别、品牌等；定性数据中表现为类别但区分顺序的，是定序数据，如学历、商品的质量等级等[25]。

数据分析的目的是把隐藏在一大批看起来杂乱无章的数据中的信息集中和提炼出来，从而找出研究对象的内在规律。在实际应用中，数据分析能够帮助人们做出判断，以便采取适当行动。数据分析是有组织有目的地收集数据、分析数据，使之成为信息的过程。

在统计学领域，有些人将数据分析划分为描述性数据分析、探索性数据分析以及验证性数据分析，其中，探索性数据分析侧重于在数据中发现新的特征，而验证性数据分析侧重于已有假设的证实或证伪。数据分析主要包括探索性数据分析、定性数据分析、离线数据分析、在线数据分析等过程。

（1）探索性数据分析

探索性数据分析是指为了形成值得假设的检验而对数据进行分析的一种方法，是对传统统计学假设检验手段的补充。该方法由美国著名统计学家约翰·图基（John Tukey）命名。

（2）定性数据分析

定性数据分析又称为“定性资料分析”“定性研究”或者“质性研究资料分析”，是指对诸如词语、照片、观察结果之类的非数值型数据（或者说资料）的分析。

（3）离线数据分析

离线数据分析用于较复杂和耗时的数据分析和处理，一般通常构建在云计算平台之上，如开源的 HDFS 文件系统和 MapReduce 运算框架。Hadoop 机群包含数百台乃至数千台服务器，存储了数 PB 至数十 PB 的数据，每天运行着成千上万的离线数据分析作业，每个作业处理几百 MB 到几百 TB 甚至更多的数据，运行时间为几分钟、几小时、几天，甚至更长时间[26]。

（4）在线数据分析

在线数据分析也称为联机分析处理，用来处理用户的在线请求，它对响应时间的要求比较高（通常不超过若干秒）。与离线数据分析相比，在线数据分析能够实时处理用户的请求，允许用户随时更改分析的约束和限制条件。与离线数据分析相比，在线数据分析能够处理的数据量要小得多，但随着技术的发展，当前的在线数据分析系统已经能够实时地处理数千万条甚至数亿条记录。传统的在线数据数据分析系统构建在以关系数据库为核心的数据仓库之上，而在线大数据分析系统构建在云计算平台的 NoSQL 系统上。如果没有大数据的在线分析和处理，则无法存储和索引数量庞大的互联网网页，就不会有当今的高效搜索引擎，也不会有构建在大数据处理基础上的社交网络等的蓬勃发展[25]。

除了以上传统的数据分析技术外，人工智能的发展也为大数据分析提供了丰富多样的解决方案，包括数据挖掘、机器学习等方法的应用。数据分析技术导图如图 3.2 所示。下面我们就数据挖掘、机器学习以及模型评估进行介绍。

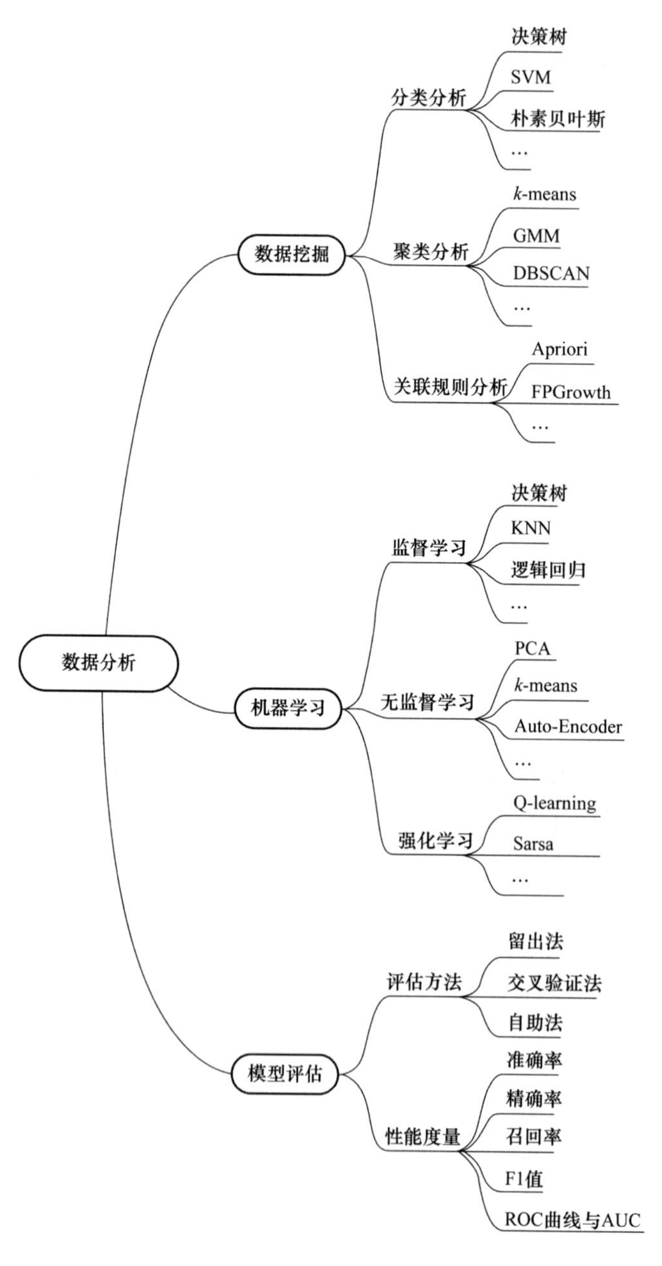

图 3.2 数据分析技术导图

3.2.1 经典数据挖掘

早在1982年，趋势大师约翰·奈斯比(John Naisbitt)就在他的首部著作《大趋势》(*Megatrends*)中提出：人类正被信息淹没，却饥渴于知识。计算机硬件技术的稳定进步为人类提供了大量的数据收集设备和存储介质；数据库技术的成熟和普及已使人类积累的数据量正在以指数方式增长；Internet技术的出现和发展已将整个世界连接成一个地球村，人们可以穿越时空般地在网上交换信息和协同工作。在这个信息爆炸的时代，面对着浩瀚无垠的信息海洋，人们呼唤着一个去粗取精、去伪存真，能将浩如烟海的数据转换成知识的技术。数据挖掘(Data Mining，DM)就是在这个背景下产生的[26]。

数据挖掘是指从大量的数据中自动搜索隐藏于其中的、有着特殊关系性的数据和信息，并将其转化为计算机可处理的结构化表示，是知识发现的一个关键步骤，如图3.3所示。数据挖掘的广义观点：从数据库中抽取隐含的、以前未知的、具有潜在应用价值的模型或规则等有用知识的复杂过程，是一类深层次的数据分析方法。数据挖掘是一门综合的技术，涉及统计学、数据库技术和人工智能技术，它最重要的价值在于用数据挖掘技术改进预测模型[27]。

早期数据挖掘并不是作为单独学科存在，追溯到30多年前，Gregory Piatetsky-Shapiro(也是KDnuggets的创始人)等人于1989年8月在美国底特律的国际人工智能联合会议(IJCAI)上召开了一个专题讨论会(workshop)，首次提出了知识发现(Knowledge Discovery in Database，KDD)这一概念。KDD涉及数据库、机器学习、统计学、模式识别、数据可视化、高性能计算、知识获取、神经网络、信息检索等众多学科和技术。后来KDD逐渐形成了一个独立、蓬勃发展的交叉研究领域。

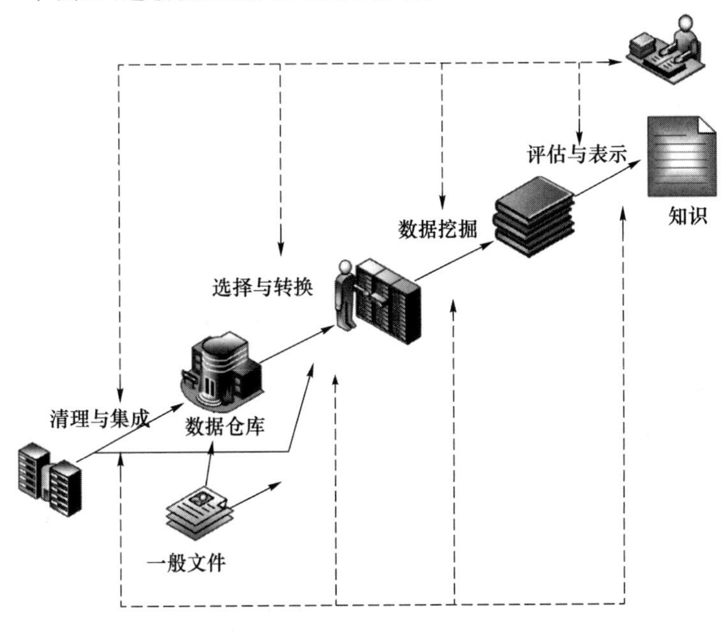

图3.3 数据挖掘与知识发现

后来经过若干年的培育，1995年，在加拿大蒙特利尔正式召开了第一届“知识发现和数据挖掘”国际学术会议。1995年，在美国ACM会议上，开始把数据挖掘视为知识发现的一个基本步骤。随后成立了ACM专委会SIGKDD以及对应的国际数据挖掘与知识发现大会(ACM SIGKDD Conference on Knowledge Discovery and Data Mining，简称SIGKDD)，到目前为止SIGKDD已是数据挖掘领域的顶级国际会议。会议内容涵盖数据挖掘的基础理论、算法和实际应用等。

数据挖掘的对象可以是任何类型的数据源。例如，数据挖掘的对象可以是关系数据库，此类包含结构化数据的数据源，也可以是数据仓库、文本、多媒体数据、空间数据、时序数据、Web数据，此类包含半结构化数据甚至是异构型数据的数据源。发现知识的方法可以是数字的、非数字的，也可以是归纳的，最终被发现了的知识可以用于信息管理、查询优化、决策支持及数据自身的维护等[28]。

数据挖掘是知识发现的一个关键步骤，表3.1对二者做了比较。

表3.1 数据挖掘和知识发现的对比

名称	不同点	共同点
数据挖掘	输出模型	输入的都是学习集(learning sets)，尽可能使数据挖掘过程自动化
知识发现	输出规则	

早期比较有影响力的发现算法有IBM的Rakesh Agrawal的关联算法(第一届ACM SIGKDD的创新奖得主)、伊利诺伊大学的韩家炜(Jiawei Han)教授等人的FP Tree算法(第四届ACM SIGKDD的创新奖得主)、澳大利亚的John Ross Quinlan教授的分类算法(第十一届ACM SIGKDD的创新奖得主)、密西根州立大学Erick Goodman的遗传算法。同时已经有一些国际知名公司纷纷加入数据挖掘技术研究的行列。例如，美国的IBM公司于1996年研制了智能挖掘机Intellingent Miner，它可用来提供数据挖掘解决方案，此后还出现了SPAA公司的Enterprise Miner、SGI公司的SetMiner、Sybase公司的Warehouse Studio，还有CoverStory、EXPLORA、Knowledge Discover Workbench、DBMiner、Quest等。

(1) 数据挖掘的分类

① 按挖掘的数据库类型分类

由于数据库有约定俗成的分类方式，如数据模式、数据类型、应用环境等分类种类，以上几种数据库都有属于自己特有的数据挖掘技术。数据库之间可以互相对应，根据数据库类型定义数据挖掘技术的方法可行。数据挖掘技术若按挖掘的数据类型进行分类，可以分为文字型、网络型、Time型、Space型等。

② 按挖掘的知识类型分类

数据挖掘可以按挖掘的知识类型分类，即根据数据挖掘的功能分类，如特征化、关联和相关分析、分类、预测、聚类、离群点分析和演变分析。一个综合的数据挖掘概念通常提供多种集成的数据挖掘功能。

此外，数据挖掘还可以根据挖掘的知识粒度或抽象层进行分类，包括广义知识(高抽象层)、原始层知识(原始数据层)或多层知识(高抽象层与原始抽象层之间的若干抽象

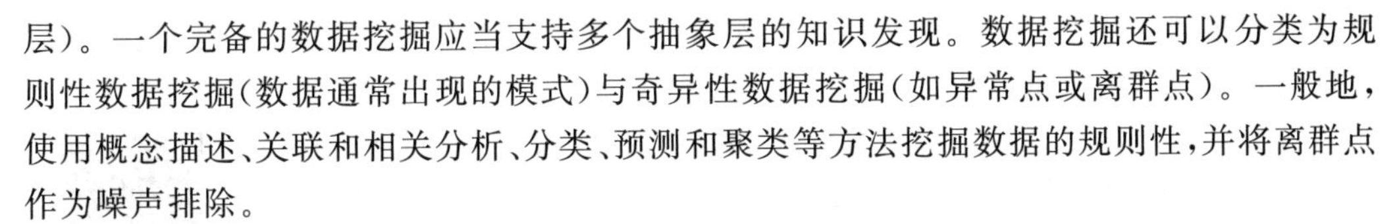
层）。一个完备的数据挖掘应当支持多个抽象层的知识发现。数据挖掘还可以分类为规则性数据挖掘（数据通常出现的模式）与奇异性数据挖掘（如异常点或离群点）。一般地，使用概念描述、关联和相关分析、分类、预测和聚类等方法挖掘数据的规则性，并将离群点作为噪声排除。

③ 按所用的技术类型分类

数据挖掘可按所用的技术类型划分为模式识别、神经网络和可视化、机器学习、统计学、面向数据库或仓库技术等，也可按照数据分析方法划分为建模并模拟神经网络、进化算法、集合类似的对象为多个类、分类树、推演规律等。大型的数据挖掘系统通常包含2种或3种以上的挖掘方法，或者吸取多种挖掘方法的优点来处理数据挖掘。

④ 按应用的行业分类

数据挖掘技术可按应用的行业分类。例如，生物医学行业、交通行业、金融行业、通信行业、股市行业等都有自己合适的且已广泛应用的数据挖掘方法。因此不可能做到将同一个数据挖掘技术应用到各个行业。

(2) 数据挖掘过程

数据挖掘是指一个完整的过程，该过程从大型数据库中挖掘先前未知的、有效的，可实用的信息，并使用这些信息做出决策或丰富知识。数据挖掘过程中的各步骤如下。

第一步，挖掘目的的确定。确定数据挖掘的目的是数据挖掘的重要一步。挖掘的最后结果是不可预测的，但要探索的问题应是有预见的。不能盲目地为了数据挖掘而数据挖掘。

第二步，数据准备。数据准备分为3个阶段。

① 数据的选择：搜索所有与目标对象有关的内部和外部数据信息，并从中选择出适用于数据挖掘应用的数据。

② 数据的预处理：研究数据的质量，为进一步的分析做准备，并确定将要进行的数据挖掘操作的类型。

③ 数据的转换：将数据转换成一个分析模型。这个分析模型是针对挖掘算法建立的。建立一个真正适合挖掘算法的分析模型是数据挖掘成功的关键。

第三步，数据挖掘。对得到的经过转换的数据进行挖掘。

第四步，结果分析。解释并评估结果，其使用的分析方法一般应视数据挖掘操作而定，通常会用到可视化技术。

第五步，知识同化。将分析所得到的知识集成到所要应用的地方去。

(3) 经典数据挖掘方法

① 分类分析

分类就是将具有某种特征的数据赋予一个标志（或者叫标签），根据这个标志来分门别类。分类是为了产生一个分类函数或者分类模型（也叫分类器）。这种分类器能将数据集中未知的数据项反映成预定类型中的一种。分类与回归一般都能用于预测，不同的是回归的输出是有序的、线性的值，而分类的输出是非线性的类型值。

构造分类模型包括两个部分：一是训练；二是测试。因此，在构造模型之前首先将数据集分为训练数据集和测试数据集两类，分别在训练和测试的时候使用。分类算法提取训练数据集的属性能产生一种规则，即模型。分类算法只有在测试数据集上经过评估后才能在实际数据集中使用。

分类算法包含很多单一的分类方法，主要包括决策树(decision tree)、贝叶斯、人工神经网络、k 近邻和支持向量机(Support Vector Machine，SVM)等，另外还包括集成的学习算法，如 Bagging 和 Boosting 等。下面主要介绍 CART 算法[30]。

CART 算法

CART 算法是决策树(如图 3.4 所示)的一个实现方式，由 ID3、C4.5 算法演化而来，是许多基于树的 Bagging、Boosting 模型的基础。CART 算法可用于分类与回归。

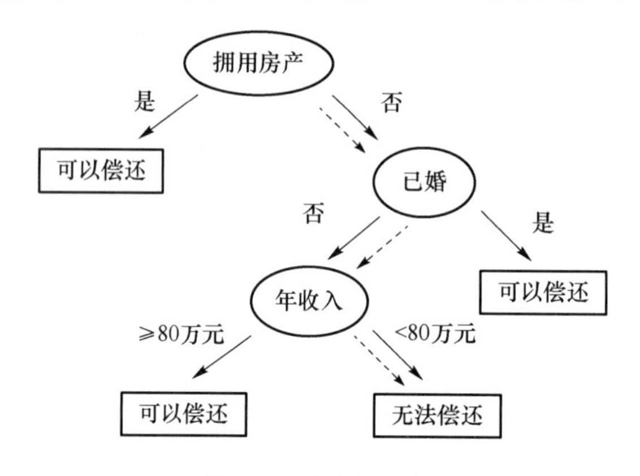

图 3.4　决策树示例

CART 算法可在给定输入随机变量 x 条件下输出随机变量 y 的条件概率分布，与 ID3 算法和 C4.5 算法的决策树不同的是，ID3 算法和 C4.5 算法生成的决策树可以是多叉的，每个节点下的叉数由该节点特征的取值种类而定，例如，特征年龄分为(青年，中年，老年)，那么该节点下可分为 3 叉，而 CART 算法的假设决策树为二叉树，内部节点特征取值为“是”和“否”。左分支取值为“是”，右分支取值为“否”。这样的决策树等价于递归地二分每一个特征，将输入空间划分为有限个单元，并在这些单元上预测概率分布，也就是在输入给定的条件下输出条件概率分布。

② 聚类分析

聚类分析是将数据划分成具有意义的组，并进行多元统计分析，是一种定量方法。它的讨论对象是大量的样本，要求能够合理地按照各自的特性进行合理分类，没有任何模式可供参考或依循，即是在没有先验知识的情况下进行的。

聚类分析的基本思想是认为研究的样本或变量之间存在着程度不同的相似性(亲疏关系)。根据一批样本的多个观测指标，指出一些能够度量样本或变量之间相似程度的统计量，以这些统计量作为分类的依据，把一些相似程度较大的样本聚合为一类，直到把所有的样本都聚合完毕，形成一个由小到大的分类系统。选择用哪种聚类算法由数据类型、聚类目的和应用决定。主要的聚类方法有以下几种。

a. 划分聚类

给定一个有 N 条记录的数据集，以及要生成簇的数目 K。划分方法：首先给出一个初始的分组方法，然后通过反复迭代的方式改变分组，使得每一次改进之后的分组方案都

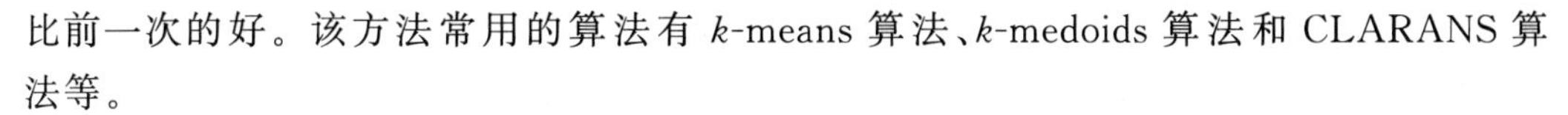

比前一次的好。该方法常用的算法有 k-means 算法、k-medoids 算法和 CLARANS 算法等。

b. 层次聚类

层次方法是对给定的数据对象集合进行层次分解,层次方法可以分为凝聚和分裂。该方法在合并、分裂的时候要检测大量的记录和簇,因而伸缩性比较差。比较常见的方法有 4 种:BIRCH、CURE、ROCK 和 Chameleon。

c. 基于密度的方法

基于密度的方法与其他方法的一个本质区别:它不是基于距离度量相似性,而是基于密度。这样就能克服基于距离的算法只能发现类球状聚类的缺点。最具代表性的是 DBSCAN 算法、OPTICS 算法和 DENCLUE 算法。

d. 基于网格的方法

这种方法首先将数据空间划分成有限个单元的网格结构,所有的处理都以单个的单元为对象。这么处理的一个明显优点就是处理速度很快,通常算法的处理速度与目标数据集中记录的个数无关,只与数据空间划分的单元数量有关。代表算法有 STING 算法、CLIQUE 算法、WAVE-CLUSTER 算法。

e. 基于模型的方法

基于模型的方法先给每一个聚类假定一个模型,然后寻找数据对给定模型的最佳拟合。这样的一个模型可能是数据点在空间中的密度分布函数或者其他。通常有两种方案:统计的方案和神经网络的方案。

下面以 k-均值算法(k-means)为例介绍聚类算法。k-means 聚类过程如图 3.5 所示。

k-means 算法[31]源于信号处理中的一种向量量化方法,它假设数据之间的相似度可以使用欧氏距离度量。它的思想很简单,对于给定的样本集,按照样本之间的距离大小,将样本集划分为 K 个簇。让簇内的点尽量紧密地连在一起,而让簇间的距离尽量大。具体而言,它需找出代表聚类结构的 k 个质心。如果有一个点到某一质心的距离比到其他质心的距离都近,这个点则指派到这个最近的质心所代表的簇。依次利用当前已聚类的数据点找出一个新质心,再利用质心给新的数据指派一个簇。

k-means 的算法步骤如下:

第一,选择初始化的 k 个样本作为初始聚类中心 $a = a_1, a_2, \cdots, a_k$;

第二,针对数据集中每个样本 x_i 计算它到 k 聚类中心的距离并将其分到距离最小的聚类中心所对应的类;

第三,针对每个类别 a_j,重新计算它的聚类中心 $a_j = \frac{1}{|c_i|}\sum_{x\in c_i} x$(即属于该类的所有样本的质心);

第四,重复上面第二、第三两步操作,直到达到某个中止条件(迭代次数、最小误差变化等)。

③ 关联规则分析

关联分析方法可以发现隐藏在大型数据集中有意义的联系。这种联系可以用关联规则来表示。在使用关联规则时,需要考虑两个问题:一是从大数据集中发现模式的效率可能很低；二是所发现的某些关联可能是毫无意义的。支持度可以用于删除那些毫无意义的关联规则，置信度可以度量规则的可能性大小。关联分析的算法主要有Apriori算法、DHP算法、DIC算法和FP-增长算法等。其中最常用的是Apriori算法与FPGrowth算法，下面进行介绍[32]。

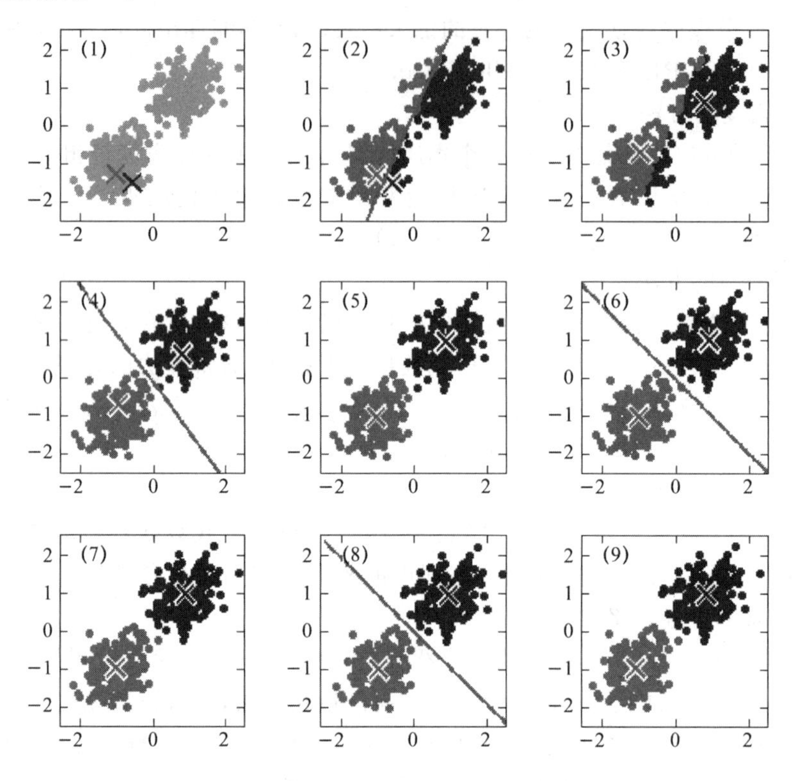

图3.5 k-means聚类过程

关联分析中最著名的算法是Apriori算法，它由R. Agrawal等人首先提出[33]，其算法思想是首先找出频繁性至少和预定义的最小支持度一样的所有频集，然后由频集产生强关联规则。最典型的例子就是沃尔玛的“尿布和啤酒”事件。

Apriori算法通过对数据库的多次扫描来发现所有的频繁项目集。在每一次扫描中，只考虑具有同一长度的所有项目集，在进行第一次扫描时，Apriori算法计算数据库中所有单个项目的支持度，生成所有长度为1的频繁项目集；在后续的每一次扫描中，首先以第一次扫描所生成的所有项目集为基础产生新的候选项目集，然后扫描数据库，计算这些候选项目集的支持度，删除其支持度低于用户给定的最小支持度的项目集，最后生成频繁项目集。重复以上过程直到再也发现不了新的频繁项目集为止。

与Apriori算法一样，FPGrowth算法也是发现频繁项集的算法，但它采用的是生成树的方法。

FPGrowth算法通过构造一个树结构来压缩数据记录，使得挖掘频繁项集只需要扫描两次数据记录，而且该算法不需要生成候选集合，所以效率会比较高。

FPGrowth算法

以“购物篮”问题(如图 3.6 所示)为例,尿布→啤酒这条关联规则的支持度为 5%,置信度为 40%,这代表顾客中有 5%会同时购买尿布与啤酒,购买尿布的顾客有 40%的可能性也购买啤酒。这是数据挖掘在沃尔玛零售中的经典应用案例,在美国,一些年轻的父亲下班后经常要到超市去买婴儿尿布,而他们中有 40%左右的人同时也会为自己买一些啤酒。这是因为,美国的太太们常叮嘱她们的丈夫下班后为小孩买尿布,而丈夫们在买尿布后又随手带回了他们喜欢的啤酒。既然尿布与啤酒一起被购买的机会很多,沃尔玛就在门店内将尿布与啤酒并排摆放在一起,结果是尿布与啤酒的销售量双双增长。

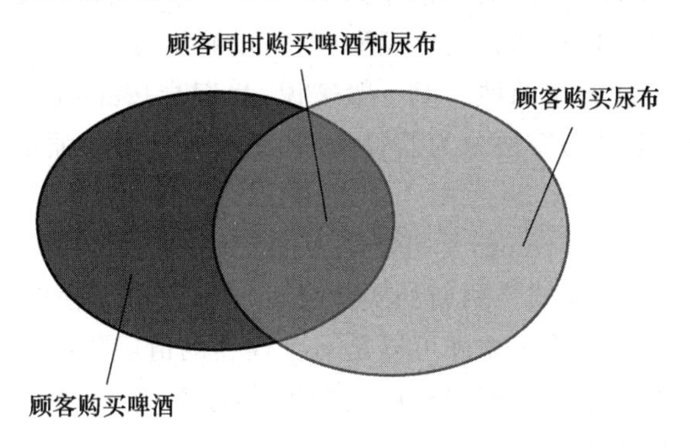

图 3.6 “购物篮”问题

3.2.2 机器学习简介

机器学习已经成为当今的热门话题,从机器学习这个概念的诞生到机器学习技术的普遍应用经历了漫长的过程。在机器学习发展的历史长河中,众多优秀的学者为推动机器学习的发展做出了巨大的贡献。从 1642 年 Pascal 发明的手摇式计算机,到 1949 年 Donald Hebb 提出的赫布理论——解释学习过程中大脑神经元所发生的变化,都蕴含着机器学习思想的萌芽。

事实上,1950 年图灵在关于图灵测试的文章中就已提及机器学习的概念。到了 1952 年,IBM 的亚瑟·塞缪尔(Arthur Samuel,被誉为“机器学习之父”)设计了一个西洋跳棋学习程序。它能够通过观察棋子的走位来构建新的模型,用来提高自己的下棋技巧。塞缪尔和这个程序进行多场对弈后发现,随着时间的推移,程序的棋艺变得越来越好。塞缪尔用这个程序推翻了“机器无法超越人类,不能像人一样写代码和学习”这一传统认识,并在 1956 年正式提出了“机器学习”这一概念。他认为机器学习是在不直接针对问题进行编程的情况下,赋予计算机学习能力的一个研究领域。

对机器学习的认识可以从多个方面进行,有着“全球机器学习教父”之称的 Tom Mitchell 则将机器学习定义为:对于某类任务 T 和性能度量 P,如果计算机程序在 T 上以 P 衡量的性能随着经验 E 而自我完善,那么就称这个计算机程序从经验 E 学习。这些定义都比较简单抽象,但是随着对机器学习了解的深入,我们会发现随着时间的变迁,机器学习的内涵和外延在不断地变化。因为机器学习涉及的领域很广,发展和变化相当迅速,所以简单明了地给出机器学习这一概念的定义并不是那么容易。

机器学习算法的 Python 实现

普遍认为,机器学习的处理系统和算法是主要通过找出数据里隐藏的模式进而做出预测的识别模式,它是人工智能(Artificial Intelligence,常简称为 AI)的一个重要子领域,而人工智能又与更广泛的数据挖掘和知识发现领域相交叉。为了更好地理解和区分人工智能、机器学习、数据挖掘、模式识别、统计(statistics)、神经计算(neuro computing)、数据库(databases)、知识发现等概念,作者特绘制其交叉关系,如图 3.7 所示。

(1) 机器学习的分类

机器学习算法可以按照不同的标准来进行分类。例如:按照函数 $f(x,\theta)$ 的不同,机器学习算法可以分为线性模型和非线性模型两种;按照学习准则的不同,机器学习算法可以分为统计方法和非统计方法两种。但一般来说,我们会按照训练样本提供的信息以及反馈方式的不同,将机器学习算法分为监督学习、无监督学习和强化学习[33]。

① 监督学习

监督学习(supervised learning)是机器学习的一种方法,可以通过训练资料学到或建立一个模式(函数),并依此模式推测新的实例[34]。训练资料是由输入物件(通常是向量)和预期输出组成的。函数的输出物件可以是一个连续的值或预测的一个分类标签。一个监督学习者的任务是在观察一些事先标记过的训练范例(输入物件和预期输出)后,去预测这个函数对任何可能出现的输入物件的输出。要达到此目的,学习者必须以"合理"(见归纳偏向)的方式从现有的资料一般化到未观察到的情况[35]。

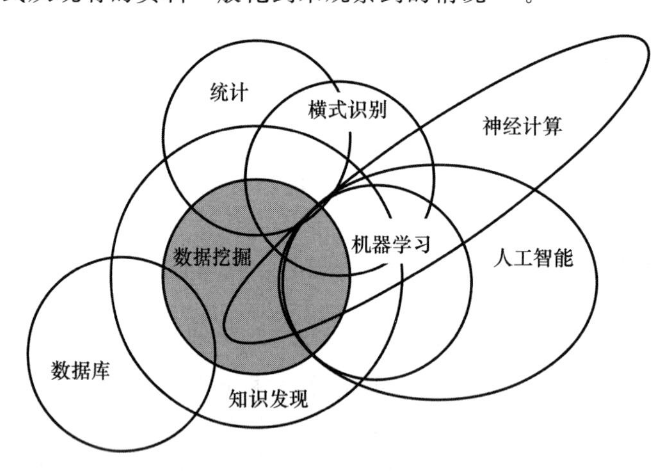

图 3.7 机器学习相关概念的辨识

根据标签类型的不同,可以将监督式学习分为分类问题和回归问题两类。分类问题的目标是通过输入变量预测出这一样本所属的类别。例如,植物品种、客户年龄和偏好的预测问题都可以归结为分类问题。这一领域中使用最多的模型便是支持向量机,用于生成线性分类的决策边界。随着深度学习的发展,很多基于图像信号的分类问题越来越多地使用卷积神经网络来完成。回归主要用于预测某一变量的实数取值,其输出的不是分类结果,而是一个实际的值,常见的例子包括市场价格预测、降水量预测等。人们主要通过线性回归、多项式回归以及核方法等来构建回归模型。

监督学习有两种形态的模型:一种是全域模型,将输入信息对应到预期输出;另一种是将输入对应一个区域模型(如案例推论及最近邻居法)。为了解决一个给定的监督学习的问题(如手写辨识),必须考虑以下步骤。

a. 决定训练资料的范例的形态。在做其他事前,工程师应决定要使用哪种资料为范例,如一个手写字符、一个手写词汇、一行手写文字等。

b. 搜集训练资料。训练资料需要具有真实世界的特征。所以,可以由人类专家或机器测量得到输入物件和其相对应输出。

c. 决定学习函数的输入特征的表示法。学习函数的准确度与输入物件的表示方式有很大的关联度。传统上,输入物件会被转成一个特征向量,其包含了许多描述物件的特征。因为维数灾难的存在,特征的个数不宜太多,但也要足够多,才能准确地预测输出。

d. 决定要学习的函数和其对应的学习算法所使用的数据结构。例如,工程师可能选择人工神经网络和决策树。

e. 完成设计。工程师接着在搜集到的数据上运行学习算法。可以通过数据的子集(称为验证集)或交叉验证(cross-validation)来调整学习算法的参数。参数调整后,算法可以运行在不同于训练集的测试集上。

常见的监督学习算法有 k 近邻算法(k-Nearest Neighbors,KNN)、决策树、朴素贝叶斯(naive bayesian)等。

② 无监督学习

无监督学习(unsupervised learning)是机器学习的一种方法,没有给定事先标记过的训练示例,自动对输入的数据进行分类或分群[36]。与监督学习不同,非监督学习并不需要完整的输入输出数据集,并且系统的输出经常是不确定的。它主要被用于探索数据中隐含的模式和分布。非监督学习具有解读数据并从中寻求解决方案的能力,通过将数据和算法输入机器中能发现一些用其他方法无法见到的模式和信息。

常见的无监督学习算法包括稀疏自编码(sparse auto-encoder)、主成分分析(Principal Component Analysis,PCA)、k-means 算法(k 均值算法)、DBSCAN 算法(Density-Based Spatial Clustering of Applications with Noise)、最大期望(Expectation Maximization,EM)算法等。利用无监督学习可以解决的问题可以分为关联分析、聚类和维度约减问题。

a. 关联分析是指发现不同事物同时出现的概率。这在"购物篮"分析中被广泛地应用,如果发现买面包的客户有百分之八十的概率买鸡蛋,那么商家就会把鸡蛋和面包放在相邻的货架上。

b. 聚类是指将相似的样本划分为一个簇。与分类问题不同,聚类问题预先并不知道类别,自然训练数据也没有类别的标签。

c. 维度约减是指在减少数据维度的同时保证不丢失有意义的信息。利用特征提取方法和特征选择方法,可以达到维度约减的效果。特征提取是将数据从高维度转换到低维度。特征选择是指选择原始变量的子集。广为熟知的主成分分析算法就是特征提取的方法。

③ 强化学习

强化学习(Reinforcement Learning,RL)[37]是机器学习中的一个领域,强调如何基于环境而行动才能取得最大化的预期利益。其灵感来源于心理学中的行为主义理论，即有机体如何在环境给予的奖励或惩罚的刺激下，逐步形成对刺激的预期，产生能获得最大利益的习惯性行为。这个方法具有普适性，因此在许多领域中都有研究，如博弈论、控制论、运筹学、信息论、仿真优化、多主体系统学习、群体智能、统计学以及遗传算法。在运筹学和控制论研究的语境下，强化学习被称作"近似动态规划"。在最优控制论中也研究这个问题，虽然大部分的研究是关于最优解的存在和特性，并非是学习或者近似方面。在经济学和博弈论中，强化学习被用来解释在有限理性的条件下如何达到平衡[36]。

强化学习一般有 5 个构成要素，包括系统环境（system environment）、参与者（agent）、观察（observation）、行动（action）和奖励（reward）。强化学习是参与者为了最大化长期回报的期望，通过观察系统环境不断试错进行学习的过程。从强化学习的定义可以看出，强化学习具有两个最主要的特征：通过不断试错来学习、追求长期回报的最大化。在监督学习或非监督学习中，数据是静态的，不需要与环境进行交互。例如，图像识别时只要给出足够的差异样本，将数据输入深度网络中进行训练即可。然而，强化学习的学习过程是动态的、不断交互的，所以需要的数据也是通过与环境不断交互而产生的。

强化学习的基本框架如图 3.8 所示，参与者对系统环境进行观察后产生行动，从系统环境中获得相应的奖励，参与者观察系统对自己上一次行动的奖励信号后，重新调整自己下一次的行动策略。如果参与者在学习的过程中，某个行为策略得到系统环境的奖励越大，那么参与者以后产生采用这个行为策略的概率越大。

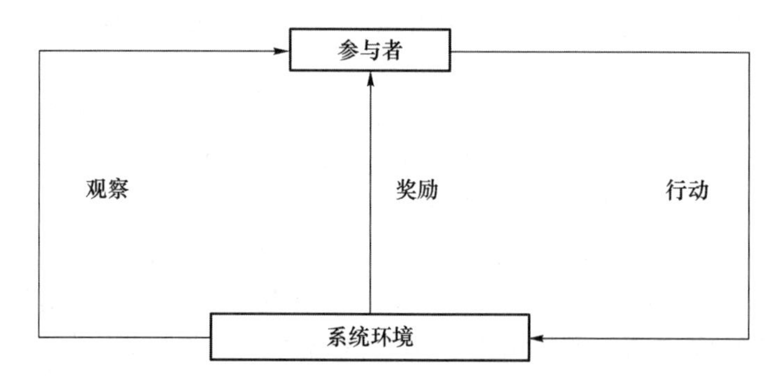

图 3.8　强化学习的基本框架

在强化学习的实际应用中，参与者才是学习的实际使用者，参与者一般具有 3 个构成要素。

a. 策略（policy）。它是参与者在观察环境后产生的行动方案。具体地，策略 π 定义为状态 S 到行动 A 的映射函数，即 $\pi \doteq f(S \rightarrow A)$，这里的 $\doteq$ 表示定义相等。例如，$x \doteq y$ 表示定义 x 等于 y。策略可分为确定性策略和随机性策略。

对于给定的一个状态 s，根据确定性策略 π，参与者可以确定需要采取的行动 a，即

$$a=\pi(s) \tag{3.1}$$

根据随机性策略，可以确定参与者采取不同行动的概率，即对于给定的一个状态 s，参与者采取行动 a 的概率为

$$\pi(a|s)=P\{A_t=a|S_t=s\} \tag{3.2}$$

b. 值函数(value function)。它是针对状态或行动的评价函数,具体可分为两种:状态值函数(state value function),即针对状态的评价指标;行动值函数(action value function),即针对行动的评价指标。

由于行动是在给定状态下产生的,一般也将行动值函数更明确地表达为状态-行动值函数(state-action value function)。状态值函数 $v_\pi(s)$是给定策略 π,评价状态 s 的指标。具体地,将状态值函数 $v_\pi(s)$定义为

$$v_\pi(s) \doteq E_\pi[G_t \mid S_t = s] \tag{3.3}$$

状态-行动值函数 $q_\pi(s,a)$是给定策略 π,在状态 s 下评价动作 a 的指标。具体地,将状态-行动值函数 $q_\pi(s,a)$定义为,采用策略 π,在状态 s 下采用动作 a 获得的期望回报,即

$$q_\pi(s,a) \doteq E_\pi[G_t \mid S_t = s, A_t = a] \tag{3.4}$$

c. 模型(model)。它是参与者对观察到的系统环境建立的模拟模型。马尔科夫决策过程可以利用五元组(S,A,P,R,γ)来描述,根据转移概率 P 是否已知,可以分为基于模型的动态规划法和基于无模型的强化学习法。

强化学习是机器学习的重要部分,在为机器学习开拓新方向上做出了巨大的贡献。强化学习突破了非监督学习,为机器和软件如何获取最优化的结果给出了一种全新的思路。它在如何最优化主体的表现和如何优化这一能力之间建立了强有力的链接。通过奖励函数的反馈来帮助机器改进自身的行为和算法。但强化学习在实践中并不简单,人们利用很多种算法来实现强化学习。简单来说,强化学习需要指导机器做出在当前状态下能获取最好结果的行为。在强化学习中主体通过行为与环境相互作用,而环境通过奖励函数来帮助算法调整策略函数,从而在不断的循环中得到表现优异的行为策略。强化学习十分适合用于训练控制算法和游戏 AI 等场景。

(2) 机器学习的经典代表算法

① 线性回归

在机器学习中,我们有一组输入变量 x,其用于确定输出变量 y。输入变量和输出变量之间存在某种关系,机器学习的目标是量化这种关系。

在线性回归中,将输入变量 x 和输出变量 y 之间的关系表示为 $y=ax+b$。因此,线性回归的目标是找出系数 a 和 b 的值。这里,a 是直线的斜率,b 是直线的截距。图 3.9 显示了数据集的 x 和 y 值,线性回归的目标是拟合最接近大部分点的线。

② 随机森林(random forest)

随机森林指的是利用多个决策树对样本进行训练并预测的一种分类器。它包含多个决策树,并且其输出的类别由个别树输出类别的众数而定。随机森林是一种灵活且易于使用的机器学习算法,即便没有超参数调优,也可以在大多数情况下得到很好的结果。随机森林也是最常用的算法之一,因为它很简易,既可用于分类,也能用于回归。其基本的构建算法过程如下。

a. 用 N 表示训练用例(样本)的个数,M 表示特征数目。

b. 输入特征数目为 m,用于确定决策树上一个节点的决策结果,其中 m 应远小于 M。

c. 从 N 个训练用例(样本)中以有放回抽样的方式取样 N 次,形成一个训练集(即

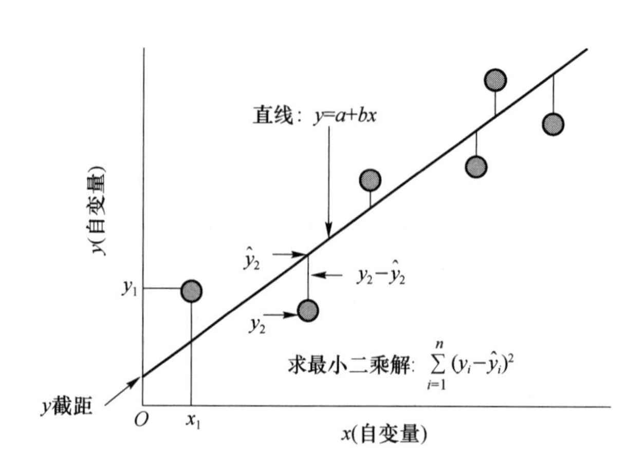

图 3.9 线性回归

bootstrap 取样)，并用未抽到的用例(样本)作预测，评估其误差。

d. 对于每一个节点，随机选择 m 个特征，决策树上每个节点的决定都是基于这些特征确定的。根据这 m 个特征，计算其最佳的分裂方式。

e. 每个决策树都会完整成长而不会剪枝(pruning，有可能在建完一个正常树状分类器后使用)。

③ 逻辑回归

逻辑回归最适合二进制分类(y 等于 0 或 1 的数据集，其中 1 表示默认类)。例如，在预测事件是否发生时，发生的事件被分类为 1(在预测人会生病或不生病时，生病的实例记为 1)。

逻辑回归是以其中使用的变换函数命名的，称为逻辑函数 $h(x)=1/(1+\mathrm{e}^{-x})$，该逻辑函数是一个 S 形曲线。在逻辑回归中，输出是以缺省类别的概率形式出现的。因为这是一个概率，所以输出在 0～1 的范围内。输出 y 值通过对数转换 x 值，使用对数函数 $h(x)=1/(1+\mathrm{e}^{-x})$来生成，然后应用一个阈值来强制这个概率进入二元分类。

④ 朴素贝叶斯

朴素贝叶斯[38]是基于贝叶斯定理与特征条件独立假设的分类方法。朴素贝叶斯分类器基于一个简单的假定：给定目标值时属性之间相互条件独立。

通过以上定理和“朴素”的假定，我们知道

$$P(\text{Category}|\text{Document})=P(\text{Document}|\text{Category})P(\text{Category})/P(\text{Document}) \tag{3.5}$$

朴素贝叶斯的基本方法：在统计数据的基础上，依据条件概率公式，计算当前特征的样本属于某个分类的概率，选择最大的概率分类。对于给出的待分类项，求解在此项出现的条件下各个类别出现的概率。哪个概率最大，就认为此待分类项属于哪个类别。

⑤ k 近邻

KNN 算法[39]的核心思想是如果一个样本在特征空间中 k 个最相邻样本中的大多数属于某一个类别，则该样本也属于这个类别，并具有这个类别样本的特性。该算法在确定分类决策上只依据最邻近的一个或者几个样本的类别来决定待分样本所属的类别。

KNN算法在做类别决策时,只与极少量的相邻样本有关。由于KNN算法主要依靠周围有限的邻近样本,而不依靠判别类域的方法来确定所属类别,因此对类域交叉或重叠较多的待分样本集来说,KNN算法较其他算法更为适合[40]。

KNN算法不仅可以用于分类,还可以用于回归。通过找出一个样本的 k 个最近邻居,将这些邻居属性的平均值赋给该样本,就可以得到该样本的属性。图3.10所示的是在KNN算法中,k 等于不同值时的算法分类结果。

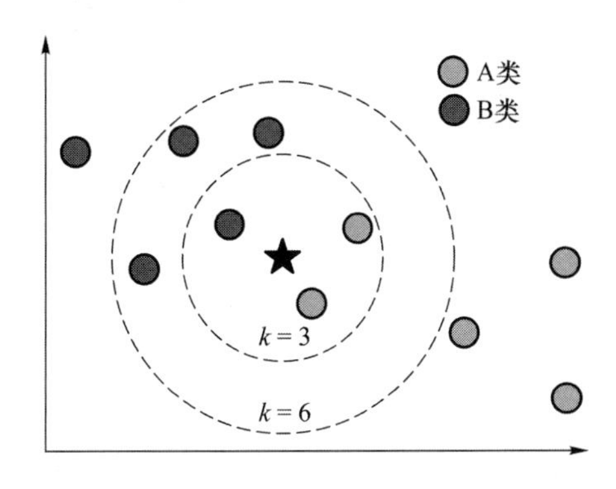

图3.10 KNN示例

简单来说,KNN算法的实现过程如下:存在一堆已经知道分类的数据时,在一个新数据进入后,首先计算其与训练数据里每个点的距离,然后挑离这个新数据最近的 k 个点,看看这几个点属于什么类型,最后用少数服从多数的原则,给新数据归类。

⑥ 支持向量机

支持向量机[41]是一类按监督学习方式对数据进行二元分类(binary classification)的广义线性分类器(generalized linear classifier),其决策边界是对学习样本求解的最大边距超平面(maximum-margin hyperplane)。它的基本思想是找到集合边缘上的若干数据〔称为支持向量(support vector)〕,用这些点找出一个平面(称为决策面),使得支持向量到该平面的距离最大。由简至繁的SVM模型包括以下三类。

SVM算法

a. 当训练样本线性可分时,通过硬间隔最大化,学习一个硬间隔支持向量机;

b. 当训练样本近似线性可分时,通过软间隔最大化,学习一个软间隔支持向量机;

c. 当训练样本线性不可分时,通过核技巧和软间隔最大化,学习一个非线性支持向量机。

在分类问题中,很多时候有多个解,在理想的线性可分情况下其决策平面会有多个。而SVM的基本模型是在特征空间上找到最佳的分离超平面,使得训练集上正负样本间隔最大,SVM算法计算出来的分界会保留对类别最大的间距,即有足够的余量。

在解决线性不可分问题时,支持向量机通过引入核函数巧妙地解决在高维空间中的内积运算,从而很好地解决了非线性分类问题。如图3.11所示,通过核函数的引入,将线性不可分的数据映射到一个高维特征空间内,使得数据在特征空间内是可分的。

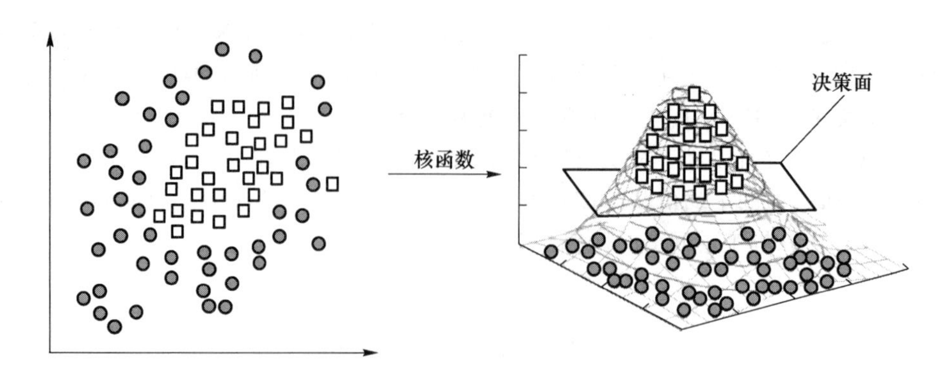

图 3.11 SVM 的核函数

3.2.3 模型评估

(1) 评估方法

通常,我们可先通过实验测试来对学习器的泛化误差进行评估,进而做出选择。为此,需首先使用一个测试集(testing set)来测试学习器对新样本的判别能力,然后以测试集上的测试误差(testing error)作为泛化误差的近似。通常我们假设测试样本是从样本真实分布中独立同分布采样而得的,但需注意的是,测试集应该尽可能与训练集互斥,即测试样本尽量不在训练集中出现,也未在训练过程中使用过[42]。

可是,我们只有一个包含 m 个样例的数据集 $D=\{(x_1,y_1),(x_2,y_2),\cdots,(x_m,y_m)\}$,其既要用于训练,又要用于测试,怎样才能做到呢?答案是通过对 D 进行适当的处理,从中产生出训练集 S 和测试集 T。下面介绍几种常见的做法。

① 留出法

留出法(hold-out)直接将数据集 D 划分为两个互斥的集合,其中一个集合作为训练集 S,另一个作为测试集 T,即 $D=S\cup T$,$S\cap T=\varnothing$。在 S 上训练出模型后,用 T 来评估其测试误差,作为对泛化误差的估计。

以二分类任务为例,假定 D 包含 1 000 个样本,将其划分为 S 和 T,其中 S 包含 700 个样本,T 包含 300 个样本,用 S 进行训练后,如果模型在 T 上有 90 个样本分类错误,那么其错误率为 $(90/300)\times100\%=30\%$,相应地,精度为 $1-30\%=70\%$。

需注意的是,训练/测试集的划分要尽可能保持数据分布的一致性,避免因数据划分引入额外的偏差而对最终结果产生影响。例如,在分类任务中至少要保持样本的类别比例相似。如果从采样(sampling)的角度来看数据集的划分过程,则保留类别比例的采样方式通常称为分层采样(stratified sampling)。例如,假设 D 包含 500 个正例、500 个反例,若通过对 D 进行分层采样获得包含 70%样本的训练集 S 和包含 30%样本的测试集 T,则分层采样得到的 S 应包含 350 个正例、350 个反例,而 T 应包含 150 个正例和 150 个反例;若 S、T 中样本类别比例差别很大,则误差估计将因训练/测试数据分布的差异而产生偏差。

还有一个需注意的问题是,即使在给定训练/测试集的样本比例后,仍存在多种对初

始数据集 D 进行划分的方式。例如，在上面的例子中，可以把 D 中的样本排序，然后把前350个正例放到训练集中，也可以把后350个正例放到训练集中……这些不同的划分方法将导致不同的训练/测试集，相应地，模型评估的结果也会有差别。因此，单次使用留出法得到的估计结果往往不够稳定可靠，在使用留出法时，一般要采用若干次随机划分并重复进行实验评估后取平均值作为留出法的评估结果。例如，进行100次随机划分，每次产生一个训练/测试集用于实验评估，100次后得到100个结果，而留出法返回的则是这100个结果的平均。

此外，我们希望评估的是用 D 训练出的模型性能，但留出法需划分训练/测试集。这就会导致一个窘境：若令训练集 S 包含绝大多数样本，则训练出的模型可能更接近于用 D 训练出的模型，但由于 T 比较小，评估结果可能不够稳定准确；若令测试集 T 多包含一些样本，则训练集 S 与 D 差别更大了，被评估的模型与用 D 训练出的模型相比可能有较大差别，从而降低了评估结果的保真性(fidelity)。这个问题没有完美的解决方案，常见做法是将大约2/3～4/5的样本用于训练，剩余样本用于测试。

② 交叉验证法

交叉验证法(cross validation)先将数据集 D 划分为 k 个大小相似的互斥子集，即 $D=D_1\cup D_2\cup\cdots\cup D_k, D_i\cap D_j=\varnothing$。每个子集 D_i 都尽可能保持数据分布的一致性，即从 D 中通过分层采样得到。然后，每次用 $k-1$ 个子集的并集作为训练集，余下的子集作为测试集，这样就可获得 k 组训练/测试集，从而可进行 k 次训练和测试，最终返回的是这 k 个测试结果的均值。显然，交叉验证法评估结果的稳定性和保真性在很大程度上取决于 k 的取值，为强调这一点，通常把交叉验证法称为 k 折交叉验(k-fold cross validation)。k最常用的取值是10，此时称为10折交叉验证，其他常用的 k 值有5、20等。

与留出法相似，将数据集 D 划分为 k 个子集同样存在多种划分方式。为减小因样本划分而引入的差别，k 折交叉验证通常要随机使用不同的划分方法并重复 p 次，最终的评估结果是这 p 次 k 折交叉验证结果的均值，如常见的10次10折交叉验证。

假定数据集 D 中包含 m 个样本，若令 $k=m$，则得到了交叉验证法的一个特例：留一法(Leave-One-Out, LOO)。显然，留一法不受随机样本划分方式的影响，因为 m 个样本只有唯一的方式划分为 m 个子集——每个子集包含一个样本。留一法使用的训练集与初始数据集相比只少了一个样本，这就使得在绝大多数情况下，留一法中实际评估的模型与期望评估的用 D 训练出的模型很相似，因此，留一法的评估结果往往被认为比较准确。然而，留一法也有缺陷：在数据集比较大时，训练 m 个模型的计算开销可能是难以忍受的(例如，数据集包含一百万个样本，则需训练一百万个模型)，而这还是在未考虑算法调参的情况下。另外，留一法的估计结果也未必永远比其他评估方法准确。

③ 自助法

我们希望评估的是用 D 训练出的模型，但在留出法和交叉验证法中，由于保留了一部分样本用于测试，因此实际评估的模型所使用的训练集比 D 小，这必然会引入一些因训练样本规模不同而导致的估计偏差。留一法受训练样本规模变化的影响较小，但计算复杂度又太高了。有没有什么办法不仅可以减小因训练样本规模不同造成的影响，还能比较高效地进行实验估计呢？

自助法(bootstrapping)是一个比较好的解决方案，它直接以自助采样法(bootstrap sampling)为基础。给定包含 m 个样本的数据集 D，我们对它进行采样产生数据集 D'：每次随机从数据集 D 中挑选一个样本，将其拷贝放入数据集 D'，然后将该样本放回初始数据集 D 中，使得该样本在下次采样时仍有可能被采样到，这个过程重复执行 m 次后，我们就得到了包含 m 个样本的数据集 D'，这就是自助采样的结果。显然，数据 D 中有一部分样本会在数据 D' 中多次出现，而另一部分样本不出现。可以做一个简单的估计，m 次样本采样中始终不被采样到的概率是 $\left(1-\frac{1}{m}\right)^m$，取极限得到

$$\lim_{m\to\infty}\left(1-\frac{1}{m}\right)^m=\frac{1}{\mathrm{e}}\approx 0.368 \tag{3.6}$$

即通过自助采样，初始数据集 D 中约有 36.8%的样本未出现在采样数据集 D' 中。于是我们可将 D' 用作训练集，$D\backslash D'$ 用作测试集。这样，实际评估的模型与期望评估的模型都使用 m 个训练样本，而我们仍有约 1/3 的样本(即没在训练集中出现的样本)用于测试。这样的测试结果亦称包外估计(out-of-bag estimate)。

自助法在数据集较小、难以有效划分训练/测试集时很有用。此外，自助法能从初始数据集中产生多个不同的训练集，这对集成学习等方法有很大的好处。然而，自助法产生的数据集改变了初始数据集的分布，这会引入估计偏差。因此，在初始数据量足够时，留出法和交叉验证法更常用一些。

(2) 性能度量

对学习器的泛化性能进行评估，不仅需要有效可行的实验估计方法，还需要有衡量模型泛化能力的评价标准，这就是性能度量(performance measure)。性能度量反映了任务需求，在对比不同模型的能力时，使用不同的性能度量往往会导致不同的评判结果，这意味着模型的“好坏”是相对的，好模型不仅取决于算法和数据，还取决于任务需求。

对于二分类问题，可将样例根据其真实类别与学习器预测类别的组合划分为真正例(true positive)、假正例(false positive)、真反例(true negative)、假反例(false negative) 4 种情形，令 TP、FP、TN、FN 分别表示其对应的样例数量，则显然有 TP+FP+TN+FN=样例总数。分类结果的混淆矩阵(confusion matrix)如表 3.2 所示。

表 3.2 分类结果的混淆矩阵

真实情况	预测结果	
	正例数量	反例数量
正例	TP(真正例)	FN(假反例)
反例	FP(假正例)	TN(真反例)

① 准确率

准确率(accuracy)的定义是预测正确的结果占总样本的百分比，表达式为

$$准确率=\frac{\mathrm{TP}+\mathrm{TN}}{\mathrm{TP}+\mathrm{TN}+\mathrm{FP}+\mathrm{FN}} \tag{3.7}$$

虽然准确率能够判断总的正确率，但是在样本不均衡的情况下，并不能很好地衡量结果。

② 精确率

精确率(precision)是对预测结果而言的，其含义是所有被预测为正的样本实际为正样本的概率，表达式为

$$精确率=\frac{TP}{TP+FP} \tag{3.8}$$

精确率和准确率看上去有些类似，但其实是两个完全不同的概念。精确率代表对正样本预测的准确程度，而准确率代表对整体样本预测的准确程度，包括正样本和负样本。

③ 召回率

召回率(recall)是对原样本而言的，其含义是实际为正的样本被预测为正样本的概率，表达式为

$$召回率=\frac{TP}{TP+FN} \tag{3.9}$$

精确率和召回率是一对矛盾的指标。一般来说，精确率高时，召回率往往偏低；召回率高时，精确率往往偏低。

④ F1 值

在很多情形下，我们可根据学习器的预测结果对样例进行排序，排在前面的是学习器认为“最可能”是正例的样本，排在后面的则是学习器认为“最不可能”是正例的样本。按此顺序逐个把样本作为正例进行预测，则每次可以计算出当前的召回率、精确率。以精确率为纵轴、召回率为横轴作图，就得到了精确率-召回率曲线，简称 P-R 曲线，显示该曲线的图称为 P-R 图，如图 3.12 所示。

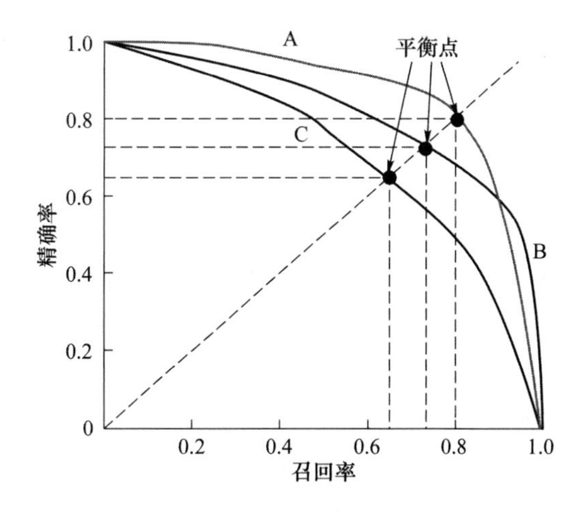

图 3.12 P-R 曲线与平衡点示意图

P-R 图直观地显示出学习器在样本总体上的召回率、精确率。在进行比较时，若一个学习器的 P-R 曲线被另一个学习器的曲线完全“包住”，则可断言后者的性能优于前者，如图 3.12 中学习器 A 的性能优于学习器 C；如果两个学习器的 P-R 曲线发生了交叉，如图 3.12 中的学习器 A 与 B，则难以一般性地断言两者孰优孰劣，只能在具体的精确率或

召回率条件下进行比较。然而，在很多情形下，人们往往仍希望把学习器 A 与 B 比出个高低。这时一个比较合理的判据是比较 P-R 曲线下的面积，它在一定程度上表征了学习器在精确率和召回率上取得相对“双高”的比例。但这个值不太容易估算，因此，人们设计了一些综合考虑精确率、召回率的性能度量。

平衡点(Break-Event Point，BEP)就是这样一个度量，它是精确率等于召回率时交点的取值，如图 3.12 中学习器 C 的 BEP 是 0.64。而基于 BEP 的比较，可认为学习器 A 优于学习器 B。

但 BEP 还是过于简化了些，更常用的是 F1 分数，F1 分数同时考虑精确率和召回率，让两者同时达到最高，取得平衡。F1 分数的表达式为

$$F1=\frac{2\times\text{精确率}\times\text{召回率}}{\text{精确率}+\text{召回率}}=\frac{2TP}{\text{样例总数}+TP-TN} \tag{3.10}$$

⑤ ROC 曲线与 AUC

很多学习器为测试样本产生一个实值或概率预测，然后将这个预测值与一个分类阈值(threshold)进行比较，若大于阈值则分为正类，否则为反类。例如，在一般情形下神经网络是对每个测试样本预测出一个[0.0，1.0]之间的实值，然后将这个值与 0.5 进行比较，大于 0.5 的则判为正例，否则为反例。这个实值或概率预测结果直接决定了学习器的泛化能力。实际上，根据这个实值或概率预测结果，我们可将测试样本进行排序，“最可能”是正例的排在最前面，“最不可能”是正例的排在最后面。这样，分类过程就相当于在这个排序中以某个截断点(cut point)将样本分为两部分，前一部分判作正例，后一部分则判作反例。

在不同的应用任务中，我们可根据任务需求来采用不同的截断点。例如，若更重视精确率，则可选择排序中靠前的位置进行截断；若更重视召回率，则可选择靠后的位置进行截断。因此，排序本身的质量好坏体现了在一般情况下学习器泛化性能的好坏，或者说在一般情况下泛化性能的好坏。ROC 曲线则是从这个角度出发来研究学习器泛化性能的有力工具。

ROC 曲线的全称是受试者工作特征(receiver operating characteristic)曲线，它源于二战中用于敌机检测的雷达信号分析技术，20 世纪六七十年代开始被用在一些心理学、医学检测应用中，此后被引入机器学习领域。与之前介绍的 P-R 曲线相似，我们根据学习器的预测结果对样例进行排序，按此顺序逐个把样本作为正例进行预测，每次计算出两个重要量的值，分别以它们为横、纵坐标作图，就得到了 ROC 曲线。与 P-R 曲线使用精确率、召回率为纵、横轴不同，ROC 曲线的纵轴是真正例率(True Positive Rate，TPR)，横轴是假正例率(False Positive Rate，FPR)，基于表 3.2 中的符号，两者分别定义为

$$TPR=\frac{TP}{TP+FN} \tag{3.11}$$

$$FPR=\frac{FP}{TN+FP} \tag{3.12}$$

显示 ROC 曲线的图称为 ROC 图。图 3.13 给出了一个示意图，显然，对角线对应于

“随机猜测”模型，而点(0,1)则对应于将所有正例排在所有反例之前的“理想模型”。

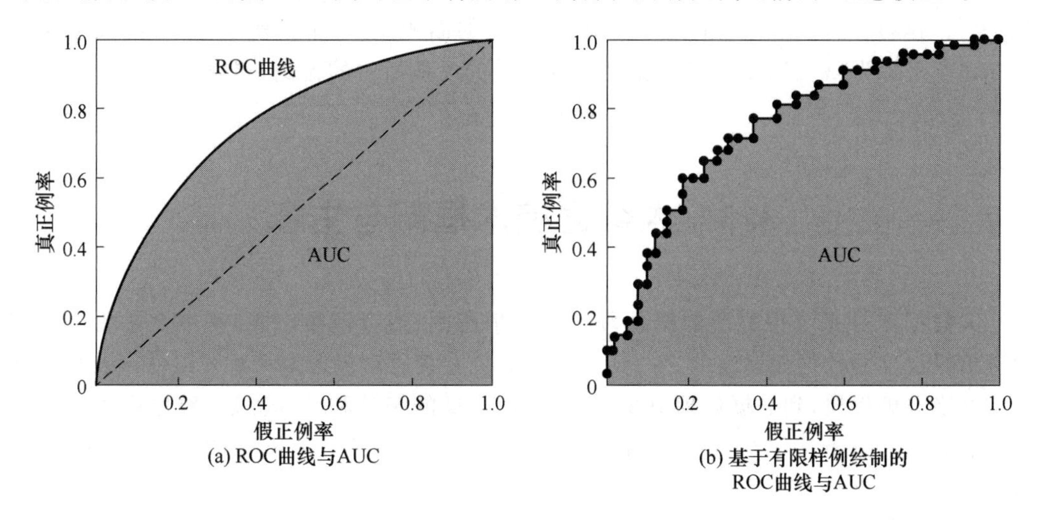

图 3.13　ROC 曲线与 AUC 示意图

现实任务中通常利用有限个测试样例来绘制 ROC 图，此时仅能获得有限个(真正例率，假正例率)坐标对，无法产生图 3.13(a)所示的光滑 ROC 曲线，只能绘制出图 3.13(b)所示的近似 ROC 曲线。绘图过程很简单。给定 m^+ 个正例和 m^- 个反例，根据学习器预测结果对样例进行排序，然后把分类阈值设为最大，即把所有样例均预测为反例，此时真正例率和假正例率均为 0，在坐标(0,0)处标记一个点，最后将分类阈值依次设为每个样例的预测值，即依次将每个样例划分为正例。设前一个标记点坐标为(x,y)，当前若为真正例，则对应标记点的坐标为$(x,y+\frac{1}{m^+})$；当前若为假正例，则对应标记点的坐标为$(x+\frac{1}{m^-},y)$，然后用线段连接相邻点即得 ROC 曲线。

进行学习器的比较时，与 P-R 图相似，若一个学习器的 ROC 曲线被另一个学习器的曲线完全“包住”，则可断言后者的性能优于前者；若两个学习器的 ROC 曲线发生交叉，则难以一般性地断言两者孰优孰劣。此时如果一定要进行比较，则较为合理的判据是比较 ROC 曲线下的面积，即 AUC(area under ROC curve)，如图 3.13 所示。

从定义可知，AUC 可通过对 ROC 曲线下各部分的面积求和而得。假定 ROC 曲线是由坐标为$\{(x_1,y_1),(x_2,y_2),\cdots,(x_m,y_m)\}$的点按序连接而形成的$(x_1=0,x_m=1)$，如图 3.13(b)所示，则 AUC 可估算为

$$\mathrm{AUC}=\frac{1}{2}\sum_{i=1}^{m-1}(x_{i+1}-x_i)(y_i+y_{i+1}) \tag{3.13}$$

形式化地看，AUC 考虑的是样本预测的排序质量，因此它与排序误差有紧密联系。给定 m^+ 个正例和 m^- 个反例，令 D^+ 和 D^- 分别表示正、反例集合，$I(x)$代表指示函数，在 x 为真和假时分别取值为 1 和 0，则排序损失(loss)定义为

$$\ell_{\mathrm{rank}}=\frac{1}{m^+m^-}\sum_{x^+\in D^+}\sum_{x^-\in D^-}\left(I(f(x^+)<f(x^-))+\frac{1}{2}I(f(x^+)=f(x^-))\right) \tag{3.14}$$

即考虑每一对正、反例，若正例的预测值小于反例，则记一个“罚分”，若相等，则记 0.5 个“罚分”。容易看出，ℓ_{rank}对应的是 ROC 曲线之上的面积：若一个正例在 ROC 曲线上对应的标记点坐标为(x,y)，则 x 恰是排序在其之前的反例所占的比例，即假正例率。因此有

$$\text{AUC}=1-\ell_{\text{rank}} \tag{3.15}$$

3.3 大数据技术框架与生态

大数据本身是个很宽泛的概念，Hadoop 生态圈（或者泛生态圈）基本上是为了处理超过单机尺度的数据而诞生的。一套大数据解决方案通常包含多个重要组件，从存储、计算和网络等硬件层，到数据处理引擎，再到利用改良的统计和计算算法、数据可视化来获得商业洞见的分析层。在这中间，每一层的架构都起到了十分重要的作用，如图 3.14 所示。

对于大数据，首先你要能存得下海量数据。

传统的文件系统是单机的，不能横跨不同的机器。HDFS（Hadoop distributed file system）的设计本质上是为了大量的数据能横跨成百上千台机器，但是你看到的是一个文件系统而不是多个文件系统。例如，要获取/hdfs/tmp/file 的数据，引用的是一个文件路径，但是实际的数据存放在很多不同的机器上。用户不需要知道底层的结构，如同在单机上用户不需要关心文件分散存储在什么磁道什么扇区一样，HDFS 会为你管理这些数据。

数据处理引擎起到了非常关键的作用。虽然 HDFS 可以为整体管理不同机器上的数据，但是这些数据体量过于庞大。一台机器读取以 TB（Terabyte）或 PB（Petabyte）为计量单位的数据后，单机处理的话可能需要数天甚至几周。对很多公司来说，单机处理的速度是不可忍受的。例如，微博要更新 24 小时热搜，所以它必须在 24 小时之内处理完这些数据。如果要用多台机器处理，就面临如何分配工作的问题，以及如果一台机器宕机，该如何重新启动相应的任务，机器之间如何互相通信交换数据以完成复杂的计算等，这就是 MapReduce/Tez/Spark 的功能。MapReduce 是第一代计算引擎，Tez 和 Spark 则是第二代计算引擎。

MapReduce 的设计采用了很简化的计算模型，只有 Map 和 Reduce 两个计算过程（中间用 Shuffle 串联），利用这个模型已经可以处理大数据领域中很大一部分问题了。考虑如果要统计一个存储在类似 HDFS 上的巨大文本文件中各个词出现的频率该怎么做？在 Map 阶段，数百台机器同时读取这个文件的各个部分，分别把各自读到的部分统计出词频，产生类似（hello，36160 次），（world，35615 次）这样的对，这数百台机器各自都产生了如上的集合，然后又有数百台机器启动 Reduce 处理。Reducer 机器 A 将从 Mapper 机器收到所有以 A 开头的词汇统计结果，机器 B 将收到所有以 B 开头的词汇统计结果（假设实际用函数产生 Hash 值以避免数据串化）。然后这些 Reducer 将再次汇总：（hello，36160）+（hello，36155）+（hello，345361）=（hello，417676）。每个 Reducer 都进行如上处理，就得到了整个文件的词频结果。这看似是个很简单的模型，但很多算法都可以用这个模型描述。

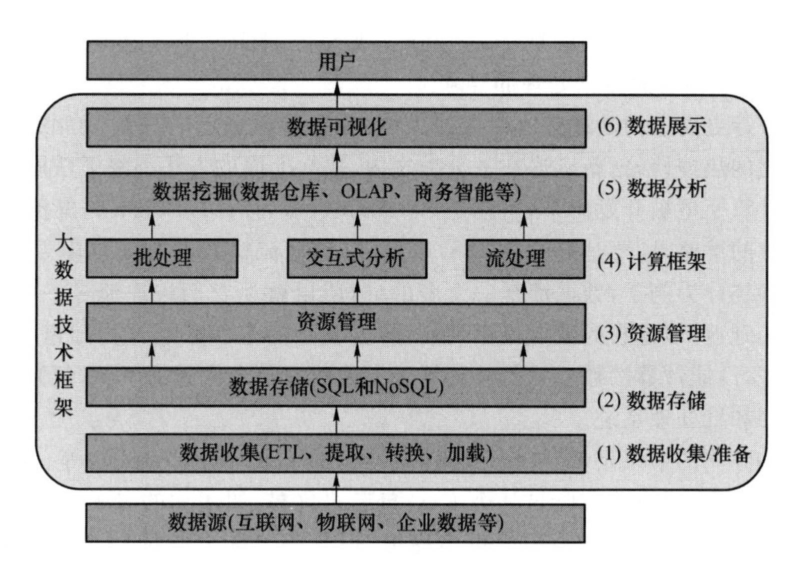

图 3.14　大数据技术框架

Map/Reduce 的简单模型虽然好用，但是很笨重。Tez 和 Spark 除了能让 Job 中间输出和结果可以保存在内存中外，还能让 Map/Reduce 模型更通用，Map 和 Reduce 之间的界限更模糊，数据交换更灵活，磁盘读写更少，以便更方便地描述复杂算法，取得更高的吞吐量。

有了 MapReduce、Tez 和 Spark 之后，程序员发现，MapReduce 的程序写起来很麻烦，他们希望简化这个过程。这就好比有了汇编语言，虽然利用它几乎什么都能做了，但做起来还是非常烦琐。程序员希望有个更高层、更抽象的语言层来描述算法和数据处理流程，于是就有了 Pig 和 Hive。Pig 用的是接近脚本的方式描述 MapReduce，Hive 则用的是 SQL。它们把脚本和 SQL 翻译成 MapReduce 程序，交给计算引擎去计算，而程序员就从烦琐的 MapReduce 程序中解脱出来，用更简单、更直观的语言去写程序。

有了 Hive 之后，人们发现 SQL 有巨大的优势。一方面，编写极其容易，对于同样的功能，用 SQL 描述就只有一两行，而用 MapReduce 写起来要几十行甚至上百行；另一方面，非计算机背景的用户也能够参与其中。于是数据分析人员终于从乞求工程师帮忙的窘境中解脱出来，工程师也从编写一次性的处理程序中解脱出来。Hive 逐渐发展成了大数据仓库的核心组件。甚至很多公司的流水线作业集完全用 SQL 描述，因为易写易改，阅读清晰，方便维护。

自从数据分析人员开始用 Hive 分析数据之后，他们发现，Hive 在 MapReduce 上运行的速度非常慢。数据分析总是希望速度更快一些。在一个巨型网站海量数据下，这个处理过程也许要花几十分钟甚至很多小时。于是 Impala、Presto、Drill 等交互 SQL 引擎诞生了。MapReduce 引擎太慢，因为它太通用、太强壮、太保守，SQL 需要更轻量、更激进地获取资源，更专门地对 SQL 做优化，而且在处理时间极短的情况下不需要那么多容错性保证。Impala 等这些引擎为了让用户可以更快速地处理 SQL 任务，牺牲了通用性、稳定性等特性。

上面介绍的基本上就是一个数据仓库的构架了。底层是 HDFS，上层是

MapReduce/Tez/Spark,再上层是 Hive、Pig。或者在 HDFS 上直接运行 Impala、Drill、Presto。这解决了中低速数据处理的要求。

那如何进行更高速的处理呢?以微博为例,如果希望显示的不是 24 小时热搜,而是一个不断变化的热搜榜,更新延迟在一分钟之内,那么上面的方法都将无法胜任。于是又有一种新的计算模型被开发出来,这就是 Streaming(流)计算。Storm 是最流行的流计算平台。流计算的思路是,要达到更实时的更新,在数据流输入的时候就需要直接进行处理。仍以词频统计为例子,数据流是一个个的词,所以就让它们一边流过一边开始统计。流计算基本无延迟,但是它的缺点是不灵活,想要统计的东西必须预先知道,数据流过后就不再存在了,没能计算的数据就无法补算了。因此它是个优秀的思路,但是无法替代上述的数据仓库和批处理系统。

还有一些独立的模块是 KV Store,如 Cassandra、HBase、MongoDB 等。KV Store 意味着在大量键值中,能快速获取与某个 Key 绑定的数据,如用你的身份证号提取到你的身份数据。这个动作用 MapReduce 也能完成,但是很可能要扫描整个数据集。而 KV Store 专用来处理这个操作,所有存和取都专门为此优化了,从几 PB 的数据中查找一个身份证号,只要零点几秒。这让大数据公司的一些专门操作被大大优化了。例如,若网页上有个根据订单号查找订单内容的页面,而整个网站的订单数量无法用单机数据库存储,那么就会考虑用 KV Store 来存储。KV Store 基本无法处理复杂的计算,很难进行 JOIN 操作,可能无法聚合,没有强一致性保证,但是速度极快。每个 KV Store 的设计都有不同取舍,有些更快,有些容量更高,有些可以支持更复杂的操作。

除此之外,还有一些更特制的系统/组件,例如,Mahout 是分布式机器学习库,Protobuf 是数据交换的编码和库,ZooKeeper 是高一致性的分布存取协同系统,等等。

这么多丰富的工具都在同一个集群上运转,工具之间需要协同有序工作。所以另外一个重要组件是调度系统。现在最流行的是 YARN(Yet Another Resource Negotiator,另一种资源协调者),它是一种新的 Hadoop 资源管理器,是一个通用资源管理系统和调度平台,可为上层应用提供统一的资源管理和调度,它的引入为集群在利用率、资源统一管理和数据共享等方面带来了巨大好处。

可以认为,大数据生态圈就是不断发展的复杂协同工具生态圈。为了满足不同的需求,它需要各种不同的工具。而且外部需求正在复杂化,工具不断被发明,没有一个万用的工具可以处理所有情况,因此它会变得越来越复杂。

3.3.1 Hadoop

Hadoop 是目前得到企业界认可的大数据框架,包括以下特点。

(1) 源代码开源。

(2) 社区活跃、参与者众多。

(3) 涉及分布式存储和计算的方方面面。

在 Hadoop 3.3.1 版本中,与 Hadoop 2.×相比,主要增添了以下功能[43]。

(1) 最低要求的 Java 版本从 Java 7 增加到 Java 8。

(2) 支持 HDFS 中的纠删码。纠删码是一种持久存储数据的方法,与复制相比,可显著节省空间。与标准 HDFS 复制的 3 倍开销相比,像 Reed-Solomon (10,4) 这样的标准编码具有 1.4 倍的空间开销。由于纠删码在重建过程中会产生额外的开销并且主要执行远程读取,因此它在传统上用于存储较冷门、访问频率较低的数据。用户在部署此功能时应考虑纠删码的网络和 CPU 开销。

(3) 推出 YARN 时间线服务 v.2。YARN Timeline Service v.2 解决了两大挑战:提高 Timeline Service 的可扩展性和可靠性,以及通过引入流和聚合来增强可用性。

(4) 提供 YARN Timeline Service v.2 Alpha 2,以便用户和开发人员可以测试它并提供反馈和建议,使其成为 Timeline Service v.1.×的现成替代品。它应该仅用于测试容量。

(5) 重写了 shell 脚本。Hadoop shell 脚本已被重写以修复许多长期存在的错误并包含一些新功能。虽然一直关注兼容性,但一些更改可能会破坏现有安装。

(6) 覆盖客户端的 jar。Hadoop 2.×版本中可用的 hadoop-client Maven 工件将 Hadoop 的传递依赖项拉到 Hadoop 应用程序的类路径上。如果这些传递依赖的版本与应用程序使用的版本冲突,可能会出现问题。HADOOP-11804 添加了新的 hadoop-client-api 和 hadoop-client-runtime 工件,将 Hadoop 的依赖项隐藏到一个 jar 文件中。这避免了将 Hadoop 的依赖项泄漏到应用程序的类路径上。

(7) 支持 opportunistic 容器和分布式调度。引入 ExecutionType 的概念,应用程序现在可以通过它请求执行类型为 Opportunistic 的容器。即使在调度时没有可用资源,这种类型的容器也可以在 NM 分派执行。在这种情况下,这些容器将在 NM 排队,等待资源可用以启动。opportunistic 容器的优先级低于默认的保证容器,因此在需要时会被抢占,为保证容器腾出空间。在默认情况下,opportunistic 容器由中央 RM 分配,但也支持由分布式调度程序分配 opportunistic 容器。

(8) MapReduce 任务级原生优化。MapReduce 添加了对地图输出收集器的本机实现的支持。对于 shuffle 密集型作业,这可以带来 30%或更多的性能提升。

(9) 支持 2 个以上的 NameNode。

(10) 多个服务的默认端口已更改。

(11) Hadoop 现在支持与 Microsoft Azure Data Lake 和 Aliyun Object Storage System 的集成,作为与 Hadoop 兼容的替代文件系统。

(12) 增加数据节点内平衡器。在单个 DataNode 管理多个磁盘的情况下,在正常写入操作期间,磁盘将被均匀填满。但是,添加或更换磁盘可能会导致 DataNode 内出现严重的倾斜。这种情况不是由现有的 HDFS 平衡器处理的,它关注的是外部而不是内部数据节点倾斜。这种情况由新的内部 DataNode 平衡功能处理,该功能通过 hdfs diskbalancer CLI 调用。

(13) 对 Hadoop 守护进程和 MapReduce 任务的堆管理进行了一系列更改。HADOOP-10950 引入配置守护进程堆大小的新方法。值得注意的是,现在可以根据主机的内存大小进行自动调整。MAPREDUCE-5785 简化了映射的配置并减少了任务堆大小,因此不再需要在任务配置和 Java 选项中指定所需的堆大小。

(14) S3Guard 为 S3A 文件系统客户端提供了一致性和元数据缓存。

(15) HDFS 基于路由器的联合添加了一个 RPC 路由层,它提供了多个 HDFS 命名空间的联合视图。这与现有的 ViewFs 和 HDFS 的联合功能类似,不同之处在于挂载表由服务器端的路由层维护,而不是客户端。这简化了现有 HDFS 客户端对联合集群的访问流程。

(16) 提供了基于 API 的 Capacity Scheduler 队列配置。容量调度程序的 OrgQueue 扩展了 Capacity Scheduler,提供了一种编程方法,该方法提供了一个 REST API 来修改配置,用户可以通过远程调用来修改队列配置。

(17) Yarn 支持一个可扩展的资源模型,能够支撑用户定义的可计算资源,不仅仅限于 CPU 和内存。例如,集群管理员可以定义 GPU、软件许可证或本地附加存储等资源,然后可以根据这些资源的可用性来安排 YARN 任务。

如图 3.15 所示,Hadoop 生态多样且全面,主要包含以下技术生态。

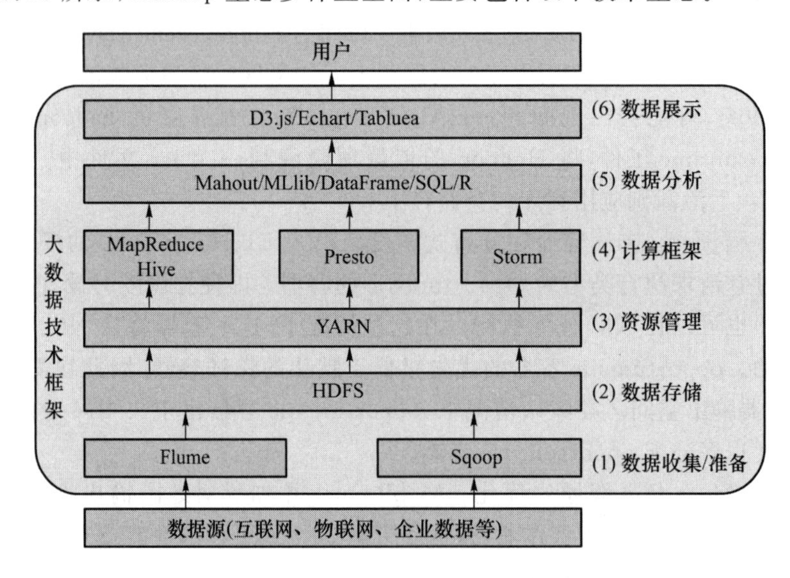

图 3.15 Hadoop 生态

(1) Flume(非结构化数据收集)

Cloudera 开源的日志收集系统可用于非结构化数据收集。它将数据从产生、传输、处理并最终写入目标路径的过程抽象为数据流。在具体的数据流中,数据源支持在 Flume 中定制数据发送方,从而支持收集各种不同协议数据。同时,Flume 数据流提供对日志数据进行简单处理的能力,如过滤、格式转换等。其具有以下特点。

① 分布式。

② 高可靠性。

③ 高容错性。

④ 易于定制和扩展。

(2) Sqoop(结构化数据收集)

Sqoop 是 SQL to Hadoop 的简称,是连接传统关系型数据库和 Hadoop 的桥梁,包括

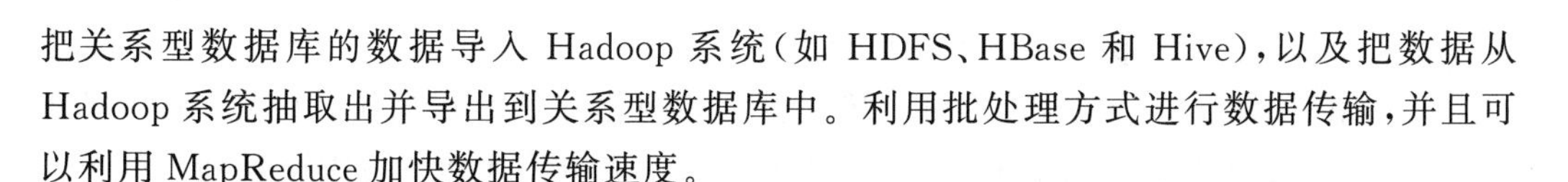

把关系型数据库的数据导入 Hadoop 系统(如 HDFS、HBase 和 Hive),以及把数据从 Hadoop 系统抽取出并导出到关系型数据库中。利用批处理方式进行数据传输,并且可以利用 MapReduce 加快数据传输速度。

(3) HDFS(分布式文件系统)

HDFS 来源于 Google 在 2003 年 10 月发表的关于 GFS 的论文,HDFS 是 GFS 的克隆版。HDFS 具有以下特点。

① 具有良好的扩展性。在分布式系统中可以随时添加机器节点,增加存储容量。

② 具有高容错性。因为数据有多副本备份,所以宕掉几台机器后不会丢失数据。

③ 适合 PB 级以上数据的存储。

HDFS 将文件切分成等大的数据块,并将其存储到多台机器上。它可以将数据的切分、容错和负载均衡等功能透明化,所以可以将 HDFS 看成一个容量巨大、具有高容错性的磁盘。HDFS 可以用于海量数据的可靠性存储和数据归档。

(4) YARN(分布式资源管理系统)

YARN 是 Hadoop 2.0 新增的系统,负责集群的资源管理和调度,使得多种计算框架运行在一个集群中,可以看作一个分布式操作系统,类似于 Windows 或 Linux。

YARN 具有以下特点。

① 具有良好的扩展性和高可用性。

② 对多种类型的应用程序进行统一管理和调度。

③ 自带多种多用户调度器,适合共享集群环境。

④ 在 YARN 上可以运行各种应用。

(5) MapReduce(分布式计算框架)

MapReduce 来源于 Google 发表在 2004 年 12 月的关于 MapReduce 的论文,Hadoop MapReduce 是 Google MapReduce 的克隆版。MapReduce 具有以下特点。

① 具有良好的扩展性。

② 具有高容错性。

③ 适合 PB 级以上数据的离线处理。

④ MapReduce 是分布式计算框架,可以拆成 Map 和 Reduce 两个阶段。

MapReduce 统计词频的过程如图 3.16 所示。

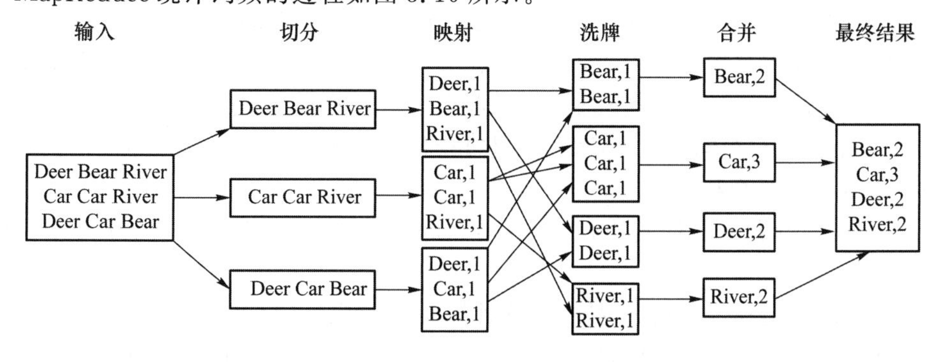

图 3.16 MapReduce 统计词频过程

(6) Hive(基于 MapReduce 的数据仓库)

Hive 由 Facebook 开源，最初用于解决海量结构化的日志数据统计问题，是构建在 Hadoop 之上的数据仓库，数据计算使用 MapReduce，数据存储使用 HDFS，Hive 定义了一种类似 SQL 的查询语言 HQL，通常用于进行离线数据处理，支持多维度数据分析，可以看作一个 HQL 和 MapReduce 的语言翻译器。Hive 可以进行海量结构化数据的离线分析，可以在不编写 MapReduce 的情况下低成本地进行数据分析，大部分互联网公司都使用 Hive 进行日志分析。

3.3.2 Spark

Spark 是一个 Apache 项目，它被标榜为“快如闪电的集群计算”。它拥有一个繁荣的开源社区，并且是目前最活跃的 Apache 项目之一。最早 Spark 是 UC Berkeley AMP Lab 开源的类 Hadoop MapReduce 的通用并行计算框架。AMP Lab 中的一些研究人员曾经用过 Hadoop MapReduce，他们发现 MapReduce 在迭代计算和交互计算的任务上表现得效率低下，因此 Spark 从一开始就是为交互式查询和迭代算法设计的，同时还支持内存式存储和高效的容错机制。

2009 年，关于 Spark 的研究论文在学术会议上发表，同年 Spark 项目诞生。Spark 最早的一部分用户来自 UC Berkeley 的研究小组，其中一个机器学习领域的研究项目利用 Spark 来监控并预测旧金山湾区的交通拥堵情况。仅仅过了较短的一段时间，许多外部机构也开始使用 Spark。Spark 最早在 2010 年 3 月开源，并且在 2013 年 6 月被交给了 Apache 基金会，现在已经成为 Apache 开源基金会的顶级项目。

Spark 的目标是设计一个编程模型，支持比 MapReduce 更广泛的应用类别，同时保持自动容错性。MapReduce 对那些需要在多个并行操作中共享低延迟数据的多通道应用来说效率很低。这些应用在分析领域相当普遍，包括以下内容。

(1) 迭代算法：包括许多机器学习算法和图算法，如 PageRank。

(2) 交互式数据挖掘：用户希望将数据加载到整个集群的 RAM 中并反复查询。

(3) 流应用：随着时间的推移保持聚合状态。

Spark 提供了一个更快、更通用的数据处理平台。相对于 Hadoop 的 MapReduce 会在运行完工作后将中间结果存放到磁盘中，Spark 使用了存储器内运算技术，能在结果尚未写入硬盘时(即在存储器内)就分析运算。和 Hadoop 相比，Spark 可以让程序在内存中运行的速度提升 100 倍，或者让程序在磁盘上运行时的速度提升 10 倍。Spark 允许用户将资料加载至集群存储器，并多次对其进行查询，非常适合用于机器学习算法。

Spark 主要有 3 个特点[44]。

(1) 高级 API 剥离了对集群本身的关注，Spark 应用开发者可以专注于应用所要做的计算本身。

(2) Spark 运行速度很快，支持交互式计算和复杂算法。

(3) Spark 是一个通用引擎，可用它来完成各种各样的运算，包括 SQL 查询、文本处理等，而在 Spark 出现之前，我们一般需要学习各种各样的引擎来分别处理这些需求。

Spark 应用程序在集群上作为独立的进程集运行，由主程序（驱动程序）中的 SparkContext 对象协调。

为了在集群上运行，SparkContext 可以连接到几种类型的集群管理器（Spark 自己的独立集群管理器、Mesos 或 YARN），这些集群管理器在各应用程序之间分配资源。一旦连接，Spark 就会在集群的节点上获取执行器，这些执行器用于为应用程序运行计算和存储数据的进程。接下来，它将你的应用程序代码（由传递给 SparkContext 的 jar 或 Python 文件定义）发送给执行者。最后，SparkContext 将任务发送给执行者，让执行者运行。

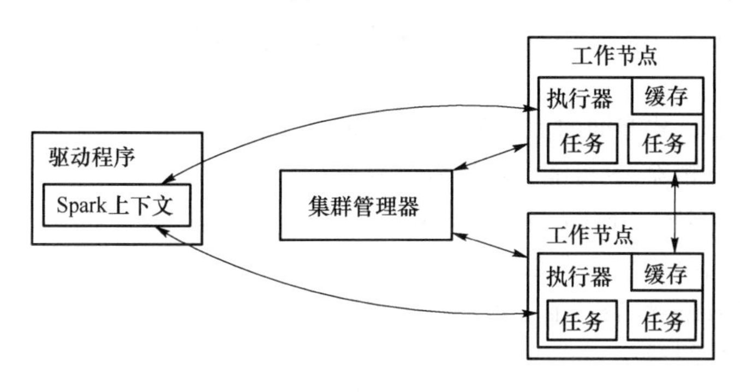

图 3.17 Spark 架构

关于 Spark 架构，有几个特殊的方面需要注意。

每个应用程序都有自己的执行进程，它们在整个应用程序的运行过程中保持运行，并在多个线程中运行任务。这样做的好处是，在调度方面（每个驱动器调度自己的任务）和执行者方面（来自不同应用程序的任务在不同的 JVM 中运行），将应用程序相互隔离。然而，这也意味着数据不能在不同 Spark 应用（SparkContext 的实例）之间共享，而要将其写入外部存储系统。

Spark 对底层集群管理器是不可知的。如果它能获得执行程序，并且在这些执行程序之间能相互通信，那么即使在一个同时支持其他应用程序的集群管理器（如 Mesos/YARN）上运行它也相对容易。

驱动程序程序必须在其整个生命周期内监听并接受来自其执行者的传入连接（如网络配置部分的 spark. driver. port）。因此，驱动程序必须可以从工作节点中获得网络地址。

因为驱动程序在集群上调度任务，所以它应该在靠近工作节点的地方运行，最好是在同一个局域网上。如果你想远程向集群发送请求，最好是向驱动程序打开一个 RPC，让它在附近提交操作，而不是在远离工作节点的地方运行一个驱动程序。

Spark 系统目前支持以下 4 种集群管理器。

(1) 独立的集群管理器：一个简单的集群管理器，包含在 Spark 中，可以很容易地建立一个集群。

(2) Apache Mesos：一个通用的集群管理器，也可以运行 Hadoop MapReduce 和服务应用程序。

(3) Hadoop YARN：Hadoop 2.0 中的资源管理器。

(4) Kubernetes：一个开源的系统，用于自动化部署、扩展和管理容器化的应用程序。

自其出现以来，Spark 一直是一个非常活跃的项目，Spark 社区也一直保持着非常繁荣的态势。随着版本号的不断更迭，Spark 的贡献者也与日俱增。Spark 1.0 吸引了 100 多个开源程序员参与开发。尽管项目活跃度在飞速地提升，但 Spark 社区依然保持发布新版本的常规节奏。2014 年 5 月，Spark 1.0 正式发布。到 2021 年 9 月为止，最新 Spark 已经发布至 3.1.2 版本，该版本具备但不限于以下的显著变化[45]：

(1) k8s 上的动态分配会杀死正在运行的任务的执行程序；

(2) k8s 上的 Spark 应用程序不会在不调用 sparkContext. stop() 方法的情况下终止；

(3) 更正用于流式查询的活动 SparkSession；

(4) 如果表被删除，表可能会被解析为视图；

(5) 解析来自 DataFrame 的元数据输出；

(6) 添加 pyspark 的类型提示，提示版本和 pyspark. sql. Column. contains；

(7) 如果表被删除，表可能会被解析为视图；

(8) 不会为视图捕获 maven 配置。

Spark 的很多典型用例可以分为两大类，针对数据科学家(data scientist)的数据科学应用以及针对工程师的数据处理应用。

数据科学关注的是数据分析领域。尽管没有标准的定义，但我们认为数据科学家就是主要负责分析数据并建模的人。数据科学家有可能具备 SQL、统计、预测建模(机器学习)等方面的经验，以及使用 Python、Matlab 或 R 语言进行编程的能力。将数据转换为更方便分析和观察的格式的过程通常被称为数据转换(data wrangling)，数据科学家也对这一过程中的必要技术有所了解。

数据科学家使用他们的技能来分析数据，以回答问题或发现一些潜在规律。他们的工作流经常会用到即时分析，所以他们使用交互式 shell 替代复杂应用的构建，这样可以在短时间内得到查询语句和一些简单代码的运行结果。Spark 的速度以及简单的 API 都能在这种场景里大放光彩，而 Spark 内建的程序库也使得很多算法能够即刻使用。

Spark 通过一系列组件支持各种数据科学任务。Spark shell 通过提供 Python 和 Scala 的接口，使我们可以方便地进行交互式数据分析。Spark SQL 也提供一个独立的 SQL shell，我们可以在这个 shell 中使用 SQL 探索数据，也可以通过标准的 Spark 程序或者 Spark shell 来进行 SQL 查询。机器学习和数据分析则通过 MLlib 程序库提供支持。另外，Spark 还能支持调用 R 或者 Matlab 写成的外部程序。数据科学家在使用 R 或 Pandas 等传统数据分析工具时所能处理的数据集受限于单机，而有了 Spark 后，就能处理更大数据规模的问题。

Spark 的另一个主要用例是针对工程师的。在这里，我们把工程师定义为使用 Spark 开发生产环境中数据处理应用的软件开发者。这些开发者一般有基本的软件工程概念，如封装、接口设计以及面向对象的编程思想，并且通常有计算机专业的背景，能使用工程技术来设计和搭建软件系统，以实现业务用例。

对工程师来说，Spark 为开发用于集群并行执行的程序提供了一条捷径。通过封装，Spark 不需要开发者关注如何在分布式系统上编程这样的复杂问题，也无须过多关注网络通信和程序容错性。Spark 已经为工程师提供了足够的接口来快速实现常见的任务，以及对应用进行监视、审查和性能调优。其 API 模块化的特性（基于传递分布式的对象集）使得利用程序库进行开发以及本地测试大大简化。Spark 用户之所以选择用 Spark 来开发他们的数据处理应用，是因为 Spark 提供了丰富的功能，容易学习和使用，并且成熟稳定。

3.3.3 NoSQL

NoSQL 泛指非关系数据库。随着互联网 Web 2.0 网站的兴起，传统的关系数据库在处理 Web 2.0 网站，特别是超大规模和高并发的 SNS 类型的 Web 2.0 纯动态网站时已经力不从心，出现了很多难以克服的问题，而非关系的数据库则由于本身的特点得到了非常迅速的发展。NoSQL 数据库的产生就是为了解决大规模数据集合多重数据种类带来的挑战，特别是大数据应用难题。本节主要对在大数据技术上采用的分布式 NoSQL 数据库进行介绍。

NoSQL 仅仅是一个概念，区别于关系数据库，它们不保证关系数据的 ACID 特性。NoSQL 是一项全新的数据库革命性运动，其拥护者们提倡运用非关系型的数据存储，相对于铺天盖地的关系型数据库运用，这一概念无疑是一种全新的思维注入[46]。

对 NoSQL 并没有一个明确的范围和定义，但是它们都普遍存在以下共同特征[47]。

(1) 易扩展：NoSQL 数据库种类繁多，它们有一个共同的特点，即去掉了关系数据库的关系型特性。数据之间无关系，这样就非常容易扩展，无形之间在架构的层面上带来了可扩展的能力。

(2) 数据量大，性能高：NoSQL 数据库都具有非常高的读写性能，尤其在大数据量下，同样表现优秀。这得益于它的无关系性，数据库的结构简单。一般 MySQL 使用 Query Cache。NoSQL 的 Cache 是记录级的，是一种细粒度的 Cache，所以 NoSQL 在这个层面上来说性能要高很多。

(3) 数据模型灵活：NoSQL 无须事先为要存储的数据建立字段，随时可以存储自定义的数据格式。而在关系数据库里，增删字段是一件非常麻烦的事情。如果是非常大数据量的表，增加字段简直就是一个噩梦，这点在大数据量的 Web 2.0 时代尤其明显。

(4) 高可用：NoSQL 在不太影响性能的情况下，可以方便地实现高可用的架构。例如，Cassandra、HBase 模型通过复制模型就能实现高可用。

NoSQL 数据库与云计算和物联网物联网（The Internet of Things，IOT）紧密相连。

云计算技术与大数据技术是相辅相成、互相促进的关系。云计算通过网络将复杂的大数据处理任务分解成无数个小任务，分派给集群系统中多个服务器节点分别进行处理和分析，最后将这些子任务完成的结果汇总并返回给客户端。云计算的资源管理机制、分布式计算架构为大数据的存储与计算提供了基础设施。大数据时代复杂的数据处理与分析任务为云计算提供了用武之地。按照云计算服务平台是否对外开放经营可分为公有云、私有云和混合云3种。国外著名的云服务提供商有亚马逊、谷歌、微软、IBM等，国内有腾讯、阿里、华为、百度、京东等[48]。

NoSQL数据库是重要的大数据存储技术。一方面，云计算技术为不同类型的NoSQL数据库架构中的资源管理与负载均衡调度等机制提供了技术参考和支撑，如Hadoop生态中的HBase数据库内置了Zookeeper实现集群的协调一致性资源管理；另一方面，云服务供应商提供了不同类型的NoSQL数据库服务，用户可以通过购买服务的方式使用NoSQL数据库，相比自己购买服务器搭建并维护NoSQL数据库集群来讲这样更加经济便捷。

物联网指通过信息传感器、射频识别技术、全球定位系统、红外感应器、激光扫描器等各种装置与技术，实时采集任何需要监控、连接、互动的物体或过程，采集其音频、视频、光、热、电、力学、生物、位置等各种需要的信息，通过各类可能的网络接入，实现物与物、物与人的泛在连接，实现对物品和过程的智能化感知、识别和管理。物联网是一个基于互联网、传统电信网等的信息承载体，让所有能够被独立寻址的普通物理对象可以互联互通。物联网的应用领域涉及方方面面，在国防、军事、工业、农业、环境、交通、物流、健康、安保等领域的应用，有效地推动了各个应用领域的智能化发展。5G技术带来的高宽带、低延迟传输网络将进一步促进物联网技术的发展和应用。

人类的日常生活已经与数据密不可分，各行各业也越来越依赖通过大数据手段来开展工作，物联网的大发展必将进一步推动数据的大规模增长。物联网技术体系主要包括整体感知、可靠传输和智能处理三方面的关键技术。物联网感知大数据的智能处理离不开NoSQL高性能大数据存储技术的支持，物联网感知数据具有典型的空间时序特征，数据内容主要体现物品或事件在某些地理位置随着时间流逝其状态的变化情况，数据存储与处理实时性要求高，NoSQL数据库中与实时流数据处理技术框架相适应的时序类型数据库能够很好地匹配物联网感知数据的存储需求。

典型的分布式NoSQL数据库有HBase、MongoDB和ElasticSearch等。

(1) HBase(分布式列存数据库)

源自Google的Bigtable论文，HBase是Google Bigtable的克隆版。HBase是一个建立在HDFS之上，针对结构化数据的、可伸缩的、高可靠的、高性能的、分布式的和面向列的动态模式数据库。它采用了BigTable的数据模型——增强的稀疏排序映射表(key/value)，其中键由行关键字、列关键字和时间戳构成。它提供了对大规模数据的随机、实时读写访问，同时，HBase中保存的数据可以使用MapReduce来处理，它将数据存储和并行计算完美地结合在一起。

(2) MongoDB(分布式文件存储数据库)

MongoDB是一个介于关系数据库和非关系数据库之间的产品，是非关系数据库当中功能最丰富、最像关系数据库的数据库。它支持的数据结构非常松散，是类似json的bson文档型格式，因此可以存储比较复杂的数据。Mongo最大的特点是它支持的查询语言非常强大，其语法有点类似于面向对象的查询语言，几乎可以实现类似关系数据库单表查询的绝大部分功能，而且还支持对数据建立索引。

它的特点是高性能、易部署、易使用，存储数据非常方便。

① 面向集合存储,易存储对象类型的数据。

② 模式自由。

③ 支持动态查询。

④ 支持完全索引,包含内部对象。

⑤ 支持查询。

⑥ 支持复制和故障恢复。

⑦ 使用高效的二进制数据存储,包括大型对象(如视频等)。

⑧ 自动处理碎片,以支持云计算层次的扩展性。

⑨ 支持 Golang、RUBY、Python、Java、C++、PHP、C# 等多种语言。

⑩ 可通过网络访问。

(3) ElasticSearch(分布式全文搜索引擎)

ElasticSearch 是一个基于 Lucene 的搜索服务器。它提供了一个分布式多用户能力的全文搜索引擎,基于 RESTful Web 接口。ElasticSearch 是用 Java 语言开发的,并作为 Apache 许可条款下的开放源码发布,是一种流行的企业级搜索引擎。ElasticSearch 用于云计算中,能够达到实时搜索,而且稳定,可靠,快速,安装使用方便。

第4章
大数据分析教学平台——BDAP

在互联网时代的浪潮之下，网络数据量急剧增加，大数据已对全球生产、流通、分配、消费活动以及经济运行机制、社会生活方式和国家治理能力产生重要影响。面对庞大而又形式复杂的数据，往往需要我们快速地从这些海量数据中高效率地获得有价值且直观的结果。因此构建一个集文件管理、并行化数据挖掘、结果可视化等功能为一体的大数据分析平台是当前大数据教学与科研领域的热点问题。

BDAP使用动画

BDAP(Big Data Analysis Platform)(education_version)是北京邮电大学计算机学院数据科学与服务中心自主研发的分布式大数据科研平台。BDAP基于Hadoop、Spark并行框架，使用了批处理、工作流引擎、MongoDB数据库存储等多项技术，通过整合高性能计算、云计算、大数据、机器学习等多学科的关键技术，提供一站式数据挖掘应用服务解决方案，能够帮助用户快速构建数据挖掘应用，掌握经典数据挖掘算法，进而培养用户解决真实案例的综合能力。

4.1 BDAP简介

4.1.1 大数据教学的现状与挑战

数据正成为未来的“自然资源”，中国产业的发展需要大量的大数据人才，以有效地利用这些资源。国家大数据战略倡导凝聚企业、高校、科研院所的能力，通过产学研高度融合来激发大数据人才培养和大数据产业发展的新动力。大数据专业属于多学科交叉复合的新兴工科专业，广泛涉及数学、自然科学、计算机科学、相关工程学科领域的多种课程，且注重理论与实践并重[49]。

然而目前大数据专业的教学大多依赖于传统计算机科学与技术专业，并没有构建起一套具有大数据特色的完善的培养方案。同时，由于大数据相关课程理论的复杂性以及相关技术纷繁的软硬件配置，因此缺乏对大数据专业学生实践能力和动手能力的培养。在依托计算机科学与技术学科的基础上，应当制订完善的大数据专业培养方案与合理的课程体系，培养学生学习数据科学、计算机科学与技术方面的基础理论和基本知识以及研究和开发大数据计算与应用系统和网络系统的能力。同时特别突出结合大数据平台的创新实验课程实践，以弥补当下专业课程中的不足，强化对学生实践能力的培养。

4.1.2 BDAP 总览

BDAP 介绍

针对当下大数据教学课程中的不足，BDAP 应运而生。BDAP 源于2009 年北京邮电大学计算机学院与中国移动研究院合作的基于“云”计算平台的并行数据挖掘工具研发项目，先后得到了教育部中国移动联合基金、国家 863 研发计划项目资助[49]，历经十余年的不断优化，已经成长为一个功能完备、操作简便、个性化强的大数据分析教学平台。

BDAP 提供了文件管理、数据挖掘、深度学习探索、可视化、在线编程等多种功能。其中：文件管理功能实现了底层 HDFS 和用户个人文件的导入/导出；数据挖掘功能提供了丰富的拖拽式算法组件和图形化工作流搭建方式，涵盖了数据预处理、分类、聚类、文本分析、网络分析等数据挖掘领域的经典算法；深度学习探索功能集成了常见的全连接层、卷积层、池化层等多种深度学习常见算法，并提供超参数个性化调优；可视化功能提供了多种结果可视化方式，大大降低了结果分析的难度。此外，平台还基于 Jupyter 框架提供了在线编程接口，并提前导入多种依赖包，省去了烦琐的环境配置过程和硬件需求。BDAP 的整体功能架构如图 4.1 所示。

目前，基于 BDAP 的大数据初识课程已经在北京邮电大学计算机学院上线并收到了良好的教学效果。未来 BDAP 还将在大数据人才培养体系中发挥更大的作用。

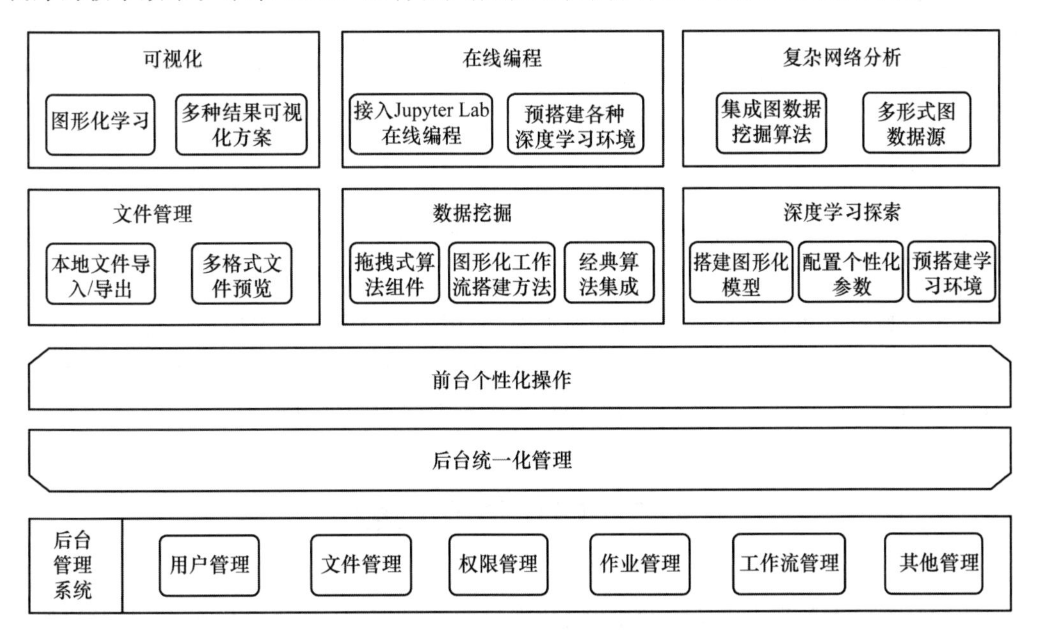

图 4.1 BDAP 的整体功能架构

4.1.3 BDAP 的特点与优势

(1) 使用门槛低

通过整合多种关键技术，提供图形化的数据挖掘及云计算应用服务解决方案，能够帮助用户快速应用数据挖掘算法，大幅降低使用门槛，提高工作效率，用户无须搭建开发环境、无须编写代码、无须调优代码也可应用数据挖掘方法解决实际问题。

(2) 操作简单

通过引入工作流的概念及工作引擎技术，使平台预处理、模型训练及模型评估等流程都可通过拖拽式操作完成。工作流程简洁、直观，让用户能够轻松驾驭数据挖掘技术。只需简单配置即可完成模型训练和评估。

(3) 数据处理灵活

在数据分析应用中，用户处理数据的需求是多样且多变的，基础的数据处理方法难以从不同角度和维度进行分析。平台在数据加载、数据清洗、数据转换等方面提供便捷组件，如文本分词、缺失值处理、排序、生成列计算、汇聚等功能，用户可按需灵活处理数据。

(4) 数据挖掘算法丰富

在不同的应用场景和应用需求下，需要使用合适的数据挖掘算法进行分析。平台集成传统的分类、聚类、回归、关联规则、文本分析等领域常用的数据挖掘算法，包括决策树、*k*-means、Apriori 等经典算法，以及网络分析算法，包括社团发现、最小生成树、欧拉回路等算法。

(5) 功能完备

包含配套的教学管理后台，可以轻松进行用户管理、权限管理、文件管理等，便于教学使用。集成数据处理、数据类型推导、作业管理等功能，提供文件预览、多种可视化方案，提升用户体验。

(6) 对大数据有良好支撑

大数据处理需要有高性能、高稳定性做支撑。平台集成 Hadoop、Spark 等主流并行计算框架，通过分布式并行计算，保障大数据量处理时的高效可靠。

(7) 案例典型

使用经典数据集，提供各类算法的典型案例，帮助用户学习数据挖掘应用方法并将其快速应用到业务系统。同时 BDAP 还可以设定开放性实验，由用户自主选择数据分析方法、设计实验流程，进而完成实验，培养用户解决实际问题的综合能力。

4.2 BDAP 的功能

BDAP 面向大数据专业人才培养、大数据专业建设需求，是通过易操作、图形化的界面研发的一款低门槛的基于分布式集群的综合性数据挖掘平台，能够帮助用户快速构建数据挖掘应用，以解决实际问题，供学习和科研使用。BDAP 的登录与初始界面如图 4.2

所示。BDAP 的功能总览如图 4.3 所示，下面对平台功能进行详细介绍。

(a) 平台登录界面

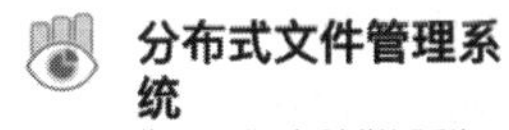

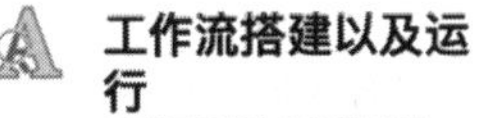

(b) 平台初始界面

图 4.2　BDAP 的登录与初始界面

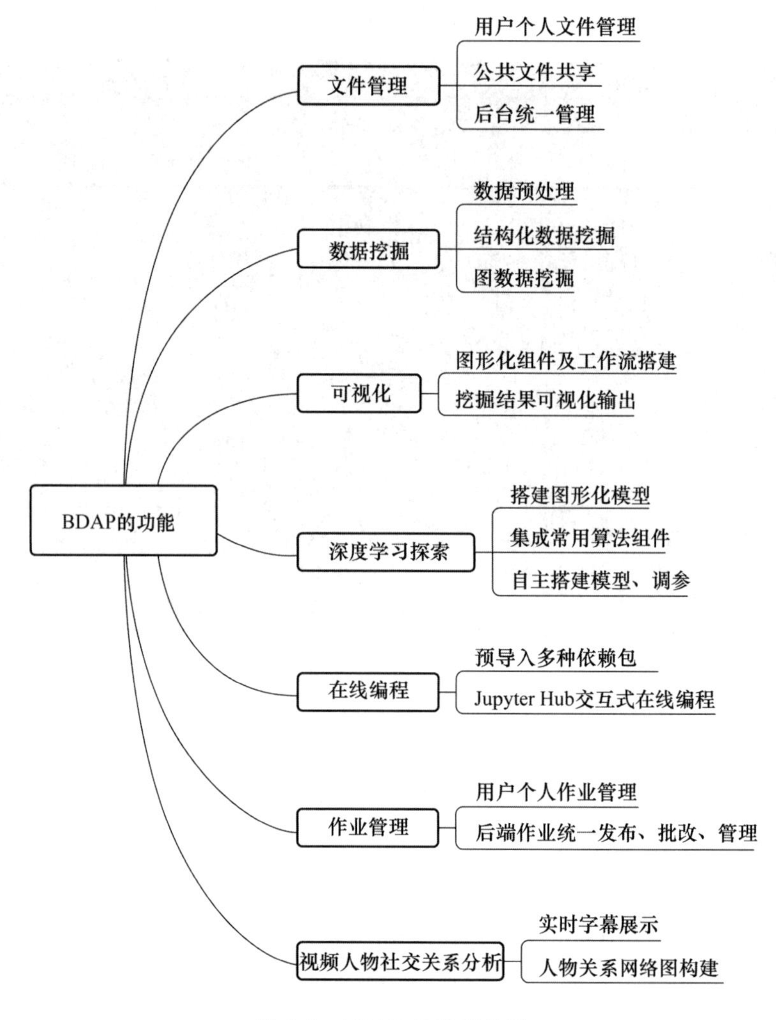

图 4.3　BDAP 的功能总览

4.2.1　文件管理功能

数据挖掘本质上就是从海量数据中获取有用信息的过程，数据的常见组织方式是文件，因此整个数据挖掘过程从训练、预测再到输出结果都会涉及大量的文件操作。而由于数据挖掘所需的数据往往庞大且格式复杂，常见的数据挖掘应用常常面临文件组织不清晰、文件管理不利等问题。

同时，在当前的大数据技术框架中，随着数据量的日益增多，在缺乏统一平台管控的情况下，数据共享交换将保持在一个低效、低安全性的状态，这不利于数据的使用和管理。

针对上述问题，平台提供了一组底层分布式文件系统（HDFS）与用户之间的交互接口——BDAP 文件系统。用户通过上层的文件管理系统实现对文件的高效管理，而底层的 HDFS 实现大文件分布式、可靠性存储和流式访问。用户无须关心文件的底层存储和访问方式，只需通过 BDAP 文件系统即可进行文件的高效组织和利用。

因此，BDAP 文件系统构建了多用户之间、用户与后台之间数据交换的高效平台。用户通过文件系统实现本地文件与平台文件的数据交互，平台通过公共文件目录实现资源共享，而后台的集中文件管理提供了统一化的数据交换中台。BDAP 文件系统界面如图 4.4 所示。对 BDAP 文件系统的具体介绍如下。

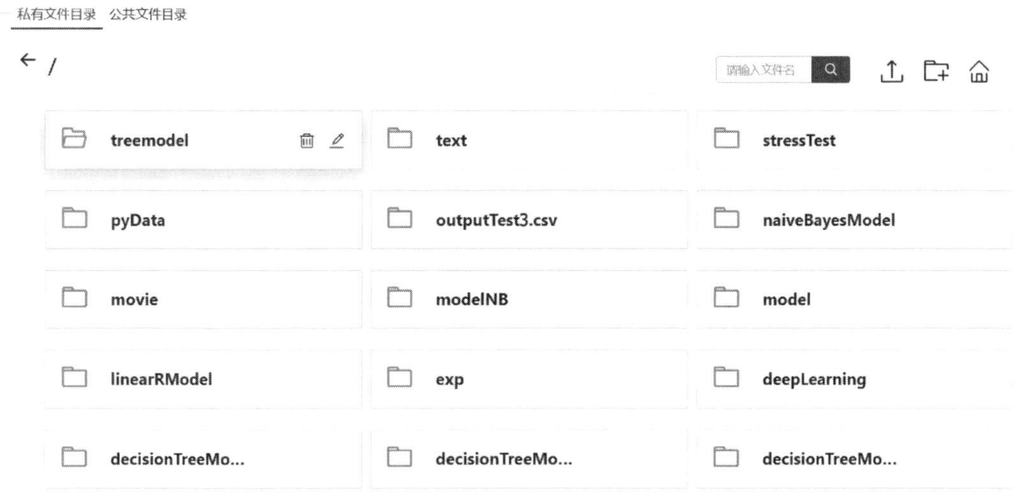

图 4.4　文件系统界面

（1）用户个人文件与 HDFS 的精准交互

用户登录个人账号后可查看私有文件系统。私有文件系统的主要功能是方便用户在本地与 HDFS 之间传输数据，使得用户自己的数据可以被 BDAP 中的算法所使用，并可以将处理结果导回本地存储查看，同时还支持按文件名动态搜索文件。

BDAP 文件系统的左侧为私有文件目录，用户在个人的私有文件目录下对文件具有较高的操作权限，用户可以自由新建、移动和删除文件或文件夹，以实现对个人文件的高效管理。

具体来说，用户可以通过右上角的上传按钮上传本地文件到 HDFS，可以通过下载按钮下载平台文件。同时，平台提供了数据预览功能，用户可以直接预览文件系统中的文件内容，而不需要在下载文件后在本地查看。当前平台支持文本文件（主要包括 txt、csv 和 json 格式文件）、图片和视频文件的预览，如图 4.5 所示。

私有文件系统作为用户个人文件与平台文件的数据交换中转站，实现了对用户个人文件的便捷管理，为后期数据挖掘应用的构建打下了坚实的基础。

（2）基于公共文件目录的资源共享

平台针对不同结构的数据以及不同的数据处理方法为新手用户设置了若干项示例实验，相关的数据集等文件需要供多用户使用。因此平台设立了公共文件目录，可供多用户共享。在 BDAP 文件系统的右侧即为公共文件目录，公共文件夹里主要包含了平台提供的数据集等资源文件。

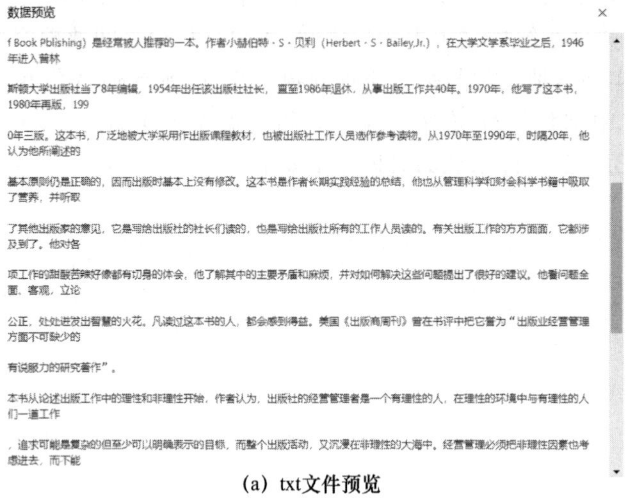

数据预览 ×

f Book Pblishing）是经常被人推荐的一本。作者小赫伯特・S・贝利（Herbert・S・Bailey,Jr.），在大学文学系毕业之后，1946年进入普林

斯顿大学出版社当了8年编辑，1954年出任该出版社社长，直至1986年退休，从事出版工作共40年。1970年，他写了这本书，1980年再版，199

0年三版。这本书，广泛地被大学采用作出版课程教材，也被出版社工作人员选作参考读物。从1970年至1990年，时隔20年，他认为他所阐述的

基本原则仍是正确的，因而出版时基本上没有修改。这本书是作者长期实践经验的总结，他也从管理科学和财会科学书籍中吸取了营养，并听取

了其他出版家的意见，它是写给出版社的社长们读的，也是写给出版社所有的工作人员读的。有关出版工作的方方面面，它都涉及到了。他对各

项工作的甜酸苦辣好像都有切身的体会，他了解其中的主要矛盾和麻烦，并对如何解决这些问题提出了很好的建议。他看问题全面、客观，立论

公正，处处迸发出智慧的火花。凡读过这本书的人，都会感到得益。美国《出版商周刊》曾在书评中把它誉为“出版业经营管理方面不可缺少的

有说服力的研究著作”。

本书从论述出版工作中的理性和非理性开始，作者认为，出版社的经营管理者是一个有理性的人，在理性的环境中与有理性的人们一道工作

，追求可能是复杂的但至少可以明确表示的目标，而整个出版活动，又沉浸在非理性的大海中。经营管理必须把非理性因素也考虑进去，而不能

(a) txt文件预览

亚洲	Asia	中国	China	新疆维吾尔...	Xinjiang	650000	77	0	73	3	2020/7/16 1
亚洲	Asia	中国	China	新疆维吾尔...	Xinjiang	650000	77	0	73	3	2020/7/16 1
亚洲	Asia	中国	China	新疆维吾尔...	Xinjiang	650000	77	1	73	3	2020/7/16 1
亚洲	Asia	中国	China	新疆维吾尔...	Xinjiang	650000	77	1	73	3	2020/7/16 1
亚洲	Asia	中国	China	新疆维吾尔...	Xinjiang	650000	77	1	73	3	2020/7/16 1
亚洲	Asia	中国	China	新疆维吾尔...	Xinjiang	650000	77	0	73	3	2020/7/16 1
亚洲	Asia	中国	China	新疆维吾尔...	Xinjiang	650000	77	0	73	3	2020/7/16 1
亚洲	Asia	中国	China	新疆维吾尔...	Xinjiang	650000	77	0	73	3	2020/7/16 1
亚洲	Asia	中国	China	新疆维吾尔...	Xinjiang	650000	77	0	73	3	2020/7/16 1
亚洲	Asia	中国	China	新疆维吾尔...	Xinjiang	650000	77	0	73	3	2020/7/16 1

(b) csv文件预览

数据预览 ×

```
▼ "root" : { 2 items
    "msg" : string "读取成功"
  ▼ "rows" : [ 30 items
      0 : string "{"
      1 : string " "version":"v1.0","
      2 : string " "data":["
      3 : string " {"
      4 : string " "id":"TEST_0","
      5 : string " "title":"","
      6 : string " "paragraphs":["
      7 : string " {"
      8 : string " "id":"TEST_0","
      9 :
      string " "context":"The scientific method is a set of steps that
      help us to answer questions .","
```

(c) json文件预览

图片预览 ×

(d) 图片文件预览

数据预览 ×

(e) 视频文件预览

图 4.5 多种格式文件预览

公共文件夹由后台人员管理及维护，而普通用户的操作权限受到限制，只能预览或者下载文件，其余操作都会被拒绝。这样避免了用户对共享资源的误操作，有效提高了共享资源的安全性。

BDAP 提供的公共文件管理为多用户间的数据共享及数据交换提供了简单易行的实现方式，打破了不同用户之间的“数据孤岛”现象，使得多用户间高效的数据交换成为可能。

(3) 后台统一化文件管理

为了便于管理员对平台文件的统一管理及维护，BDAP 文件系统提供文件后台管理功能。文件后台管理系统如图 4.6 所示。通过后台管理页面，管理员可以操作平台目录树下的所有文件，包括私有目录和公共目录下的所有文件。同时，管理员可以在任意目录下新建、上传以及删除文件或文件夹。

文件名	修改时间	Action
2019140562	2021-05-06 09:14:30	删除
2020110709	2021-01-20 16:31:08	删除
2020110710	2021-01-19 10:48:59	删除
2020110711	2021-03-30 20:04:55	删除
2020110712	2021-03-05 14:42:29	删除
2020140577	2021-07-12 15:28:05	删除
2021000000	2021-07-06 16:43:05	删除
202140577	2021-07-12 15:21:07	删除
2021dssc	2021-06-27 22:15:57	删除
homework	2021-07-14 14:58:52	删除
newAccount	2021-03-30 15:01:21	删除
public	2021-06-22 15:21:12	删除

图 4.6 文件后台管理系统

后台的集中化文件管理在用户之上搭建了统一的数据交换中台，使数据共享交换保持在一个高效、高安全性的状态，大大简化了后期数据的使用过程。

4.2.2 数据挖掘功能

完整的数据挖掘流程包括数据集选取、数据预处理、数据特征加强、算法模型构建、模型训练及优化、模型验证六大步骤，每一个步骤都要求编写高质量的代码以达到对数据的高效运算，而模型优化更要求丰富的模型调优经验，这无形中提高了新手学习数据挖掘的门槛。

BDAP 整合多种关键技术，构建了基于多种图像化组件和工作流的数据挖掘模块。该模块提供了多种图形化的 ETL(extract-transform-load)组件和数据建模组件，以流程驱动的使用方式，支持自定义类别的流程管理方式进行完整业务的合理切分。工作流画布示例如图 4.7 所示。用户可在画布上选择组件，灵活搭建工作流。

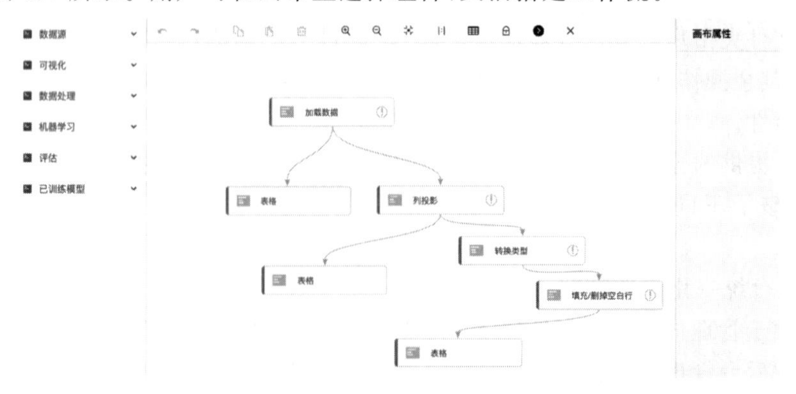

图 4.7 工作流画布示例

(1) 灵活的数据预处理组件

在数据分析应用中,用户处理数据的需求是多样且多变的,基础的数据处理方法难以从不同角度和维度进行分析。BDAP 提供了丰富的数据预处理组件,能针对不同规模、格式的数据进行灵活的预处理。

数据处理组件具体包括填充/删除空白行、数据分割、groupBy、排序、列投影和转换生成列 6 种操作组件,可针对数据缺失、数据噪声、数据重复等常见问题提供一站式的解决方案,用户可根据实际情况自由组合,以解决实际应用中的数据预处理问题。预处理组件组合及参数配置示例如图 4.8 所示。

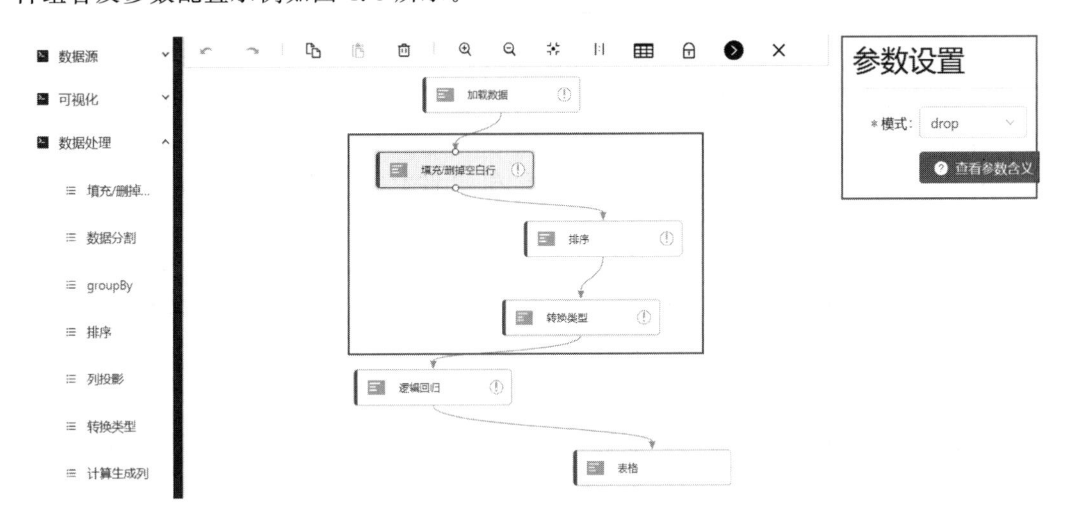

图 4.8 预处理组件组合及参数配置示例

(2) 丰富的结构化数据挖掘算法

BDAP 集成传统的基于结构化数据的分类、聚类、回归、关联规则、文本分析领域常用的数据挖掘算法,涵盖各种格式的数据以及不同场景下的数据挖掘任务。具体的数据挖掘算法如下。

① 回归与分类算法

分类是一个有监督的学习过程,要求用经过标记的数据(即已知类别)训练模型,然后用训练好的模型去预测未标记数据的类别。BDAP 集成了经典的分类算法,如逻辑回归、支持向量机、朴素贝叶斯、决策树等。

回归算法要求在自变量和因变量之间建立一种联系,以刻画因变量随自变量变化的趋势。线性回归是最经典的回归算法,使用最佳的拟合直线(也就是回归线)在因变量和一个或多个自变量之间建立线性关系。BDAP 集成了线性回归算法。同理,用户可以通过参数配置个性化模型。

② 聚类算法

聚类指的是将数据集中的样本划分为若干个不相交的子集,通常同一子集内的元素会有一些潜在的相同之处。利用聚类结果,可以提取数据集中隐藏的信息,对未来数据进行预测和分类。BDAP 平台集成了 k-means 和高斯混合分布算法用于聚类分析。

③ 关联规则算法

关联规则用于发现隐藏在数据中的有意义的联系。关联规则挖掘过程主要包含两个阶段:第一阶段必须从资料集合中找出所有的频繁项集(frequent item sets);第二阶段由这些频繁项集产生关联规则(association rules)。其中频繁项集指一个场景中同时出现的次数超出了预定义的阈值。BDAP 集成了经典的 Apriori 算法以及其改进版 FP-Growth 算法。用户可以自定义阈值、最小置信度等参数以提升算法性能。

④ 推荐算法

BDAP 集成了协同过滤算法 ALS,可应用于推荐算法。ALS 是交替最小二乘(alternating least squares)的简称。它通过观察所有用户给商品的打分,来推断每个用户的喜好并向用户推荐适合的商品。

⑤ 文本分析算法

BDAP 集成了文本文件分词、TF-IDF 和隐含狄利克雷分布(Latent Dirichlet Allocation,LDA)算法可应用于文本分析。其中 TF-IDF 算法能够衡量一个字词对整个文本的重要程度,TF 是词频(term frequency),IDF 是逆文本频率指数(inverse document frequency)。而 LDA 算法给出文本属于每个主题的概率分布,可用于文本主题识别、文本分类和文本相似度计算等。

BDAP 提供的数据挖掘算法如图 4.9 所示。

转换类	清洗类	计算类	更新类	集合类
类型转换 归一化 主成分分析 属性交换 添加ID 因子分析	类型检查 主键约束 空行处理 缺值处理 排序 去极值	计算生成列 GroupBy 简单统计	更新数据 列投影 转换生成列	集合差 集合交并运算 Join 主键集合差
分类/回归算法	**聚类算法**	**关联规则算法**	**推荐算法**	**文本分析算法**
线性回归 KNN 逻辑回归 支持向量机 朴素贝叶斯 决策树	k-means 高斯混合分布 DBSCAN 层次聚类 OPTICS	Apriori Awfits FPGrowth 时序关联	协同过滤 交替最小二乘 矩阵分解	词频-逆文本 频率指数 隐含狄利克雷分布 TextRank

图数据挖掘	
典型网络	随机网络 小世界网络 无标度网络 随机权重网络 随机有向网络
网络特征计算	节点统计特性 介数中心性 最大联通分量 单源/多源最短路径 网络直径 聚集系数
图计算	社团发现 PageRank 最小生成树

数据统计算法	
离散趋势	方差 标准差 全距
集中/分布趋势	平均数 中位数 众数 峰度 偏度
其他	百分位数 协方差 变值百分比 皮尔逊积矩相关系数 最值

图 4.9 BDAP 提供的数据挖掘算法

BDAP 针对这些经典算法提供了拖拽式操作组件,能够帮助用户快速应用数据挖掘算法,大幅降低使用门槛,提高工作效率。用户可以自由组合平台提供的算法组件,个性化自己的数据挖掘应用。用户还可以通过设置不同参数组合定制个性化模型或获得数据处理结果。例如,决策树的组件参数设置如图 4.10 所示。

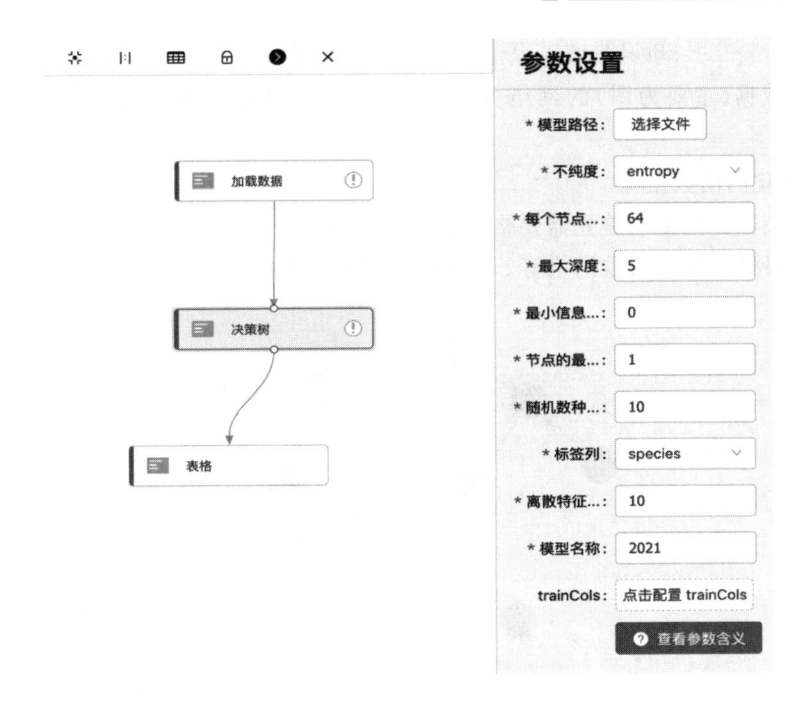

图 4.10 决策树组件参数设置示例

BDAP 会自动保存训练好的模型，便于再次使用其进行测试，通过自定义模型名称可区分不同的模型，如图 4.11 所示，训练完毕后自动保存一个名为 2021 的决策树模型，之后可使用该模型加载测试集进行测试。

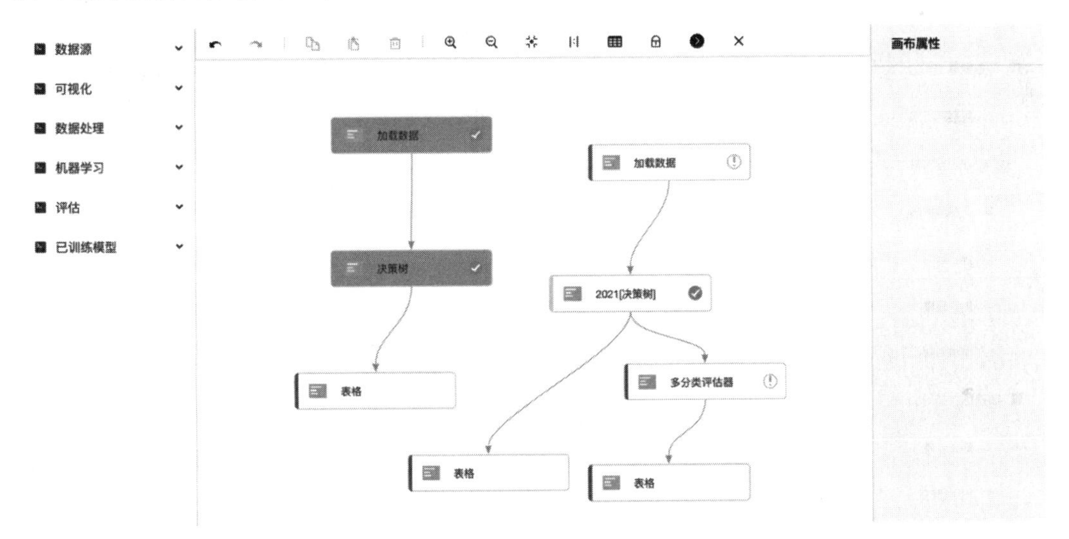

图 4.11 结构化数据挖掘示例

(3) 新增的图数据挖掘模块

图是一种数据结构，可对一组项集和一组边集进行建模。随着计算机、互联网和数字媒体等的进一步普及，蕴含大量价值的图数据量迅速增加，其可以表示并作用于社交网络[50]、自然科学[51-52]、知识图谱[53]等。跟随其新兴趋势以及用户需求，BDAP 也集成了基于非结构化数据（主要为图）的网络分析算法，包括社团发现、最小生成树、欧拉回路等算法。

① 多样化的图数据源

在进行图数据挖掘前首先需要格式化图数据，BDAP 提供多种形式的图结构，如小世界网络、随机网络、随机权重网络等。例如，随机网络生成的图如图 4.12 所示。

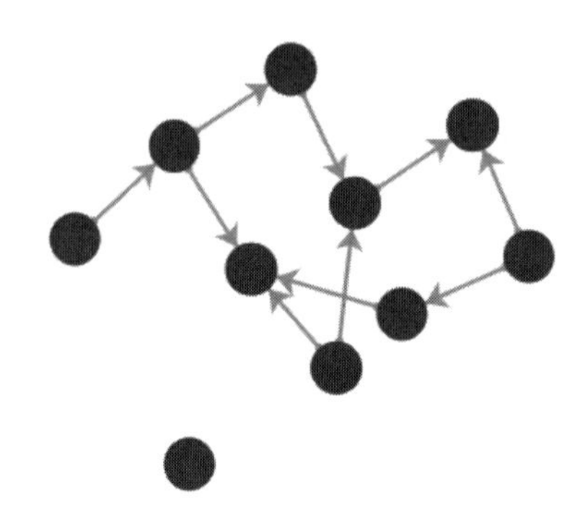

图 4.12　随机网络生成的图

② 丰富的图数据挖掘算法

同时，BDAP 将常用的图挖掘算法（如最大联通分量、网络直径、最小生成树、拓扑排序、欧拉回路等）集成为挖掘组件，可拖拽使用并进行个性化参数配置。图数据挖掘画布如图 4.13 所示。

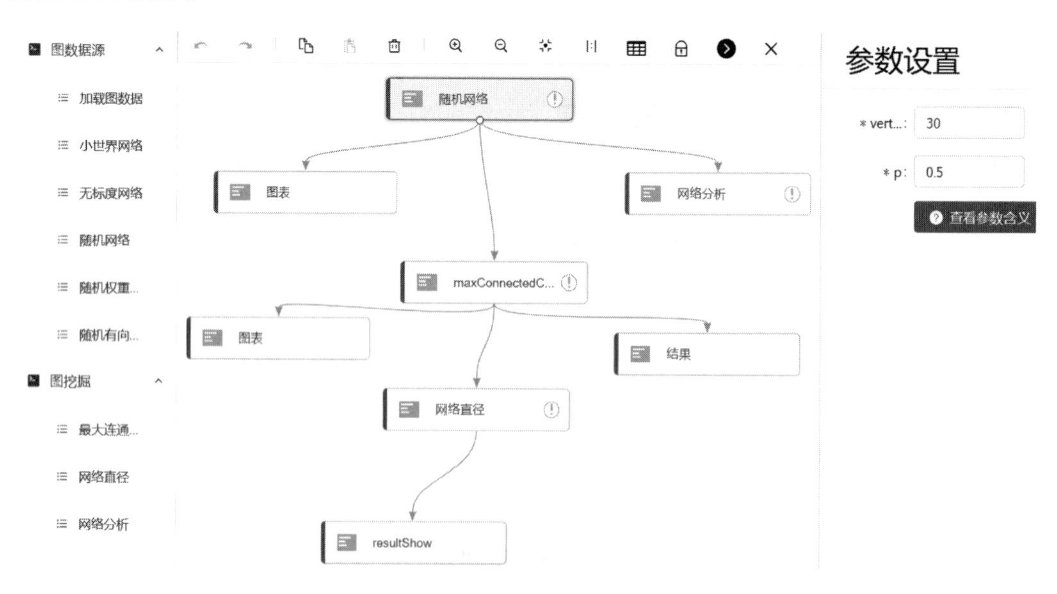

图 4.13　图数据挖掘画布示例

③ 结果可视化

和传统结构化数据相比，图数据因为本身具有空间拓扑信息，对结构的可视化要求更高。因此 BDAP 支持通过图形式查看图数据挖掘的运行结果。例如,在随机网络上进行的拓扑排序结果如图 4.14 所示。

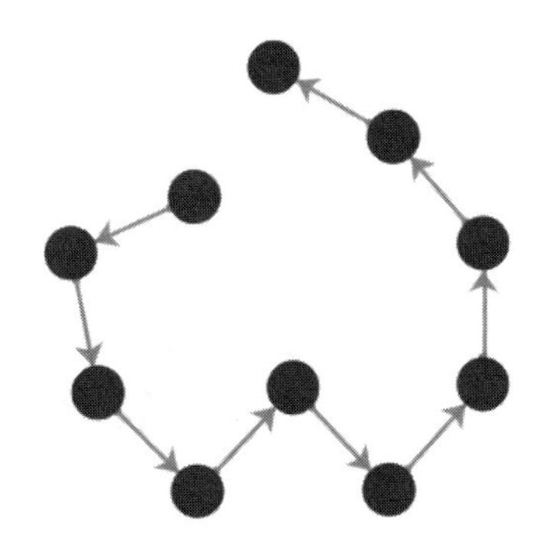

图 4.14 拓扑排序结果

4.2.3 可视化功能

(1) 基于工作流的图形化模型搭建

BDAP 通过引入工作流的概念及工作引擎技术,使平台预处理、模型训练及模型评估等流程都可通过拖拽式操作完成。直观的可视化操作方式大大降低了数据挖掘的门槛,使用户可以将精力集中在模型构建以及模型调优上,节省了用户自主实现算法耗费的时间。

(2) 多种结果可视化方案

数据挖掘本质上是对海量数据的高效运算,数据挖掘的过程往往需要将文本、图像、视频等输入数据转化为可运算的张量,因此数据挖掘得到的直接结果往往不具有可读性。

BDAP 提供了多种结果可视化方案,进一步降低了数据分析门槛。可视化形式包括表格、折线图、饼图、散点图、柱状图等,用户可以通过自定义自变量与参变量来制作可视化图表,如图 4.15 所示。

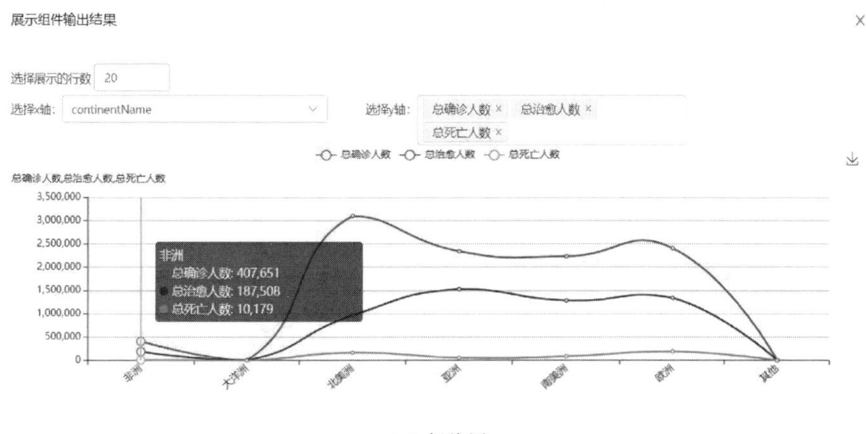

(a) 折线图

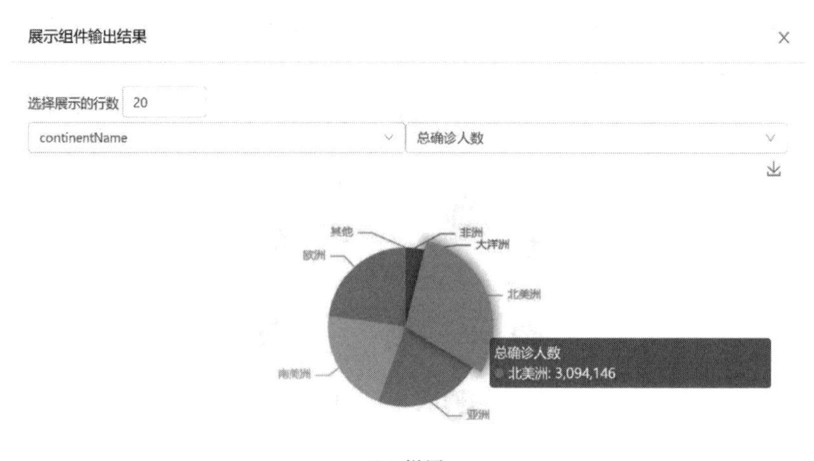

(b) 饼图

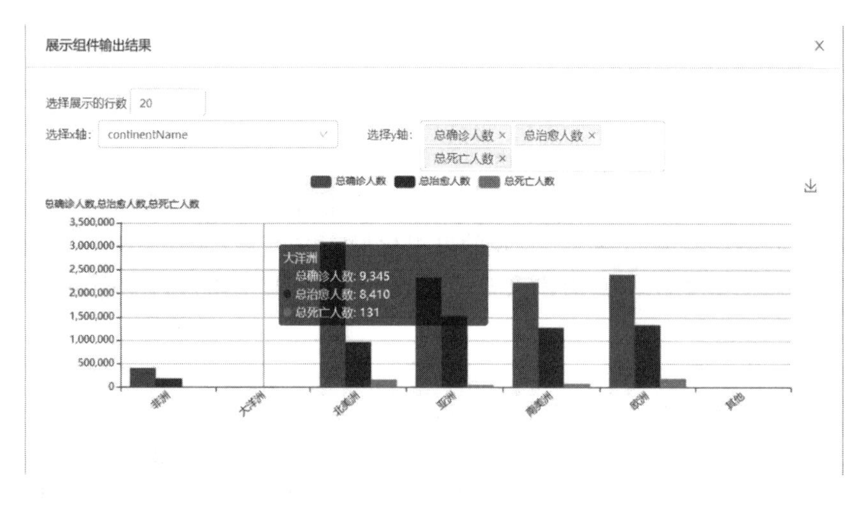

(c) 柱状图

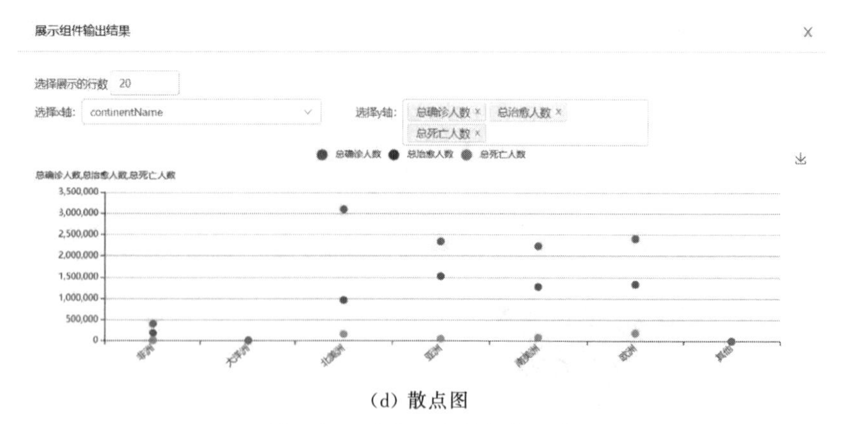

(d) 散点图

图 4.15 多种图表可视化方案

4.2.4 深度学习探索功能

深度学习是数据挖掘的重要分支,可以学习样本数据的内在规律和表示层次。深度学习的动机在于建立能模拟人脑进行分析学习的神经网络,最终目标是让机器能够像人一样具有分析学习能力。深度学习技术在计算机视觉、自然语言处理等领域都取得了巨大进步,并有广阔应用。BDAP 集成了深度学习技术,可供用户进行深度学习模型的搭建和探索。

(1) 便捷的图形化搭建方式

目前深度学习模型的搭建依赖于 PyTorch、TensorFlow 等深度学习框架,用户在构建深度学习模型前必须先行下载多种依赖包并配置相关开发环境,同时熟悉相关框架,这无形中提高了深度学习的门槛。

BDAP 集成了深度学习技术,提供了图形化搭建模型模式,用户无须配置深度学习环境和深度学习框架即可搭建深度学习模型。图形化搭建技术将复杂的模型可视化,使用户能够更好地分析模型架构,进而进行针对性的改进,做到有的放矢。深度学习图形化组件及画布如图 4.16 所示。

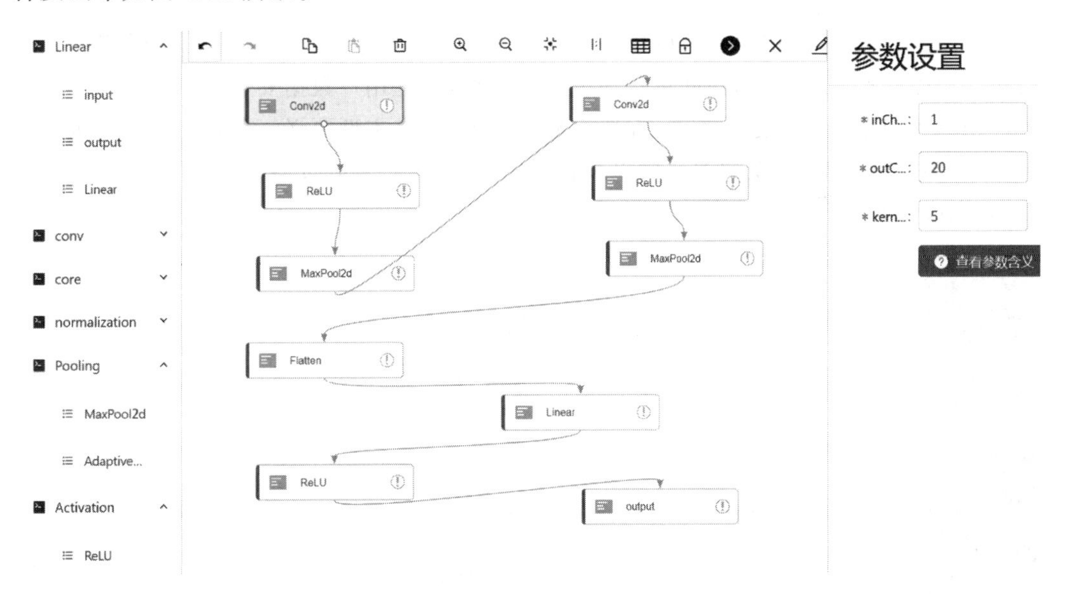

图 4.16 深度学习图形化组件及画布示例

(2) 多种经典模型集成

在图形化模式下,BDAP 提供了多种模型层(如卷积层、池化层、正则化层等)以及层间数据尺寸的自动计算方法。用户可自由选择模型层,通过简单拖拽组合平台提供好的组件即可搭建深度学习模型,在设置好参数后就可对模型进行训练和测试,如图 4.17 所示。

(a) 设置训练超参数　　(b) 设置数据集参数

图 4.17　设置超参数

4.2.5　在线编程功能

在线编程模式下，BDAP 预搭建了 Python 环境并加载了相关依赖包，可供多用户同时编写和提交代码，并对用户间运行环境进行隔离，保证用户数据安全。

相对于图形化数据挖掘方案，在线编程更加灵活，自主性更强。平台提供了结构化数据挖掘、图数据挖掘、深度学习环境以及相关依赖包，用户可以按照需求导入依赖包，编写代码，完成实验。在线编程入口如图 4.18 所示。

图 4.18　在线编程入口

BDAP 通过 Jupyter 应用实现在线交互式编程。JupyterLab 是一种 Web 应用，能让用户将说明文本、数学方程、代码和可视化内容全部组合到一个易于共享的文档中。用户可通过 JupyterLab 平台新建、上传和管理交互式 Python 脚本，并在线观察算法运行结果。同时，JupyterLab 平台支持新建 markdown 格式的单元，以便用户构建说明文档。JupyterLab 在线编

JupyterLab 使用指南

程示例如图 4.19 所示。

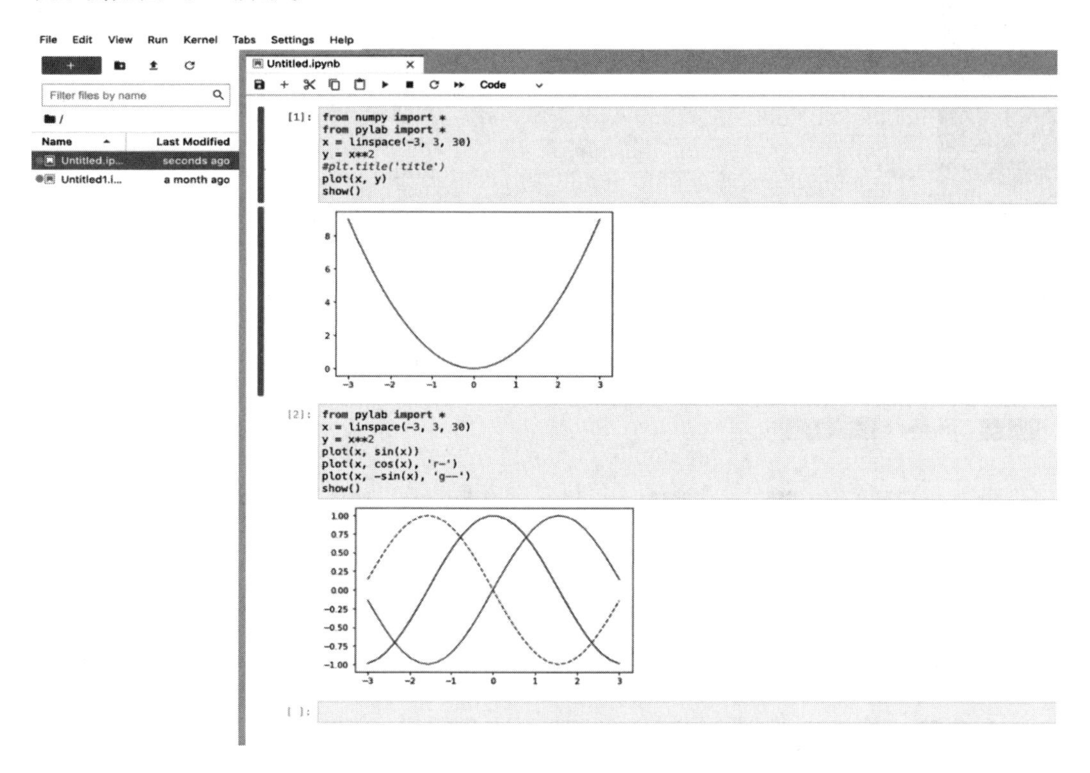

图 4.19 JupyterLab 在线编程示例

4.2.6 作业管理功能

BDAP 提供作业管理功能,可以便于教师在平台上发布相关作业,学生也可以查看教师发布的作业信息,并且直接在平台上提交完成的作业,教师可以通过后台管理页面对学生提交的作业进行评分。

(1) 便捷的用户作业管理

用户在登录 BDAP 后进入作业管理界面(如图 4.20 所示),可以查看作业开始时间与截止时间、作业状态(结束或者进行中)以及作业的详细信息等。同时,用户也可以上传新作业或更新已经提交的作业。

(2) 后台作业统一管理

BDAP 在后台管理中也提供了作业管理功能,以便教师用户发布、管理和批改作业。同时 BDAP 还支持教师根据不同班级的不同场景个性化定制作业,以达到最佳的教学效果。

教师用户登录后进入作业发布界面(如图 4.21 所示)后即可查看当前已发布的所有作业,并对其进行删除或更新操作。教师也可以选择发布新作业,填写作业名称、班级名称、作业起止时间后即可创建新作业。

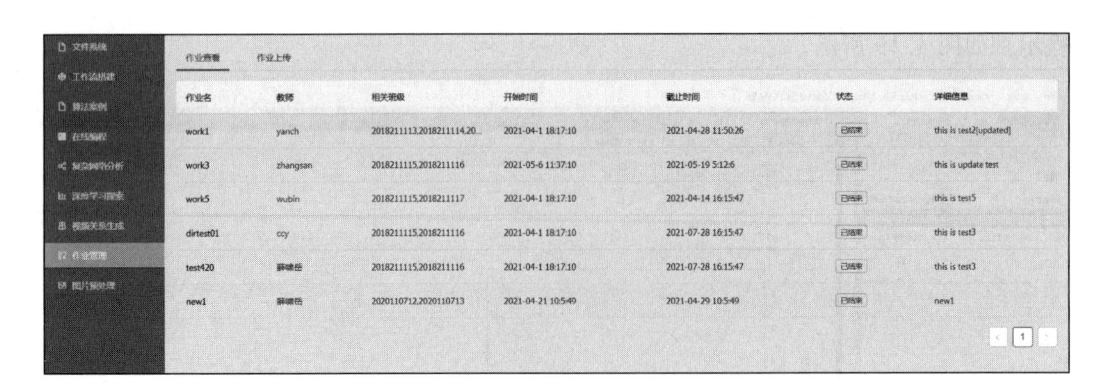

作业名	教师	相关班级	开始时间	截止时间	状态	详细信息
work1	yanch	2018211113,2018211114,20...	2021-04-1 18:17:10	2021-04-28 11:50:26	已结束	this is test2[updated]
work3	zhangsan	2018211115,2018211116	2021-05-6 11:37:10	2021-05-19 5:12:6	已结束	this is update test
work5	wubin	2018211115,2018211117	2021-04-1 18:17:10	2021-04-14 16:15:47	已结束	this is test5
dirtest01	ccy	2018211115,2018211116	2021-04-1 18:17:10	2021-07-28 16:15:47	已结束	this is test3
test420	薛啸岳	2018211115,2018211116	2021-04-1 18:17:10	2021-07-28 16:15:47	已结束	this is test3
new1	薛啸岳	2020110712,2020110713	2021-04-21 10:5:49	2021-04-29 10:5:49	已结束	new1

图 4.20　用户作业管理界面

发布作业　清空过滤条件　选择过滤条件

作业ID	标题	教师ID	教师姓名	班级	描述	创建时间	截止时间	状态	Action
60659f1ad11fdb16(	work1	2018111111	yanch	2018211113 2018211114 2018211115	this is test2[updat...	2021-04-01 18-17	2021-0	已结束	删除 更新
60659f5fd11fdb166	work3	2018111112	zhangsan	2018211115 2018211116	this is update test	2021-04-01 18-17	2021-0	已结束	删除 更新
60687c0c44a4060d	work5	2018111112	wubin	2018211115 2018211117	this is test5	2021-04-01 18-17	2021-0	已结束	删除 更新
607843b8c79aeb5e	dirtest01	2017211511	ccy	2018211115 2018211116	this is test3	2021-04-01 18-17	2021-0	已结束	删除 更新
607ebc89a9e46456	test420	2017211511	薛啸岳	2018211115 2018211116	this is test3	2021-04-01 18-17	2021-0	已结束	删除 更新
60877185df31e942	new1	2017211511	薛啸岳	2020110712 2020110713	new1	2021-04-27 10-05	2021-0	已结束	删除 更新

图 4.21　作业发布页面

BDAP 还提供学生作业管理功能，如图 4.22 所示，支持教师查看学生作业并进行批改。BDAP 按照批改与否对学生作业进行了分类，基于此还提供一键显示未批改作业功能，极大地方便了教师用户。

删除　清空过滤条件　显示未批改作业：　选择过滤条件

ID	作业ID	班级ID	用户ID	作业注释	成绩	作业文件	创建	Action
607952f7ee27e75...	607843b8c79aeb5e	2018211115	2017211511	test01	• 未批改	vertices.csv	2021	删除 上传成绩 下载
60a4c675602938...	60a4c465cd2a2234	2020110712	2020110712	test	• 66	test_upload.csv	2021	删除 上传成绩 下载
607ad4b261ee52...	60687c0c44a4060d	2018211115	2017211511	999	• 99	BDAP培训方案.docx	2021	删除 上传成绩 下载
607e46292faaa00...	60659f5fd11fdb166	2018211115	2017211511	000	• 99	schema.json	2021	删除 上传成绩 下载
607e42eac544b2...	60659f5fd11fdb166	2018211115	2017211511	000	• 未批改	1-2.docx	2021	删除 上传成绩 下载
607962c99a07b2...	607843b8c79aeb5e	2018211116	2017211511	yanch-test11	• 未批改	推免名单.csv	2021	删除 上传成绩 下载

图 4.22　学生作业管理页面

4.2.7 视频人物社交关系分析功能

随着短视频时代的到来，每天都会产生海量的社交媒体数据，其中很大一部分是视频数据。与文本以及图片相比，视频含有更加丰富的语义信息，分析视频中的社交关系有助于视频内容理解[54-56]、人物行为预测[57,58]、人物情感分析[59,60]等任务的发展。从海量视频数据中挖掘出丰富的深度语义信息并完成社交关系分析[61-63]成为一项迫切的需求。

视频人物社交关系抽取

BDAP基于深度学习实现了视频中人物社交关系抽取功能，提供了可视化demo，在视频关系生成模块中展示了关系抽取结果。

为了直观地展示视频人物间错综复杂的关系，选用图结构对社交网络进行表示，其中节点表示视频中出现的人物，节点间的边表示人物间存在的某种社交关系。随着视频时间轴的移动，视频人物社交关系图会随之动态变化，可视化效果如图4.23所示。

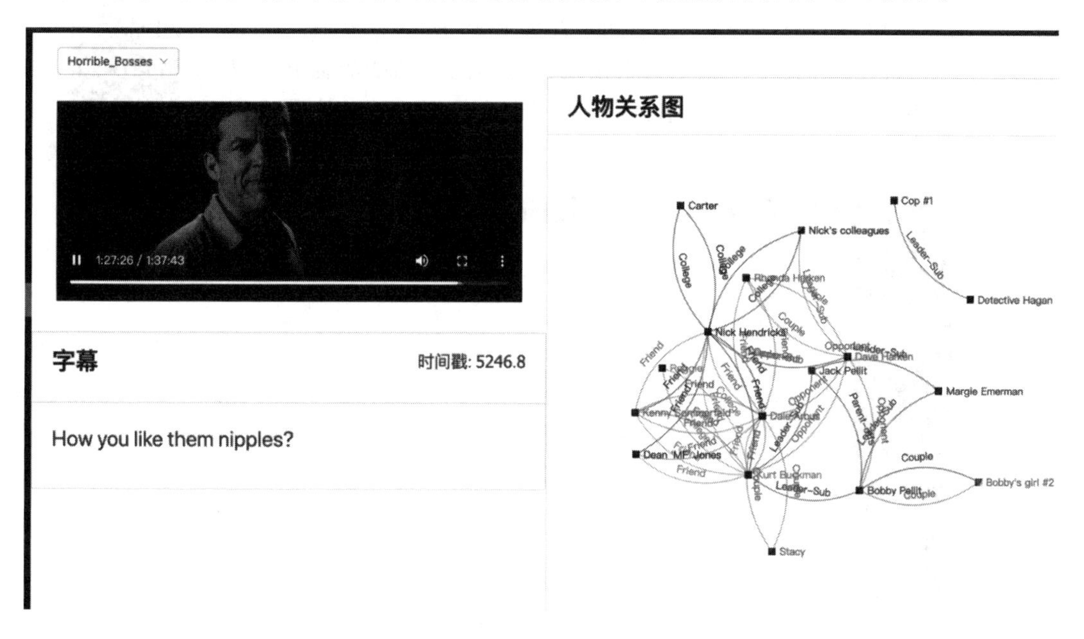

图4.23 视频人物关系图

4.3 BDAP的使用方法

4.3.1 注册与登录

用户进入BDAP主页之后，单击“登录”按钮，输入用户名及密码，即可进入系统，如图4.24(a)所示。若用户是第一次使用该系统，则需单击“注册新用户”按钮进行注册，在注册时需设置用户名、密码等信息，如图4.25(b)所示。

登录BDAP

请输入用户名或邮箱

请输入密码

记住密码　忘记密码?

登录

注册新用户

(a) 登录

注册BDAP

请设置用户名

长度4-20位，仅包含字母、数字和_

请设置密码

请再次输入密码

请输入邮箱地址

请输入邮箱验证码　获取验证码

请输入激活码

请从《大数据入门与实验》书封底括取。如：BYZX181U0cHqkuHaF

注册

(b) 注册

图 4.24　BDAP 登录与注册界面

登录完成后，用户进入平台主界面，如图 4.25 所示。界面左侧是 BDAP 的各功能入口，用户可根据自身需要进入不同的功能界面并搭建数据挖掘应用。界面右侧是用户管理入口，平台支持用户修改密码和主动退出当前登录界面。

BDAP 登录方式

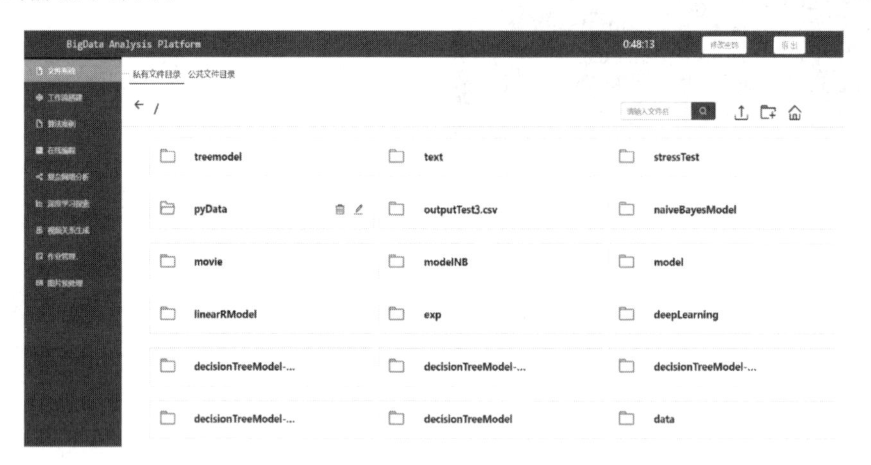

图 4.25　BDAP 主界面

4.3.2　文件上传/下载

用户可以选择将任意类型文件上传到文件系统中的私有目录下。选择右侧上方的上传按钮后，会弹出上传文件的选择框，用户可单击“选择文件”按钮选择本地文件，或在“文件路径”选择框中手动输入目标路径，最后单击“确定”上传按钮，开始导入。文件上传界面如图 4.26 所示。

用户也可以选择将文件系统中的任意文件下载到本地。用户选择某一文件，单击右侧的“⤓”图标，可以进行将系统文件下载到本地。本地导出界面如图 4.27 所示。

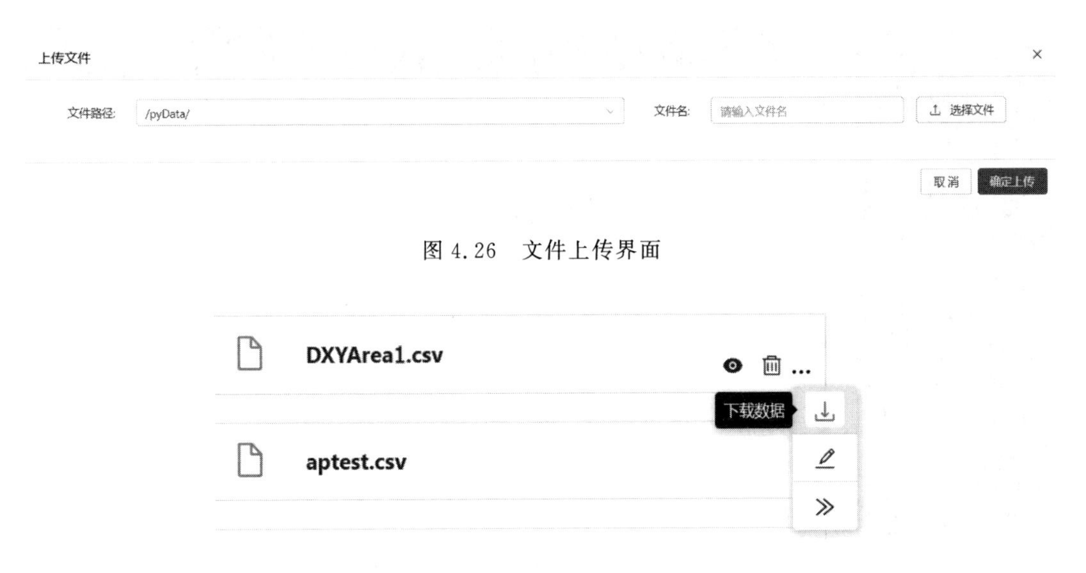

图 4.26　文件上传界面

图 4.27　本地导出界面

4.3.3　工作流搭建

用户首先单击左侧“工作流搭建”按钮，进入工作流搭建界面，随后单击“新建项目”，输入工作流信息，包括工作流名称和描述信息，如图 4.28(a)所示。用户也可以选择现有工作流，使用“修改项目”按钮对工作流进行更新，如图 4.28(b)所示。

(a) 创建工作流　　(b) 更新工作流

图 4.28　创建、更新工作流

进入工作流搭建界面后，用户可随意搭配组合左侧的“数据源”“可视化”“机器学习”等各类组件，以构建自己的应用案例。组件使用步骤如图 4.29 所示。

(a) 选择组件

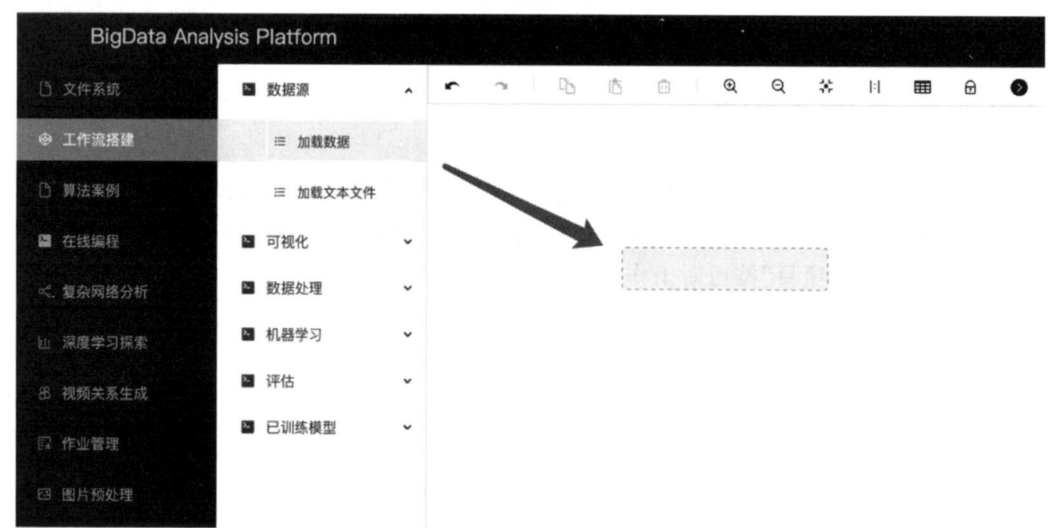

(b) 将组件拖拽进当前画布

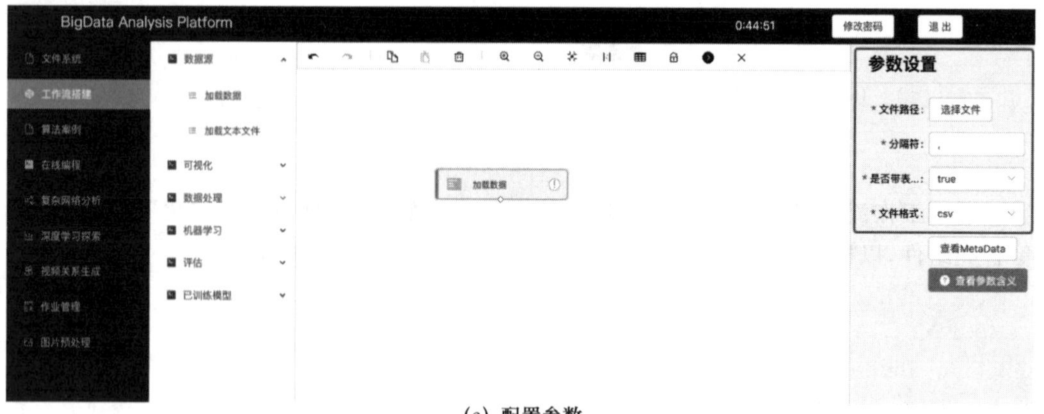

(c) 配置参数

图 4.29　组件使用步骤

4.3.4 示例查看

为了方便用户快速了解工作流搭建功能，平台预先提供了多种机器学习算法的示例工作流。用户首先单击左侧"工作流搭建"按钮，进入工作流搭建界面，随后单击"示例"按钮即可查看平台提供的示例工作流，详细了解工作流的搭建方法。ALS示例工作流如图4.30所示。

同时，用户可在示例工作流的基础上进行个性化改进，以构建自己的工作流。

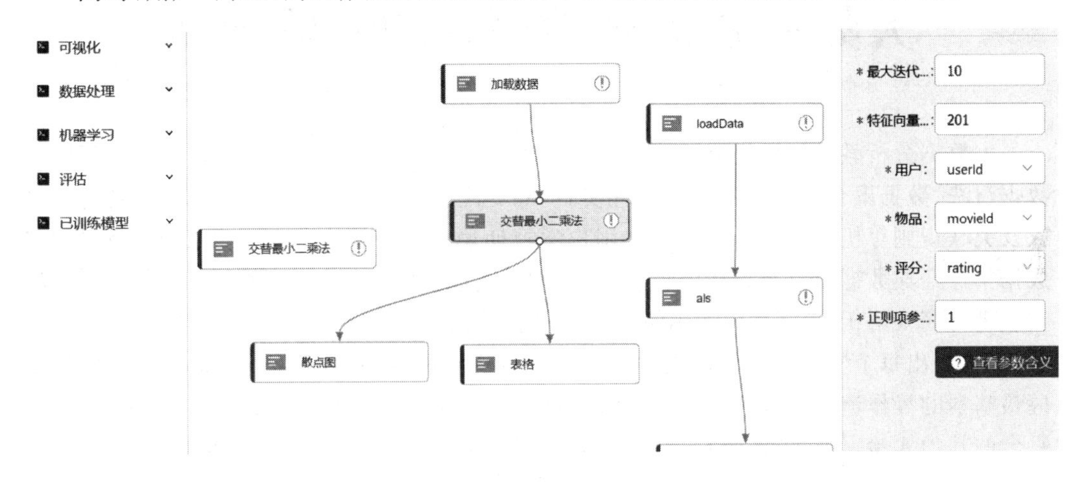

图4.30 ALS示例工作流

第5章

大数据分析教学平台的实验解析

大数据分析教学平台集成了丰富的数据处理与数据挖掘的算法组件，包括数据导入、数据清洗、数据聚合等基础的数据处理实验，除此之外还提供了多种分类算法、聚类算法以及关联规则等机器学习基础实验供用户学习使用。本章结合鸢尾花数据集、“购物篮”数据集等经典数据集以及新冠疫情数据集等自构建数据集，来对大数据分析教学平台的实验进行简要解析，分析每个实验的功能作用，让读者能够充分了解每个实验的实际用处，同时给出每个实验的源数据文件预览、工作流示例和结果展示，让读者能够迅速地掌握最基本的操作流程和分析步骤，并在此基础之上引导读者进一步探索大数据分析教学平台的其他实验，使读者能够认知、掌握并应用大数据分析教学平台的各种算法与实验。本章涉及的实验如图5.1所示。

实验名称	实验目的	实验数据	实验内容
数据导入试验	熟悉BDAP文件系统	AllElectronics顾客数据集	(1)将上传文件到BDAP文件系统； (2)使用加载数据组件加载文件； (3)进行简单的数据切割
数据清洗实验	熟练常见的数据预处理操作解决案例	各国某段时间的疫情数据集	(1)使用列投影选择需要的列； (2)对文件的数据类型进行转换； (3)填充文件中的缺失单元
数据生成与筛选实验	熟练使用常见的字段生成函数以及筛选操作	疫情时期中国部分城市报告的疫情数据集	(1)使用生成列组件生成新列； (2)筛掉无用字段
数据聚合与排序实验	应用常见的数据操作解决经典案例	已进行预处理的疫情数据集	(1)对数据进行分类整合； (2)进行数据结果的排序
分类算法实验	应用分类算法解决经典案例问题	鸢尾花数据集	(1)切分数据为训练集与测试集； (2)调整实验参数，训练分类模型； (3)使用训练好的分类模型进行测试
聚类算法实验	应用*k*-means算法解决经典案例	王者荣耀数据集、疫情数据集	(1)数据预处理； (2)设置*k*-means参数进行训练； (3)分析实验结果
关联规则实验	应用关联规则算法(如Apriori和FP-Growth)解决经典案例问题	Groceries数据集	(1)设置关联算法参数进行训练； (2)分析实验结果

图5.1　第5章实验总览

5.1 数据预处理实验

5.1.1 数据导入实验解析

(1) 实验功能

数据挖掘本质上就是从海量数据中获取有用信息的过程，所以构建数据挖掘应用的第一步就是导入合适的数据。实际上在之后的任何实验中，第一步都是导入数据，此后才有数据预处理和算法模型构建等进一步操作。

(2) 实验说明

如图5.2所示，用户首先可以选择导入csv、json和libsvm格式文件。用户拖动“加载数据”组件到画布中，然后双击进行参数配置，根据用户配置的加载数据组件的信息，产生元数据的作用。若之前执行过该组件(存在元数据)，则流程可不加载此组件。

图5.2 加载数据配置面板

配置完相应参数后，加载数据组件会自动检测数据文件，识别出每列的列名和类型，并填充到元数据信息区域，用户可通过单击“查看MetaData”按钮来查看元数据信息，若识别错误，应检查参数配置是否与源文件相符。加载数据配置参数的详细说明如表5.1所示。

表5.1 加载数据参数配置说明

参数	说明
文件路径	设置需要生成元数据的输入文件的路径
分隔符	设置分隔符
是否带表头	根据源数据文件是否带有表头进行选择
文件格式	支持csv、json、libsvm格式

用户还可以选择加载简单的文本文件(txt 格式)。用户拖动“加载文本文件”组件到画布中,然后双击进行参数配置,根据用户配置的加载数据组件的信息,也可产生元数据。

以下的工作流通过加载数据组件加载进 csv 数据,而后通过数据分割组件将原始数据按比例切分,随后分别展示。用户可自行配置切分比例,如图 5.3 所示。数据切分结果如图 5.4 所示。

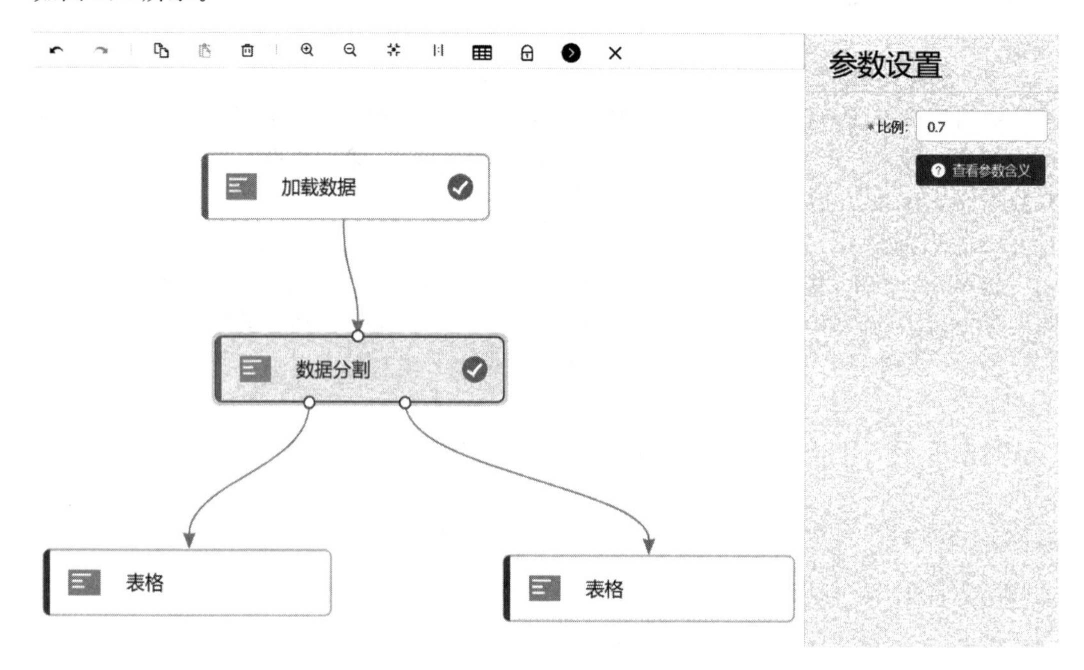

图 5.3　数据加载工作流及数据分割组件配置

展示组件输出结果

age	income	student	credit_rating	buys_computer
middle_aged	high	yes	fair	yes
middle_aged	low	yes	excellent	yes
middle_aged	medium	no	excellent	yes
senior	low	yes	excellent	no
senior	medium	no	fair	yes
senior	medium	yes	fair	yes
youth	high	no	excellent	no
youth	high	no	fair	no
youth	medium	no	fair	no

(a) 数据切分结果1

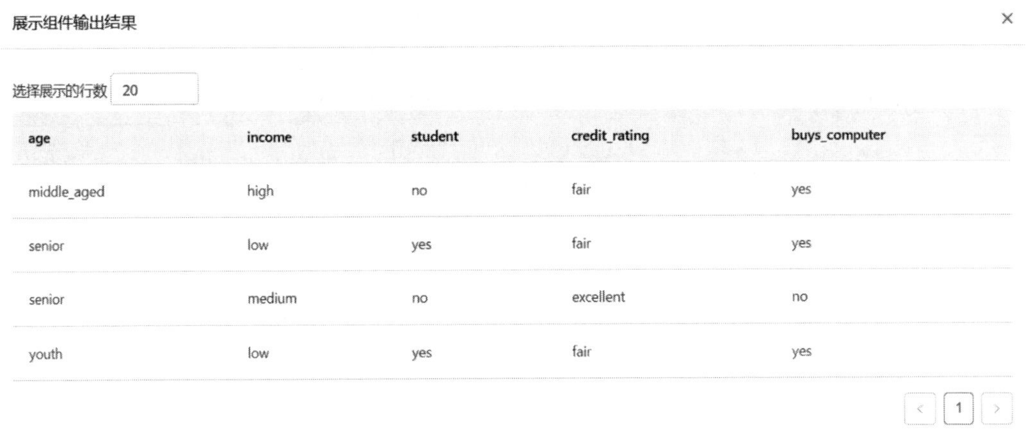

展示组件输出结果 ×

选择展示的行数 20

age	income	student	credit_rating	buys_computer
middle_aged	high	no	fair	yes
senior	low	yes	fair	yes
senior	medium	no	excellent	no
youth	low	yes	fair	yes

< 1 >

(b) 数据切分结果2

图 5.4 数据切分结果展示

注:源文件需先在文件系统中上传至 BDAP,文件路径中的"选择文件"根据的是 BDAP 文件系统,而不是本机的文件系统。

5.1.2 数据清洗实验解析

(1) 实验功能

在进行数据分析时,往往得到的数据格式并不能直接应用于我们的算法模型之中,如果直接用原始数据集来进行算法建模,则得到的效果大多不尽人意,因此我们需要对数据集进行适当的调整。此实验介绍平台中数据类型的转换组件。该组件能够提供多种数据类型之间的强制转换,包括字符串、数值型、整型、枚举型、日期型等。该组件调用后并不会修改源数据,还可以运用填充/删除空白行对源数据文件中存在的缺失值进行平均值填充,或者对空白行进行删除操作,以免在实验过程中源数据文件中的脏数据使实验结果产生偏差,最后得到不理想的结论。对于一些不需要的列,可使用列投影组件来获取我们想要的列属性。上述 3 个组件不会对源数据文件产生影响,只会修改工作流中的数据。

(2) 实验说明

实验采用的是疫情时期的相关数据集,数据集包含 190 个数据样本,共 8 列,分别为数据所处洲(中英文),国家名(中英文)、国家的确诊人数、治愈人数、死亡人数以及数据更新时间。数据上传至 BDAP 后进行数据预览,如图 5.5 所示。

首先新建工作流,使用列投影组件投影得到确诊人数、治愈人数和死亡人数,随后将这三列的数据类型由 integer 转换为 double 类型,使用填充/删除空白行组件来进行空白值的填充,工作流示例如图 5.6 所示。

数据预览

continentName	continentEnglishNa	countryName	countryEnglishNam	confirmedCount	curedCount	deadCount	updateTime
亚洲	Asia	卡塔尔	Qatar		83965	115	2020/7/1 23:58
亚洲	Asia	中国	China	85260	80084	4648	2020/7/1 23:51
北美洲	North America	美国	United States of...	2636538		127425	2020/7/1 23:45
欧洲	Europe	英国	United Kingdom	313483	539	43906	2020/7/1 23:45
亚洲	Asia	沙特阿拉伯	Saudi Arabia	194225		1689	2020/7/1 23:45
非洲	Africa	尼日利亚	Nigeria	25694	9746	590	2020/7/1 23:45
北美洲	North America	多米尼加	Dominican Rep...		16666	733	2020/7/1 23:45
亚洲	Asia	阿联酋	United Arab Em...	48667	37566		2020/7/1 23:45
亚洲	Asia	尼泊尔	Nepal	14046	4656	29	2020/7/1 23:45

图 5.5　数据清洗实验数据集预览

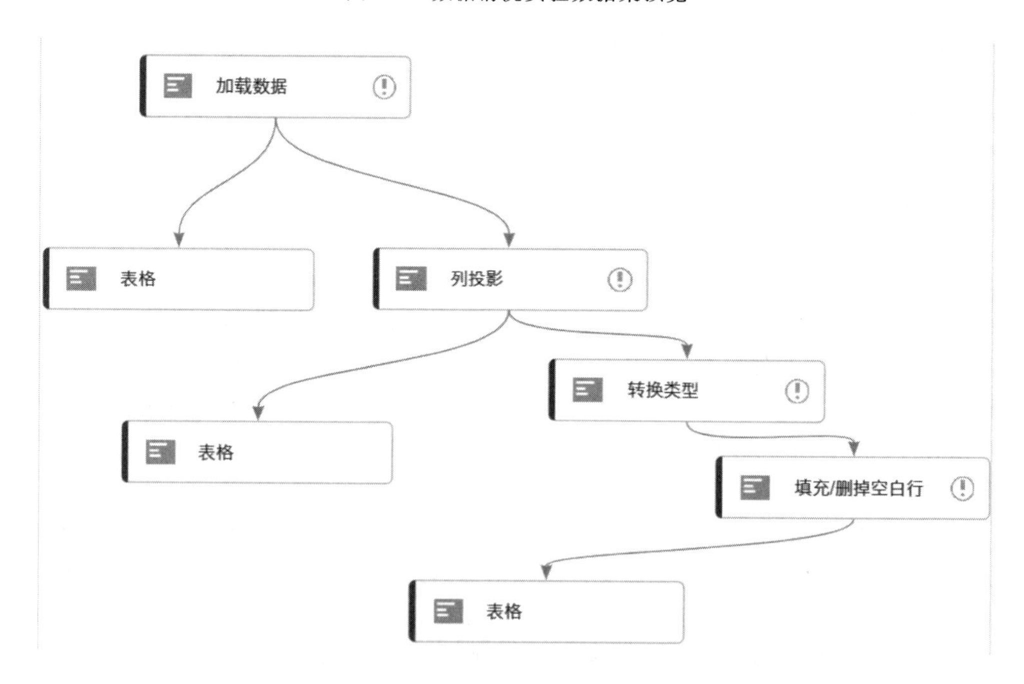

图 5.6　数据清洗实验中的工作流示例

拖动加载数据组件，将数据加载到工作流中，拖动转换类型组件进行参数配置，参数配置面板如图 5.7、图 5.8 所示。

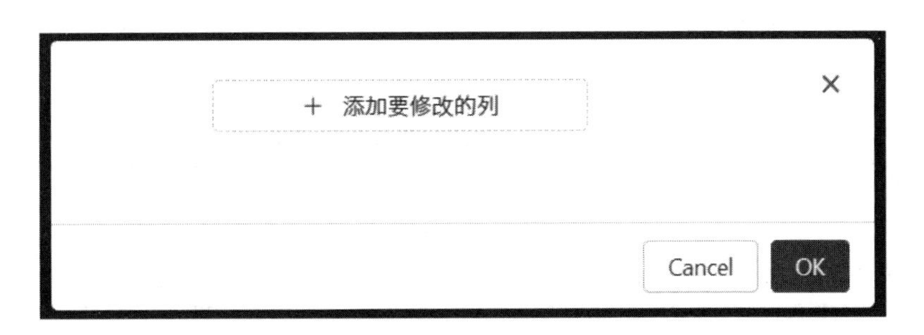

图 5.7 数据类型转换参数配置面板 1

图 5.8 数据类型转换参数配置面板 2

图 5.7 和图 5.8 展示了数据类型转换的参数配置面板，具体的参数说明如表 5.2 所示。

表 5.2 数据类型转换参数说明

参数	说明
colName	选择源文件需要转换的列
oldType	系统自动识别所选列的数据类型
newType	选择转换后的属性类别

拖动填充/删掉空白行组件进行参数配置，参数配置面板如图 5.9 所示。

图 5.9 填充/删除空白行参数配置面板

图 5.9 展示了填充/删除空白行组件的参数配置面板图，具体的参数说明如表 5.3 所示。

表 5.3　填充/删掉空白行参数说明

参数	说明
drop	选择模式为删除空白行操作
fill	选择模式为填充空白行操作

拖动列投影组件进行参数配置，参数配置面板如图 5.10、图 5.11 所示。

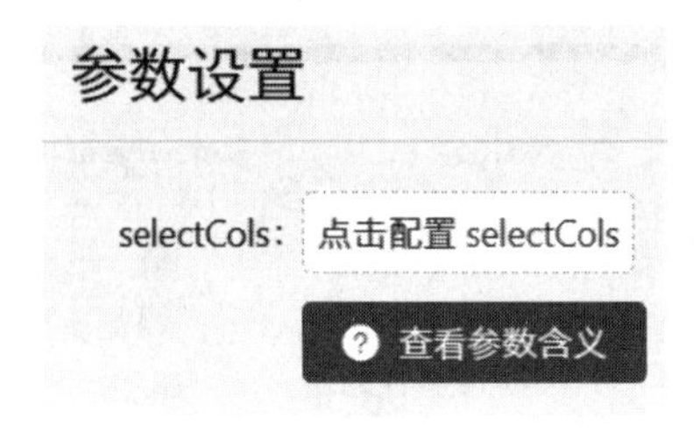

图 5.10　列投影组件参数配置面板 1

图 5.11　列投影组件参数配置面板 2

(3) 实验结果

列投影可获取确诊人数、治愈人数以及死亡人数，实验结果用表格输出，如图 5.12 所示。

confirmedCount	curedCount	deadCount
	83965	115
85260	80084	4648
2636538		127425
313483	539	43906
194225		1689
25694	9746	590
	16666	733
48667	37566	

图 5.12　列投影组件结果展示

进行数据投影、类型转换、数据填充后的结果如图 5.13 所示,图 5.13 中方框里的值为平均值填充结果。

confirmedCount	curedCount	deadCount
55410.35294117647	83965	115
85260	80084	4648
2636538	23762.31550802139	127425
313483	539	43906
194225	23762.31550802139	1689
25694	9746	590
55410.35294117647	16666	733
48667	37566	2720.6382978723404

图 5.13 数据清洗实验结果展示

5.1.3 数据生成与筛选实验解析

(1) 实验功能

在数据预处理的过程中常常要进行字段筛选以及字段生成操作。本实验通过列投影和计算生成列组件对原始数据进行处理,得到最终期望的清晰的数据结果。

(2) 实验说明

本实验采用的是疫情时期 2020.7.12—2020.7.16 中国部分城市报告的疫情数据,数据集包含 418 个数据样本,共 19 列,字段说明如表 5.4 所示。

表 5.4 数据集的字段说明

参数	说明
continentName	洲名
continentEnglishName	洲英文名
countryName	国家名
countryEnglishName	国家英文名
provinceName	省名
provinceEnglishName	省英文名
province_zipCode	省邮编
province_confirmedCount	省确诊人数
province_suspectedCount	省疑似病例数

续 表

参数	说明
province_curedCount	省治愈人数
province_deadCount	省死亡人数
updateTime	报告时间
cityName	城市名
cityEnglishName	城市英文名
city_zipCode	市邮编
city_confirmedCount	市确诊人数
city_suspectedCount	市疑似病例数
city_curedCount	市治愈人数
city_deadCount	市死亡人数

数据集中提供了大量字段供自由处理。本实验中,期望的处理结果是仅关注某省某市的疫情情况,即筛掉大量无用字段,并生成一些字段,使得结果展示更清晰。

首先新建工作流,拖动加载数据组件,将数据加载到工作流中,然后通过计算生成列组件对数据进行计算并生成新的字段,该组件提供多种计算函数供选择,这里选择字段拼接函数 concat,对省名和市名进行拼接,参数配置面板如图 5.14、图 5.15 所示。

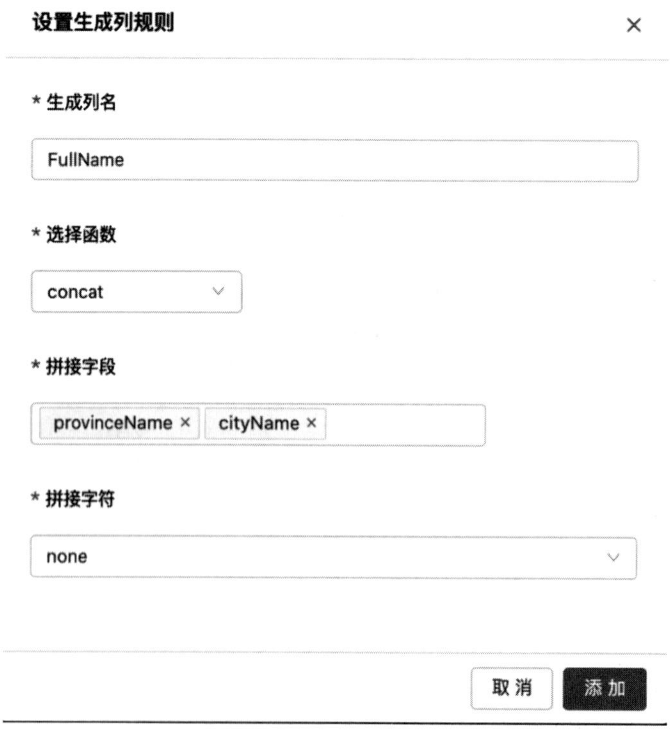

设置生成列规则 ×

* 生成列名

FullName

* 选择函数

concat

* 拼接字段

provinceName × cityName ×

* 拼接字符

none

取消 添加

图 5.14　计算生成列组件规则设置

图 5.15 计算生成列组件参数展示

此后，接入列投影组件过滤掉无用字段，仅选取新生成的 FullName 字段以及疫情情况相关字段，相关配置面板如图 5.16 所示。

图 5.16 列投影组件参数展示

配置完毕之后运行工作流，工作流示例如图 5.17 所示。

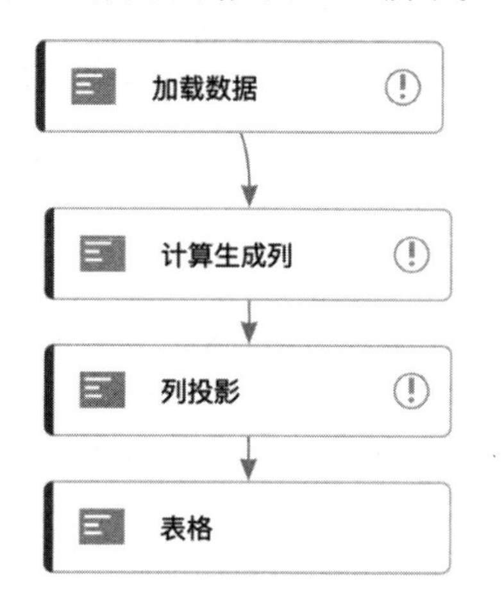

图 5.17 数据生成与筛选示例工作流

(3) 实验结果

工作流实验结果如图 5.18 所示,整个处理过程中筛掉了大量无用字段,并对有效信息进行了拼接,使得结果展示更加直观清晰。

FullName	city_confirmedCount	city_suspectedCount	city_curedCount	city_deadCount
北京市东城区	19	0	1	0
北京市房山区	20	0	3	0
北京市怀柔区	7	0	0	0
北京市密云区	7	0	0	0
北京市石景山区	15	0	9	0
北京市门头沟区	5	0	2	0
北京市延庆区	1	0	0	0
北京市境外输入	174	3	174	0
北京市顺义区	10	0	10	0
北京市待明确地区	1	0	521	9

图 5.18　数据生成与筛选实验结果展示

5.1.4　数据聚合与排序实验解析

(1) 实验功能

本实验主要对源数据文件进行 groupBy 操作,根据一定的规则进行分组(group)。通过一定的规则将一个数据集划分成若干个小的区域,然后针对若干个小区域进行数据处理。排序主要对源数据文件进行排序操作,BDAP 的排序分为对数字型数据按大小排序以及对字符型数据按首字母排序。通过对原始数据进行排序和聚合之后便于后续的数据分析和算法模型建立。

(2) 实验说明

本实验采用的是疫情时期的相关数据集,数据集包含 190 个数据样本,共 8 列,分别为数据所处洲(中英文),国家名(中英文),国家的确诊人数、治愈人数、死亡人数以及数据更新时间。将数据上传至 BDAP 后进行数据预览,如图 5.19 所示。

首先新建工作流,拖动加载数据组件,将数据加载到工作流中,拖动 groupBy 组件对数据进行分组聚合,参数配置面板如图 5.20、图 5.21 所示。

数据预览

continentName	continentEnglishNa	countryName	countryEnglishNam	confirmedCount	curedCount	deadCount	updateTime
亚洲	Asia	卡塔尔	Qatar	97003	83965	115	2020/7/1 23:58
亚洲	Asia	中国	China	85260	80084	4648	2020/7/1 23:51
北美洲	North America	美国	United States of...	2636538	720631	127425	2020/7/1 23:45
欧洲	Europe	英国	United Kingdom	313483	539	43906	2020/7/1 23:45
亚洲	Asia	沙特阿拉伯	Saudi Arabia	194225	132760	1689	2020/7/1 23:45
非洲	Africa	尼日利亚	Nigeria	25694	9746	590	2020/7/1 23:45
北美洲	North America	多米尼加	Dominican Rep...	31816	16666	733	2020/7/1 23:45
亚洲	Asia	阿联酋	United Arab Em...	48667	37566	315	2020/7/1 23:45

图 5.19 groupBy 实验数据预览

图 5.20 groupBy 组件配置面板图 1

图 5.21 groupBy 组件参数配置面板图 2

图 5.21 展示了 groupBy 组件的参数配置面板，具体的参数说明如表 5.5 所示。

表 5.5 groupBy 参数说明

参数	说明
colName	选择源文件需要 groupBy 的列名
option	选择需要进行 groupBy 的操作，包括 avg、count 等
newcolName	设置进行 groupBy 操作之后得到的列的名称
聚集列	选择源文件中聚集标准的列名
aggregate	进行每一列的详细配置

选择相应的参数配置模式之后运行工作流，工作流示例如图 5.22 所示。

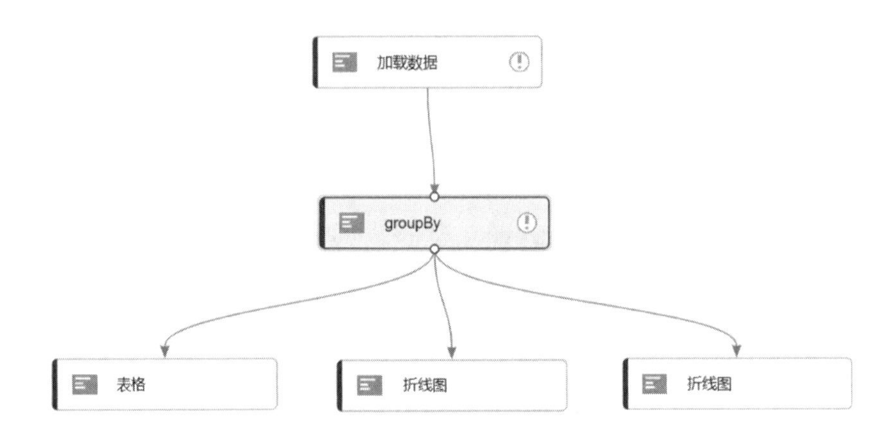

图 5.22 groupBy 实验示例工作流

对数据进行 groupBy 操作后，还可进一步进行排序操作，以更好地分析聚集后的结果。拖动排序组件进行参数配置，参数配置面板如图 5.23 所示，参数说明表 5.6 所示。排序组件工作流示例如图 5.24 所示。

图 5.23 排序组件参数配置面板

表 5.6 排序组件参数说明

参数	说明
sortKey	设置源数据文件中排序的列
sortOption	设置升序或降序排列
sortType	设置列中是按数值型排序还是按字符型排序

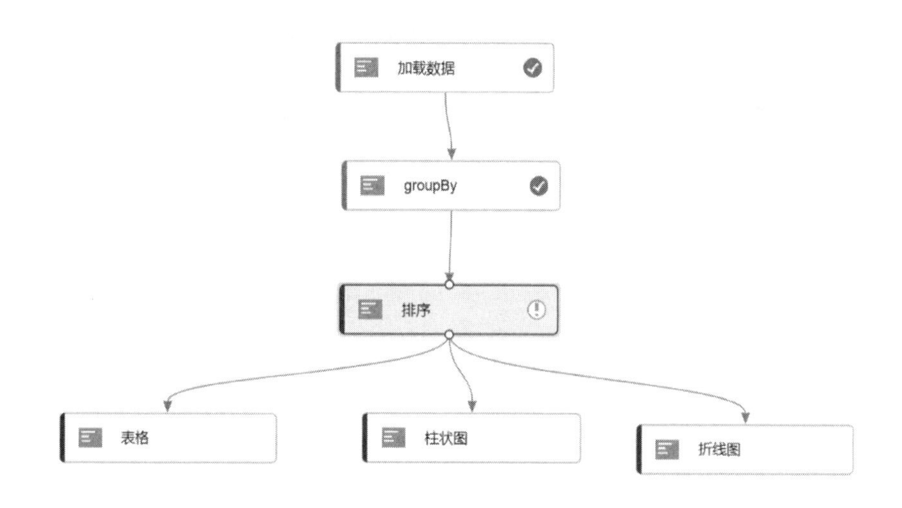

图 5.24 排序组件工作流示例

(3) 实验结果

本实验进行 groupBy 操作后的实验结果如图 5.26 所示。本实验对于以 continentName 作为聚集标签，分别对 confirmedCount、curedCount、deadCount 进行了 sum 的操作，并将新生成的列名分别命名为总确诊人数、总治愈人数和总死亡人数，并随后进行排序，由此统计并直观地展示了各个洲的疫情情况，使得数据能够更好地进行下一步算法的实现，工作流结果展示如图 5.25～5.28 所示。其中图 5.25 中最上方曲线为“总确诊人数”，中间的曲线为“总治愈人数”，最下方的曲线为“总死亡人数”；图 5.26 与图 5.28 中的 3 个柱体从左往右依次为“总确诊人数”“总治愈人数”“总死亡人数”。

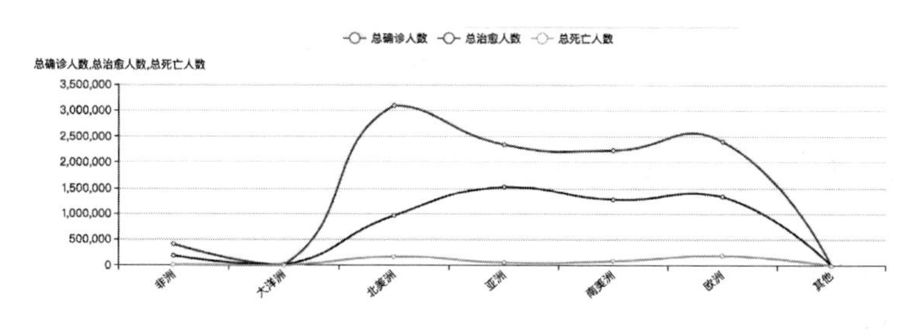

图 5.25 groupBy 实验折线图结果展示

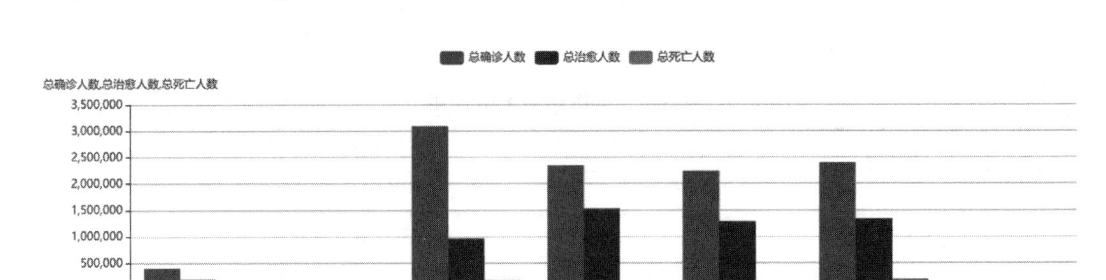

图 5.26　groupBy 实验柱状图结果展示

continentName	总确诊人数	总治愈人数	总死亡人数
非洲	407651	187508	10179
大洋洲	9345	8410	131
北美洲	3094146	962203	167030
亚洲	2340860	1524827	57301
南美洲	2233316	1278731	85506
欧洲	2404525	1334691	191635
其他	712	574	13

图 5.27　groupBy 实验表格结果展示

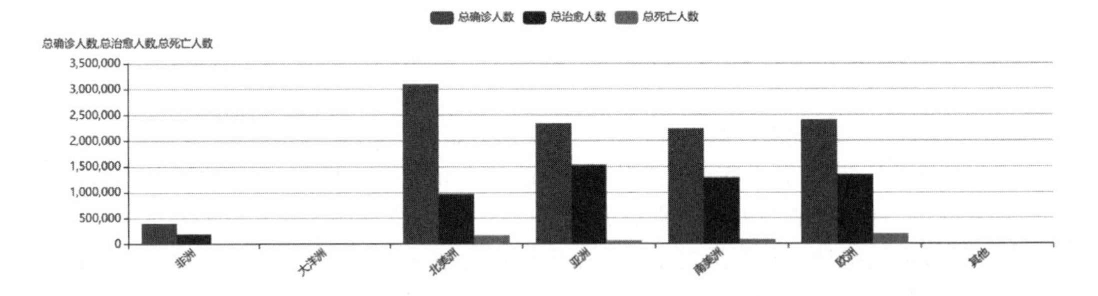

图 5.28　排序实验结果展示

5.2 基础实验

5.2.1 分类算法实验解析

(1) 决策树实验解析

① 实验功能

决策树是一种监督学习的方法，是在已知各种情况发生概率的基础上，通过构成决策树来求取净现值的期望值大于或等于零的概率，评价项目风险，判断其可行性的决策分析方法，是直观运用概率分析的一种图解法。由于这种决策分支画成图形后很像一棵树的枝干，故称其为决策树。在机器学习中，决策树是一个预测模型，代表的是对象属性与对象值之间的一种映射关系。Entropy 等于系统的凌乱程度，使用算法 ID3、C4.5 和 C5.0 生成树算法时使用信息熵。这一度量是基于信息学理论中熵的概念，其定义如下：

$$\mathrm{Ent}(D) = -\sum_{k=1}^{|y|} p_k \log_2 p_k \tag{5.1}$$

其中 D 为样本集合，p_k 为样本集合中第 k 类样本所占比例，$\mathrm{Ent}(D)$的值越大，则 D 的纯度越小。如果样本集中的一个属性有多个不同的取值，那么当使用该属性来对样本集进行划分时就会产生多个节点。我们可以通过计算每个属性对样本集划分所产生的信息增益或信息增益比来确认哪个属性对样本划分的纯度提升最大。除此之外，CART 决策树还使用基尼指数来选择划分属性，基尼指数的定义如下：

决策树算法

$$\mathrm{Gini}(D) = 1 - \sum_{k=1}^{|y|} p_k^2 \tag{5.2}$$

其中 D 为样本集合，p_k 为样本集合中第 k 类样本所占比例。基尼指数越小，样本集纯度越高。

在建立决策树之后还有一个重要的操作，即剪枝操作。剪枝是决策树避免过拟合的主要方法，因为在决策树的建立过程中，算法可能为了尽可能得到准确的分类结果而对节点划分不断细分重复，最终会导致决策树的分支太多，以至于训练得到的决策树太过于贴近训练集而缺少泛化能力，导致过拟合。对决策树的剪枝主要有预剪枝和后剪枝两种方法。预剪枝指的是在建立决策树的过程中，对每个节点划分前先进行以此评估，如果当前的划分操作没有对决策树的泛化能力有性能的提升，则不进一步划分，即把该节点作为叶子节点；后剪枝是先从训练集生成一颗完整的决策树，再从下往上对决策树的非叶子节点进行评估，如果将该节点对应的子树替换为叶子节点能够对决策树的泛化能力有提升作用，则将该子树替换为叶子节点。

② 实验说明

实验采用的是经典的鸢尾花(iris)数据集，数据集包含 150 个数据样本，分为 3 类，每类包含 50 个数据，每个数据包含 4 个属性。可通过花萼长度(sepal_length)、花萼宽度(speal_width)、花瓣长度(petal_length)、花瓣宽度(petal_width)4 个属性预测鸢尾花卉属于 Iris-setosa、Iris-versicolor、Iris-virginica 3 个种类中的哪一类。在本实验中将数据集以 7:3 的比例划分为训练集与测试集，将数据上传至 BDAP 后进行数据预览，如图 5.29 所示。

新建工作流，拖动加载数据组件，将数据加载到工作流中，拖动决策树组件进行参数配置，参数配置面板如图 5.30 所示。

sepal_length	sepal_width	petal_length	petal_width	species
5.4	3.7	1.5	0.2	Iris-setosa
4.8	3.4	1.6	0.2	Iris-setosa
4.8	3	1.4	0.1	Iris-setosa
4.3	3	1.1	0.1	Iris-setosa
5.8	4	1.2	0.2	Iris-setosa
5.7	4.4	1.5	0.4	Iris-setosa
5.4	3.9	1.3	0.4	Iris-setosa

图 5.29　决策树实验数据集示例

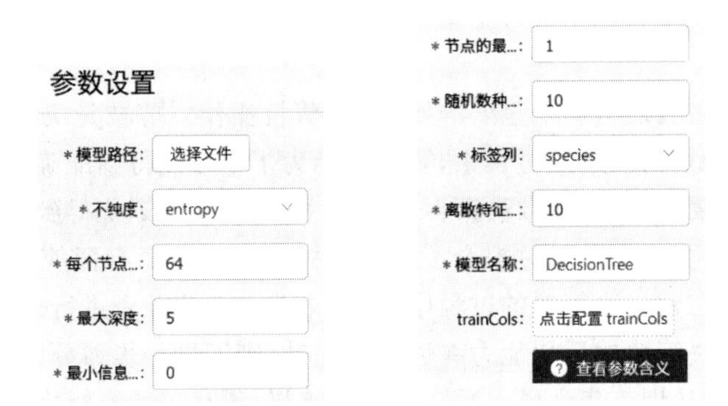

图 5.30　决策树实验配置面板

图 5.30 展示了决策树组件的参数配置面板，具体的参数说明如表 5.7 所示。

表 5.7　决策树参数说明

参数	说明
模型路径	设置模型保存路径
不纯度	设置计算信息熵的标准
每个节点最大分支数	设置决策树的节点最大分支数
最大深度	设置决策树的最大深度
节点的最小实例数	设置决策树允许的最小记录数
随机数种子	设置参数的随机数种子
标签列	选择数据文件中的标签列
离散特征最大取值	对离散特征进行标号，提高分类效果
模型名称	设置模型保存名称
trainCols	选择数据文件中的训练列

选择相应的参数配置之后运行工作流，训练工作流和测试工作流示例分别如图5.31和图5.32所示。

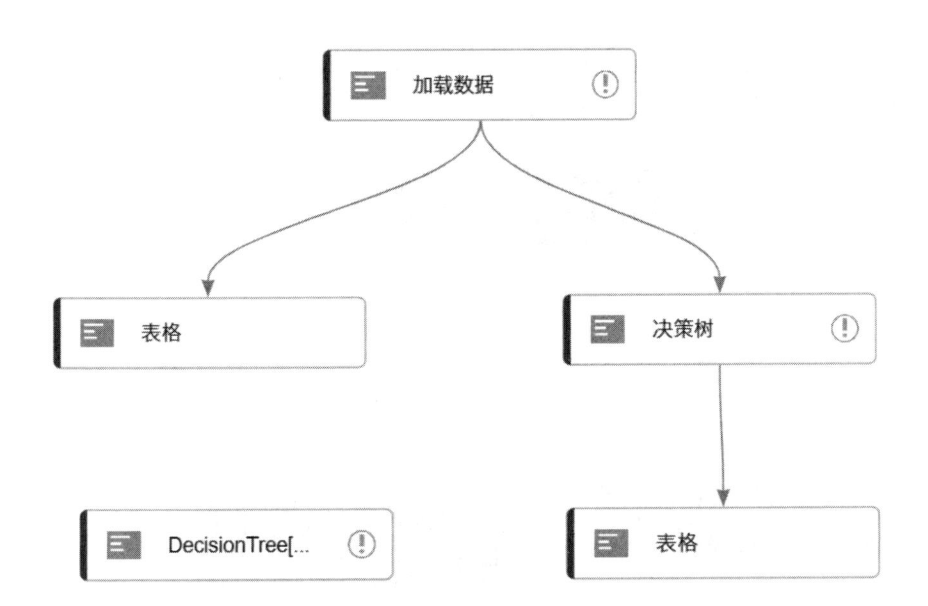

图5.31 决策树训练工作流示例

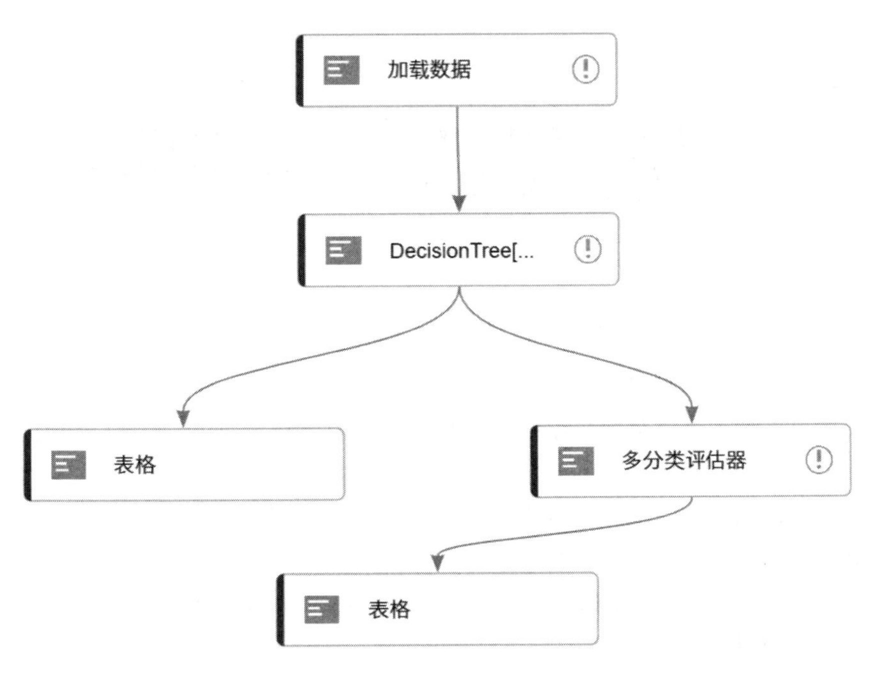

图5.32 决策树测试工作流示例

③ 实验结果

首先可以根据训练之后得到的决策树进行决策树可视化，对决策树的每个分支均有一个属性作为划分依据。例如,第二层树通过 petal_width 属性是否大于 0.7 来进行类别的划分,如果 petal_width 小于或等于 0.7,则认为它可能会是 Iris-setosa 类别,而如果 petal_width 大于 0.7,则进行下一步的划分。下一步采用 petal_length 作为划分属性依据,认为 petal_length 小于或等于 4.75 的样本属于 Iris-versicolor 类别,而大于 4.75 的样本继续划分,一层一层地建立起决策树,如图 5.33 所示。

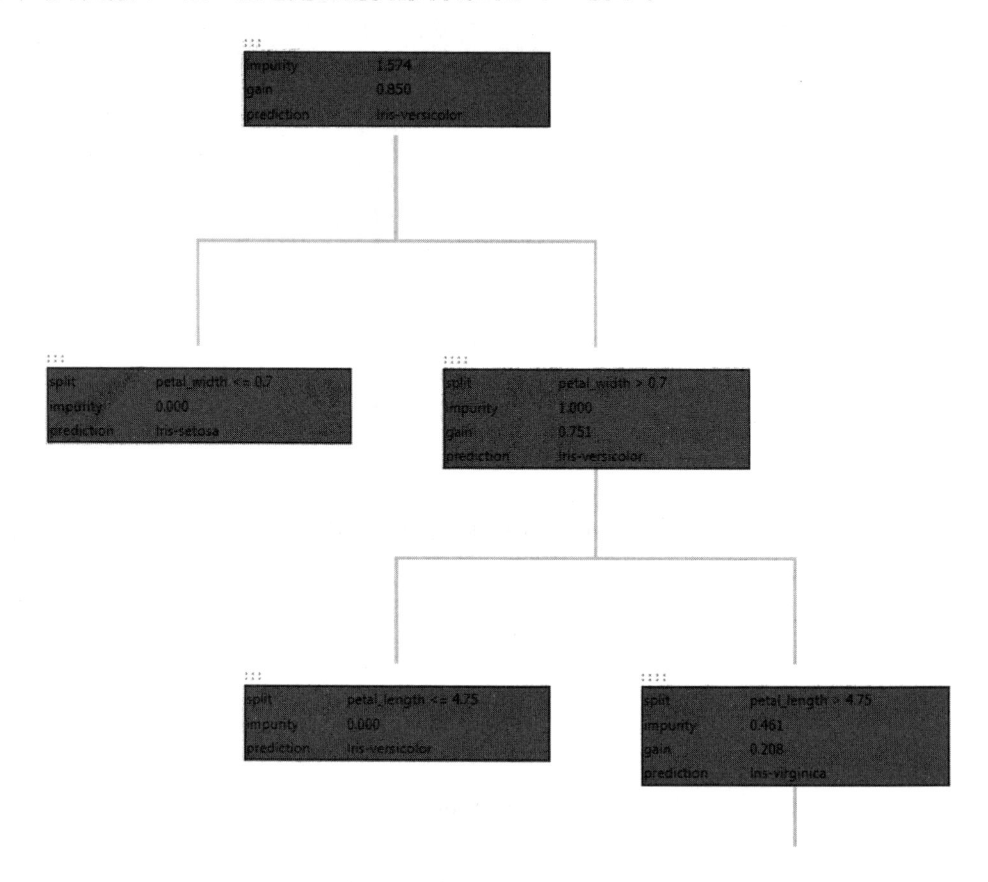

图 5.33　决策树可视化结果展示

随后我们通过将训练好的决策树模型代入测试集数据进行类别的预测,通过表格输出结果我们可以看到测试数据集原来的标签以及预测的标签,同时还可以看到算法内部产生的类别索引值,例如,第一行结果中原数据的各个属性均已列出,原标签为 Iris-setosa,该标签的索引为 2,通过决策树算法分类得到结果的类别索引也为 2,相应的预测标签则也为 Iris-setosa,因此我们认为该样本是被正确分类的。同时,通过平台的多分类评估器组件我们可以得到此决策树在该样本集上的准确率为 0.96,得到的结果如图 5.34、图 5.35 所示。

(2) 朴素贝叶斯实验解析

① 实验功能

朴素贝叶斯分类方法是一种利用贝叶斯定理的分类方法,通过某对象的先验概率,利用贝叶斯公式计算出其后验概率(即该对象属于某一类的概率),选择具有最大后验概率的类作为该对象所属的类。朴素贝叶斯分类方法的特点是结合了先验概率和后验概率，即避免了只使用先验概率的主观偏见，也避免了单独使用样本信息的过拟合现象，此算法可应用于各种分类。

选择展示的行数 20

petal_width	petal_length	sepal_width	sepal_length	species	indexedspecies	prediction	predictedLabel
0.2	1.5	3.5	5.2	Iris-setosa	2	2	Iris-setosa
2.3	6.1	3	7.7	Iris-virginica	1	1	Iris-virginica
0.2	1.4	3.5	5.1	Iris-setosa	2	2	Iris-setosa
0.2	1.4	4.2	5.5	Iris-setosa	2	2	Iris-setosa
0.4	1.5	3.7	5.1	Iris-setosa	2	2	Iris-setosa
1.3	4	2.5	5.5	Iris-versicolor	0	0	Iris-versicolor
2.2	5.6	2.8	6.4	Iris-virginica	1	1	Iris-virginica

图 5.34 决策树测试数据集结果展示

选择展示的行数 20

metric
0.9555555555555556

图 5.35 决策树多分类评估器结果展示

朴素贝叶斯分类器对于训练样本有一个假设，即属性条件独立性假设，对于我们样本集中已知的类别，所有的属性应该是相互独立的，每个属性独立地对分类结果产生影响。在此假设情况下，朴素贝叶斯的后验概率表示如下：

$$P(c \mid x) = \frac{P(c)}{P(x)} \prod_{i=1}^{d} P(x_i \mid c) \tag{5.3}$$

其中 x 为给定样本，x_i 为其在第 i 个属性上的取值，d 为属性数目，c 为类标记。对所有类别来说，$P(x)$相同，因此贝叶斯判定准则如下：

$$h_{\mathrm{nb}}(x) = \underset{c \in Y}{\operatorname{argmax}} P(c) \prod_{i=1}^{d} P(x_i \mid c) \tag{5.4}$$

即对每个样本选择后验概率最大的类标记。

在实际过程中，一般会进行拉普拉斯修正，可以有效避免概率为零的情况，对于现实的任务朴素贝叶斯分类器可以有多种使用方法，如可以将朴素贝叶斯分类器涉及的所有概率事先计算存储以加快分类速度，也可以先不进行任何训练，当有需要预测的时候再进行计算，对新增的样本进行概率修正即可。

② 实验说明

本实验采用的是经典的鸢尾花数据集，数据集包含 150 个数据样本，分为 3 类，每类 50 个数据，每个数据包含 4 个属性。可通过花萼长度、花萼宽度、花瓣长度、花瓣宽度 4 个属性预测鸢尾花卉属于 Iris-setosa、Iris-versicolor、Iris-virginica 3 个种类中的哪一类。在本实验中将数据集以 7:3 的比例划分为训练集与测试集，将数据上传至 BDAP 后进行数据预览，如图 5.36 所示。

sepal_length	sepal_width	petal_length	petal_width	species
5.4	3.7	1.5	0.2	Iris-setosa
4.8	3.4	1.6	0.2	Iris-setosa
4.8	3	1.4	0.1	Iris-setosa
4.3	3	1.1	0.1	Iris-setosa
5.8	4	1.2	0.2	Iris-setosa
5.7	4.4	1.5	0.4	Iris-setosa
5.4	3.9	1.3	0.4	Iris-setosa

图 5.36　朴素贝叶斯实验数据集示例

随后进行朴素贝叶斯的参数配置，参数配置面板如图 5.37 所示。

图 5.37　朴素贝叶斯实验参数配置面板

图5.37展示了朴素贝叶斯组件的参数配置面板，具体的参数说明如表5.8所示。

表5.8 朴素贝叶斯参数说明

参数	说明
模型名称	设置模型保存名称
模型路径	设置模型保存路径
平滑参数	设置拉普拉斯平滑参数
标签列	选择数据文件中的标签列
模型类型	选择不同的朴素贝叶斯模型
trainCols	选择数据文件中的训练列

选择相应的参数配置之后运行工作流，工作流示例如图5.38和图5.39所示。

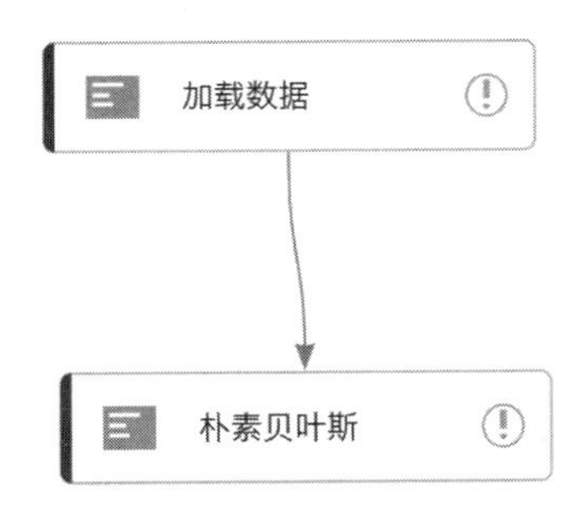

图5.38 朴素贝叶斯训练工作流示例

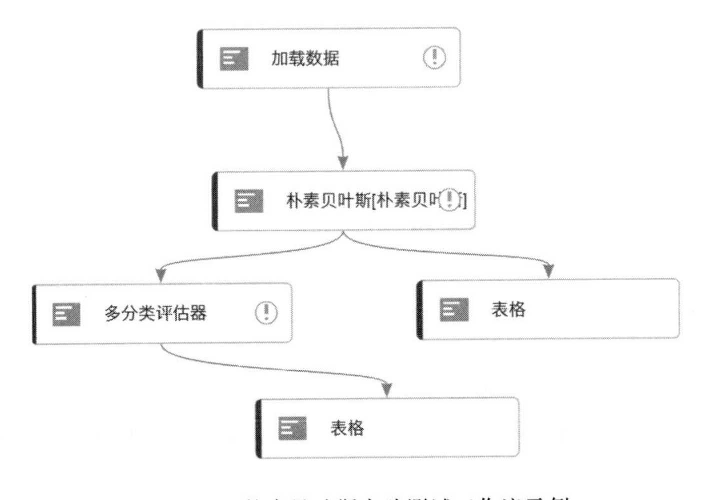

图5.39 朴素贝叶斯实验测试工作流示例

③ 实验结果

将测试集数据代入训练好的模型之中，我们可以通过表格输出结果看到测试数据集的原数据标签和预测的数据标签，同时还可以看到算法内部产生的类别索引值。例如，第一行结果中原数据的各个属性均已列出，原标签为Iris-setosa，该标签的索引为2，通过决策树算法分类得到结果的类别索引也为 2，相应的预测标签则也为 Iris-setosa，因此我们认为该样本是被正确分类的。可以使用平台的多分类评估器来计算该朴素贝叶斯分类器的准确率，本实验的准确率为 0.64，得到的结果如图 5.40 和图 5.41 所示。

选择展示的行数 20

petal_width	petal_length	sepal_width	sepal_length	species	indexedspecies	prediction	predictedLabel
0.2	1.4	3.5	5.1	Iris-setosa	0	0	Iris-setosa
0.2	1.4	3	4.9	Iris-setosa	0	0	Iris-setosa
0.2	1.3	3.2	4.7	Iris-setosa	0	0	Iris-setosa
0.2	1.5	3.1	4.6	Iris-setosa	0	0	Iris-setosa
0.2	1.4	3.6	5	Iris-setosa	0	0	Iris-setosa
0.4	1.7	3.9	5.4	Iris-setosa	0	0	Iris-setosa

图 5.40　朴素贝叶斯实验结果展示

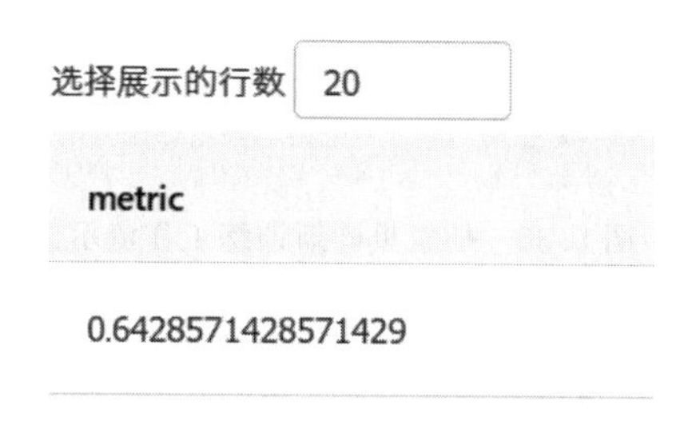

选择展示的行数 20

metric
0.6428571428571429

图 5.41　朴素贝叶斯实验多分类评估器结果展示

5.2.2　聚类算法实验解析

（1）k-means 实验解析一

① 实验功能

k-means 是最著名的划分聚类算法，由于简洁和效率高，因此使用非常广泛。给定一个数据点集合和需要的聚类数目 k，k 由用户指定，k-means 算法根据某个距离函数反复把数据分入 k 个聚类中。先随机选取 k 个对象作为初始的聚类中心，然后计算每个对象与各个种子聚类中心之间的距离，把每个对象分配给距离它最近的聚类中心。聚类中心以及分配给它们的对象就代表一个聚类。一旦全部对象都被分配了，每个聚类的聚类中心就会根据聚类中现有的对象被重新计算。这个过程将不断重复，直到满足某个终止条件。终止条件可以是以下两个中的任意一个：达到最大迭代次数；达到收敛的阈值（前后两次中心点距离的变化）。聚类所得簇的最小化平方误差表示如下：

$$E = \sum_{i=1}^{k} \sum_{x \in C_i} \| \boldsymbol{x} - \boldsymbol{\mu}_i \|_2^2 \tag{5.5}$$

其中 $\boldsymbol{\mu}_i$ 是簇 $\boldsymbol{C}_i$ 的均值向量，$\boldsymbol{\mu}_i = \frac{1}{|\boldsymbol{C}_i|} \sum_{x \in C_i} \boldsymbol{x}$。$E$ 越小则簇内的样本相似度越高。算法采用贪心策略进行迭代优化求解，因此可能收敛到局部最优解，可进行多次初始点和初始值 k 的选择。

② 实验说明

本实验采用的是疫情时期的相关数据集，数据集包含 205 个数据样本，共 5 列，分别为数据所处国家，国家的确诊人数、国家的死亡人数、国家的治愈人数、正在治疗的人数。将数据上传至 BDAP 后进行数据预览，如图 5.42 所示。

Country_Region	Confirmed	Deaths	Recovered	In_Treatment
United States	5095748	164104	2617458	2314186
Brazil	2967064	99702	2068394	798968
India	2091416	42617	1429100	619699
Russia	882347	14854	690207	177286
South Africa	545476	9909	394759	140808
Mexico	469407	51311	313386	104710
Peru	463875	20649	314332	128894
Chile	368825	9958	342168	16699

图 5.42　k-means 实验数据集示例

新建工作流，拖动加载数据组件，将数据加载到工作流中，拖动 K-均值组件进行参数配置，参数配置面板如图 5.43 所示。

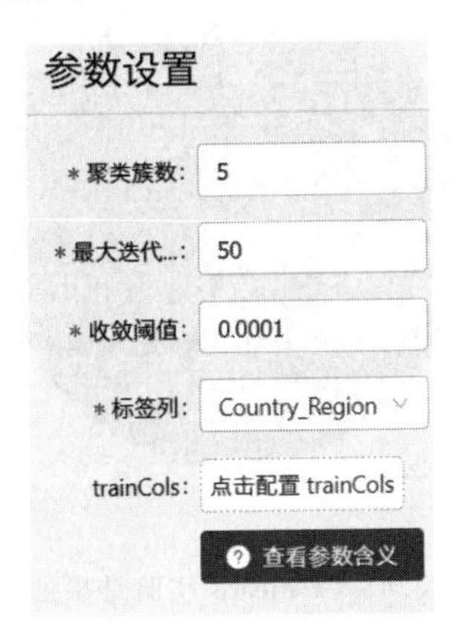

图 5.43　k-means 实验参数配置面板

图5.43展示了K-均值组件的参数配置面板图,具体的参数说明如表5.9所示。

表5.9 *k*-means参数说明

参数	说明
聚类簇数	设置聚类个数(取值为正整数)
最大迭代次数	设置算法最大迭代次数
收敛阈值	设置变化小于阈值时计算终止
标签列	选择数据文件中的标签列
trainCols	选择数据文件中的训练列

选择相应的参数配置之后运行工作流,工作流示例如图5.44所示。

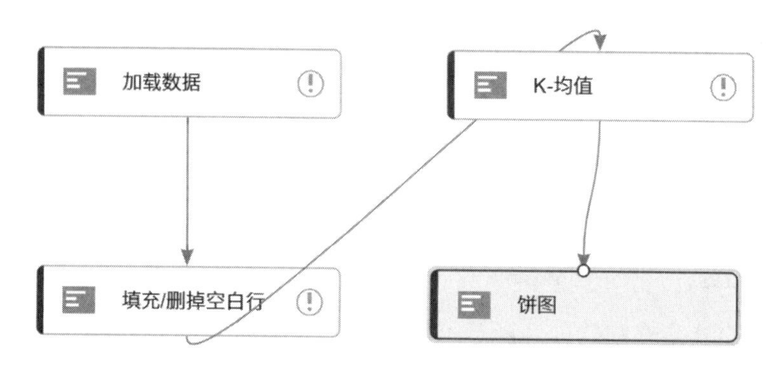

图5.44 *k*-means实验工作流示例

③ 实验结果

将得到的结果以饼图输出展示,我们可以看到*k*-means算法根据数据集中的确诊人数、治愈人数、死亡人数以及正在治疗的人数进行聚类,得到了5个类别,不同的城市聚成一个簇,5个簇的比例分别为5%,5%,5%,10%,75%,得到的结果如图5.45所示。

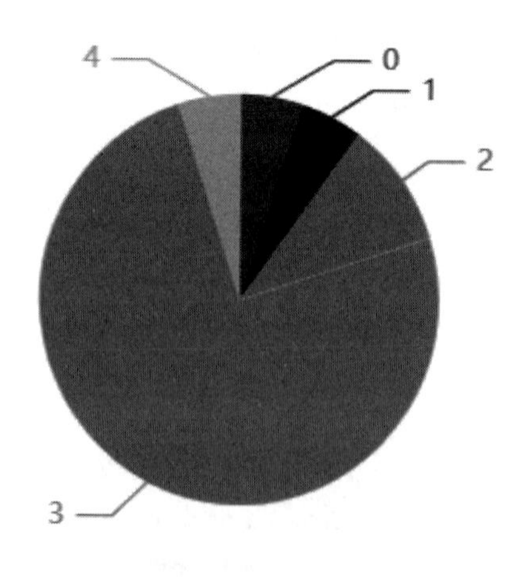

图5.45 *k*-means实验结果展示

(2) k-means 实验解析二

① 实验功能

为增加数据类型的丰富性，强化用户对 k-means 这一经典聚类算法的认识，同时加强数据挖掘技术与平时生活的联系，平台准备了《王者荣耀》中部分英雄各项数据的相关数据集，以供用户进行个性化的聚类实验。用户还可自主搜集扩充数据集，后续可以自己定制个性化的实验。以下是平台提供的实验样例。

② 实验说明

本实验采用《王者荣耀》中部分英雄游戏数据的相关数据集，数据集包含 69 个数据样本，涵盖 20 个特征属性，这些属性分别是最大生命、生命成长、初始生命、最大法力、法力成长、初始法力、最高物攻、物攻成长、初始物攻、最大物防、物防成长、初始物防、最大每 5 秒回血、每 5 秒回血成长、初始每 5 秒回血、最大每 5 秒回蓝、每 5 秒回蓝成长、初始每 5 秒回蓝、最大攻速和攻击范围等。将数据上传至 BDAP 后进行数据预览，如图 5.46 所示。

数据预览 ×

英雄	最大生命	生命成长	初始生命	最大法力	法力成长	最高物
夏侯惇	7350	288.8	3307	1746	94	321
钟无艳	7000	275	3150	1760	95	318
张飞	8341	329.4	3450	100	0	301
牛魔	8476	352.8	3537	1926	104	273
吕布	7344	270	3564	0	0	343
亚瑟	8050	316.3	3622	0	0	346

图 5.46 《王者荣耀》英雄数据集预览

新建工作流，拖动“加载数据”组件，将数据加载到工作流中，同时拖动表格可视化组件以便在运行过程中对数据进行查看。随后对数据进行删除空白行预处理操作，同时拖动 K-均值组件进行参数配置，用户可根据需求自主设置参数。我们考虑将这 69 个英雄聚为 6 类，在理想情况下分别对应战士、法师、刺客、射手、辅助、坦克。图 5.47 是参考配置。

③ 实验结果

聚类完成后，可对聚类结果进行散点图和饼图的可视化，如图 5.48 所示。

从图中结果可知，69 个英雄聚为 6 类后分布较为均匀。从数据来看，聚在相同一类的英雄在某一方面都有较为相似的特征，坦克类型的英雄(如程咬金、牛魔等)都拥有较高的最大生命值以及生命成长值，射手类型的英雄的最大攻速都较高。

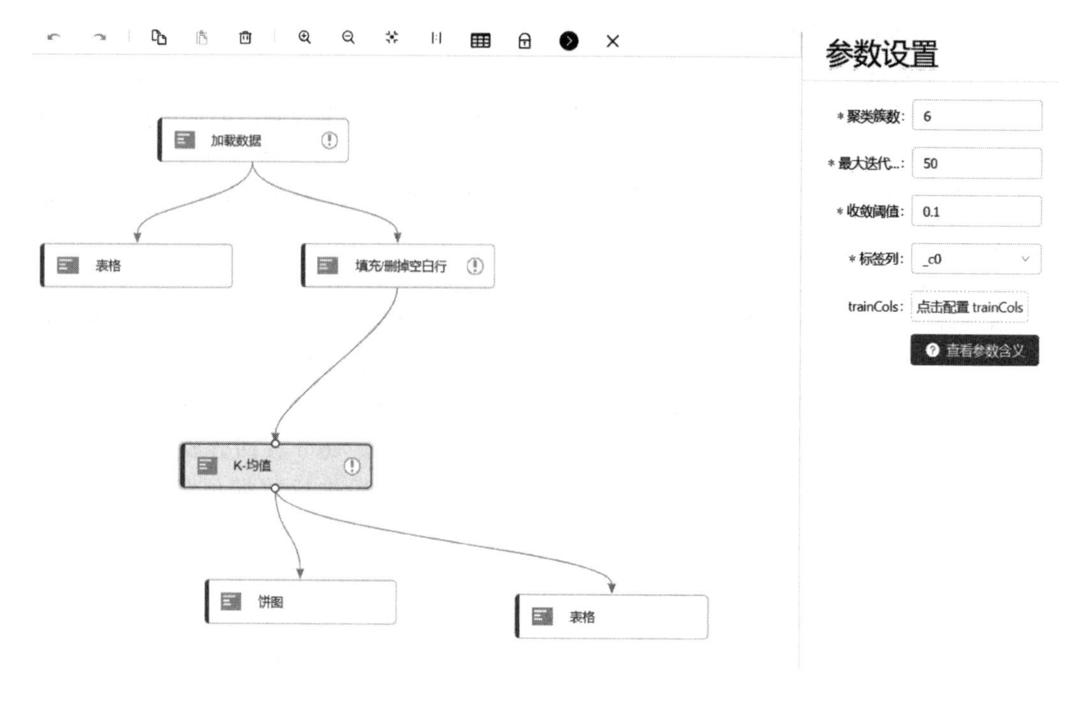

图 5.47 《王者荣耀》英雄聚类实验参数配置

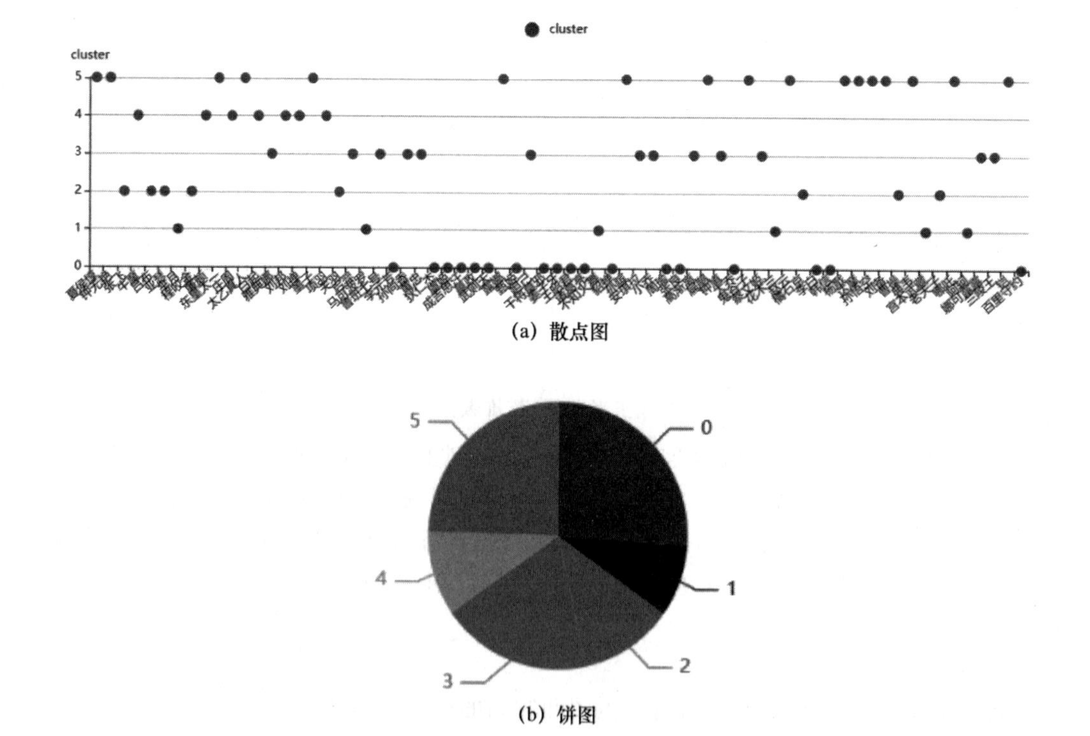

(a) 散点图

(b) 饼图

图 5.48 《王者荣耀》英雄聚类实验结果可视化

5.2.3 关联规则实验解析

（1）Apriori 实验解析

① 实验功能

Apriori 算法

Apriori 是一个关联规则挖掘算法，它的核心思想为任何一个频繁项集的子集都必须是频繁的，任何一个不频繁项集的超集一定不是频繁的。它利用逐层搜索的迭代方法找出数据库中项集的关系，以形成规则，其过程由连接（类矩阵运算）与剪枝（去掉那些没必要的中间结果）组成。该算法中项集的概念即为项的集合。包含 k 个项的集合为 k 项集。项集出现的频率是包含项集的事务数，称为项集的频率。如果某项集满足最小支持度，则称它为频繁项集。

关联规则中 X 对 Y 的支持度表示的是数据集中同时包含 X 和 Y 的频率，如下所示：

$$\text{Support}(X \rightarrow Y) = \frac{\sigma(X \cup Y)}{n} \tag{5.6}$$

关联规则中 X 对 Y 的置信度表示的是交易数据集中同时包含 X 和 Y 在 Y 中的频率，如下所示：

$$\text{Confidence}(X \rightarrow Y) = \frac{\text{Support}(X \cup Y)}{\text{Support}(X)} \tag{5.7}$$

算法首先扫描事务数据库一次，生成频繁的一项集，如果存在两个或以上频繁 k 项集，则重复下面过程：由长度为 k 的频繁项集候选生成长度为 $k+1$ 的候选项集，对于每个候选项集，若其具有非频繁的长度为 k 的子集，则删除该候选项集，扫描事务数据库一次，统计每个余下的候选项集的支持度，删除非频繁的候选项集，仅保留频繁的 $k+1$ 项集，将 k 的值加一。

② 实验说明

本实验使用的数据集为经典的“购物篮”数据集，数据集共有 9 835 条消费记录，即有9 835行数据，每一行中用逗号分隔了某一个用户购买的物品种类，我们使用 Apriori 算法试图找出其中的购物行为规律，即找出数据集中满足支持度和置信度的频繁项集，将数据集上传至 BDAP 文件系统之后进行预览，得到的 Apriori 算法的数据预览图如图 5.49 所示。

order
citrus fruit,semi-finished bread,margarine,ready soups
tropical fruit,yogurt,coffee
whole milk
pip fruit,yogurt,cream cheese,meat spreads
other vegetables,whole milk,condensed milk,long life bakery product
whole milk,butter,yogurt,rice,abrasive cleaner
rolls/buns
other vegetables,UHT-milk,rolls/buns,bottled beer,liquor (appetizer)

图 5.49 Apriori 实验数据示例图

新建工作流，拖动加载数据组件，将数据加载到工作流中，拖动 Apriori 组件进行参数配置，参数配置面板如图 5.50 所示。

图 5.50 展示了 Apriori 组件的参数配置面板，具体的参数说明如表 5.10 所示。

参数设置

* 数据列: order
* 分隔符: ,
* 最小支持...: 0.05
* 最小置信...: 0.3

查看参数含义

图 5.50　Apriori 实验配置面板

表 5.10　Apriori 参数说明

参数	说明
数据列	设置数据列头
分隔符	设置数据文件中物品之间的分隔符
最小支持度	设置算法中频繁项的最小支持度
最小置信度	设置算法中关联关系的最小置信度

选择相应的参数配置之后运行工作流，工作流示例如图 5.51 所示。

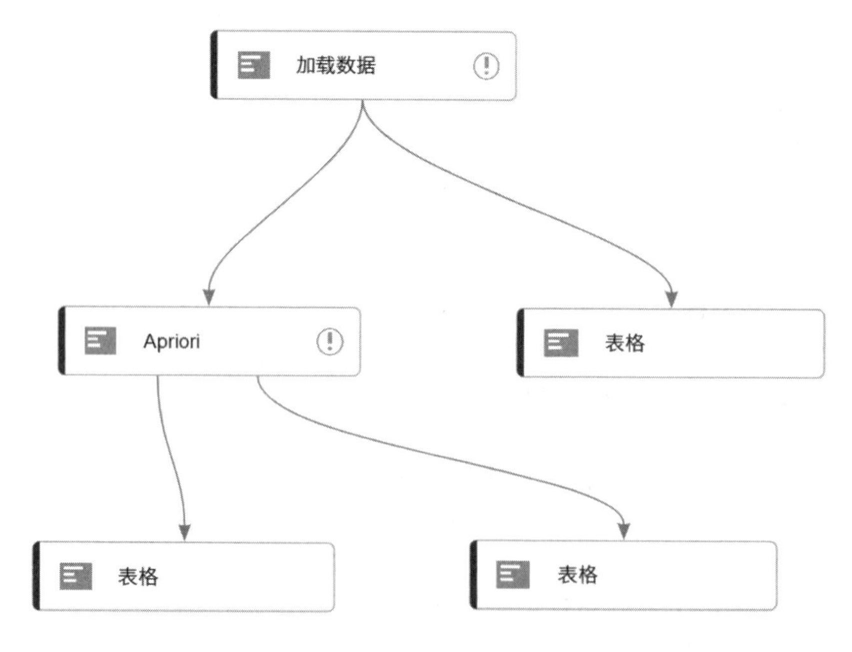

图 5.51　Apriori 实验工作流示例

③ 实验结果

本实验有两个输出接口，分别用表格可视化工具进行展示输出：第一个表格是符合最小支持度的频繁项集的展示，通过该表格展示可以看到数据集中的频繁项集，并根据我们所得到的频繁项集预测可能存在的关联关系，如 bottled beer 和 soda 即符合最小支持度的频繁二项集；第二个表格是符合最小置信度的关联物品关系展示，该表格可以找出用户在购买了某些产品之后，可能会继续购买的物品，通过此关联关系可以让商家能够更好地放置和销售这些物品，如在已知用户购买了 curd 的情况下，用户在我们设定的最小置信度的情况下很有可能购买 yogurt。两个表格的输出结果如图 5.52 和 5.53 所示。

选择展示的行数 20

Item	Support
bottled beer,soda	0.016980172852058974
tropical fruit,other vegetables,root vegetables	0.012302999491611592
sausage,yogurt	0.019623792577529234
whole milk,other vegetables	0.07483477376715811
tropical fruit,whole milk,rolls/buns	0.010981189628876462
tropical fruit,root vegetables	0.021047280122013217
soda,whipped/sour cream	0.011591255719369599

图 5.52 Apriori 实验表格一输出展示

选择展示的行数 20

KnownItem	RelatedItem	Confidence
tropical fruit,other vegetables	root vegetables	0.34277620396600567
tropical fruit,root vegetables	other vegetables	0.5845410628019324
other vegetables	whole milk	0.38675775091960063
tropical fruit,rolls/buns	whole milk	0.4462809917355372
curd	yogurt	0.3244274809160305
citrus fruit	other vegetables	0.34889434889434895
whole milk,soda	other vegetables	0.3477157360406091

图 5.53 Apriori 实验表格二输出展示

(2) FP-Growth 实验解析

① 实验功能

本实验将对数据集中的频繁项集和关联关系进行挖掘。关联规则就是支持度和信任度分别满足用户给定阈值的规则,算法将提供频繁项集的数据库压缩到一棵频繁模式树(FP-tree)中,但仍保留项集关联信息,采用分治的思想。FP-Tree 将事务数据表中的各个事务数据项按照支持度排序后,把每个事务中的数据项按降序依次插入到一棵以 NULL 为根节点的树中,同时在每个节点处记录该节点出现的支持度。

FP-Growth 算法只需要对数据库进行两次扫描,而 Apriori 算法对每个潜在的频繁项集都会扫描数据及判断给定模式是否频繁,因此 FP-Growth 算法的速度要比 Apriori 算法的速度更快一些,通常性能要好两个数量级以上。FP-Growth 算法发现频繁项集时首先需要构建 FP 树,其次从 FP 树中挖掘频繁项集。FP 代表的是频繁模式(frequent pattern),FP 树会存储项集的出现频率,而每个项集会以路径的方式存储在树中,存在相似元素的集合会共享树的一部分,只有当集合间完全不同时,树才会分叉,树节点上给出集合中单个元素机器在序列中出现的次数,路径会给出该序列出现的次数,相似项之间的链接(即节点链接)用于快速发现相似项的位置。

对已经建立起的 FP 树来说,其后对于频繁项集的挖掘过程和 Apriori 算法的过程大致相似,即从单元素项集合开始,然后在此基础上逐步构建更大的集合,当然这里利用的是已经建立好的 FP 树来进行挖掘,而不需要原始数据集。首先从 FP 树中获得条件模式基,利用条件模式基构建一个条件 FP 树,迭代重复直到树包含一个元素项为止,可以利用 FP-Growth 算法在多种文本文档中查找频繁项单词。

② 实验说明

本实验使用的数据集为经典的"购物篮"数据集,数据集中共有 9 835 条消费记录,即有 9 835 行数据,每一行中用逗号分隔了某一个用户某次购买的物品种类,我们使用 FP-Growth 算法试图找出其中的购物行为规律,即找出数据集中满足支持度和置信度的频繁项集,同时根据用户已经购买的一些物品预测用户可能会进一步购买的物品,将数据集上传至 BDAP 文件系统之后进行预览,得到的数据预览图如图 5.54 所示。

order
citrus fruit,semi-finished bread,margarine,ready soups
tropical fruit,yogurt,coffee
whole milk
pip fruit,yogurt,cream cheese,meat spreads
other vegetables,whole milk,condensed milk,long life bakery product
whole milk,butter,yogurt,rice,abrasive cleaner
rolls/buns
other vegetables,UHT-milk,rolls/buns,bottled beer,liquor (appetizer)

图 5.54　FP-Growth 实验数据示例图

新建工作流，拖动加载数据组件，将数据加载到工作流中，拖动 FP-Growth 组件进行参数配置，参数配置面板如图 5.55 所示。

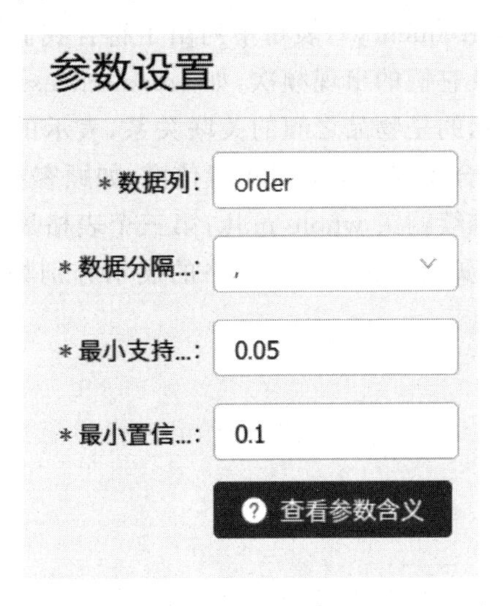

图 5.55　FP-Growth 参数配置面板

图 5.55 展示了 FP-Growth 组件的参数配置面板，具体的参数说明如表 5.11 所示。

表 5.11　FP-Growth 参数说明

参数	说明
数据列	设置数据列头
分隔符	设置数据文件中物品之间的分隔符
最小支持度	设置算法中频繁项的最小支持度
最小置信度	设置算法中关联关系的最小置信度

选择相应的参数配置之后运行工作流，工作流示例如图 5.56 所示。

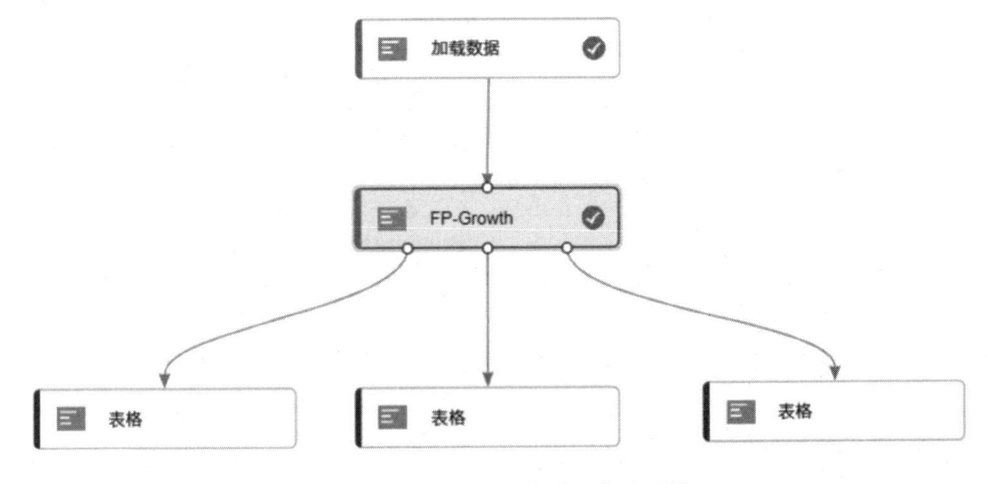

图 5.56　FP-Growth 实验工作流示例

③ 实验结果

本实验共有3个输出接口,分别用表格可视化工具进行展示输出。其中:第一个表格展示的是频繁项集的频率(frequency),表格中列出了符合我们参数设置的最小置信度和最小支持度的频繁项集以及它们的出现频次,如 cream cheese 作为频繁一项集出现的频次为10次;第二个表格展示的是物品之间的关联关系,表示的是在顾客购买前置物品后可能会购买的物品,需要符合我们设定的最小置信度,如顾客在购买了 yogurt 之后有0.5的置信度表示顾客可能会继续购买 whole milk;第三个表格展示的是在已知顾客订单的情况下,预测其想要继续购买的物品。3个表格的展示分别如图5.57、图5.58、图5.59所示。

选择展示的行数 20

items	freq
cream cheese	10
newspapers	12
frankfurter	16
root vegetables	15
other vegetables	37
other vegetables,whole milk	14
frozen vegetables	11

图5.57 FP-Growth 实验结果展示表格一

选择展示的行数 20

antecedent	consequent	confidence	lift
other vegetables	whole milk	0.3783783783783784	1.4207037225905152
yogurt	whole milk	0.5	1.8773584905660379
rolls/buns	whole milk	0.3	1.1264150943396227
whole milk	other vegetables	0.2641509433962264	1.420703722590515
whole milk	yogurt	0.20754716981132076	1.8773584905660377
whole milk	rolls/buns	0.22641509433962265	1.1264150943396225

图5.58 FP-Growth 实验结果展示表格二

选择展示的行数 20

order	prediction
citrus fruit,semi-finished bread,margarine,ready soups	
tropical fruit,yogurt,coffee	whole milk
whole milk	other vegetables,yogurt,rolls/buns
pip fruit,yogurt,cream cheese,meat spreads	whole milk
other vegetables,whole milk,condensed milk,long life bakery product	yogurt,rolls/buns
whole milk,butter,yogurt,rice,abrasive cleaner	other vegetables,rolls/buns
rolls/buns	whole milk

图 5.59 FP-Growth 实验结果展示表格三

第6章 大数据分析教学平台的扩展实验案例

在第5章中我们介绍了数据导入、数据预处理和一些基本的机器学习算法，如决策树算法、*k*-means算法、Apriori算法等，这些是大数据处理和传统机器学习的基础内容。而在本章中，我们将介绍一些更深入也更有趣的算法，如支持向量机、高斯混合聚类、TF-IDF等。本章对于进阶实验的原理进行简要的说明，并结合平台的操作组件对大数据分析教学平台的实验进行简要解析，展示每个实验的操作步骤与参数配置，让读者能够充分了解每个实验的操作步骤，同时给出每个实验的源数据文件预览和结果展示，让读者们能够在理解进阶实验的基础上完成实验，达到拓展思维及提高操作能力的效果，并对机器学习有更深的认知，对大数据分析教学平台有更好的理解。

实验名称	实验目的	实验数据	实验内容
支持向量机实验	了解算法原理，并使用算法处理经典案例	鸢尾花数据集	(1)切分数据为训练集与测试集； (2)调整实验参数，训练SVM模型； (3)用训练好的SVM模型进行测试
高斯混合聚类实验	了解算法原理，并使用算法解决经典案例	libsvm样例数据集	(1)设置GMM参数进行训练； (2)分析实验结果
文本分词实验	了解分词的意义与平台的分词模式	新闻文本数据集	(1)进行文本数据的加载； (2)分析文本的分词结果
文本分类实验	了解算法原理，并使用算法解决经典案例	不同主题的文本数据集	(1)调整参数训练模型； (2)使用训练好的模型进行测试； (3)分析实验结果
协同过滤实验	了解推荐算法，并使用算法解决经典案例	电影评分数据集	(1)进行文本数据的加载； (2)分析文本的分词结果
图基本属性实验	掌握涉及图的基本概念，分析图的各个属性	随机图数据	(1)生成一个随机网络； (2)分析随机网络的节点数、边数、网络直径等常见属性
社团发现实验	了解算法基本原理，并使用算法解决经典案例	空手道俱乐部数据集	(1)加载空手道俱乐部社交网络； (2)对网络节点进行群体划分
最小生成树实验	了解常用的算法，得到一个图的最小生成树	随机权重网络	(1)生成一个随机权重网络； (2)分析训练得到的最小生成树
在线编程实验	熟悉BDAP的在线编程模块，编程解决经典案例	鸢尾花数据集与手写数字数据集	(1)编程进行*k*-means的聚类； (2)编程进行SVM的分类

图6.1　扩展实验案例

6.1 BDAP的扩展算法实验

6.1.1 分类及聚类实验

(1) 支持向量机实验

① SVM算法介绍

SVM算法最基本的思想就是基于训练集在样本空间中找到一个划分超平面，将不同类别的样本分开。但能够将训练样本划分开的超平面往往有很多，如图6.1所示，我们需要找到一个最好的解。

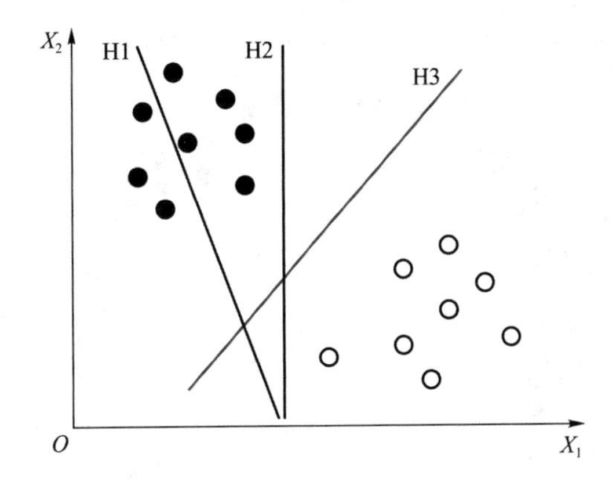

图6.2 划分训练样本的多种方式

直观上来看，我们会选择线H3来划分训练样本而不是线H1和H2，因为我们可以发现线H3对两种类别的样本边缘局部扰动的容忍性更好，在训练集有噪声的情况下，采用线H2的划分标准可能会有比较大的误差，而线H3的分界面受到的影响会比较小，即它的泛化能力更强。在样本空间中，划分超平面可通过如下线性方程来描述：

$$\boldsymbol{w}^{\mathrm{T}}\boldsymbol{x}+b=0 \tag{6.1}$$

其中 $\boldsymbol{w}=(w_1,w_2,\cdots,w_d)$ 为法向量，决定了超平面的方向；b 为位移项，决定了超平面与原点之间的距离。由此划分的超平面记为 $(\boldsymbol{w},b)$，样本空间中任意点到超平面的距离如下：

$$r=\frac{|\boldsymbol{w}^{\mathrm{T}}\boldsymbol{x}+b|}{\|\boldsymbol{w}\|} \tag{6.2}$$

对于样本集中的样本点 $(\boldsymbol{x}_i,y_i)$，假设超平面能够将训练样本正确分类，则有如下不等式成立：

$$\begin{cases}\boldsymbol{w}^{\mathrm{T}}\boldsymbol{x}_i+b\geqslant+1, & y_i=+1\\ \boldsymbol{w}^{\mathrm{T}}\boldsymbol{x}_i+b\leqslant+1, & y_i=-1\end{cases} \tag{6.3}$$

距离超平面最近的使得式(6.3)成立的训练样本点被称为支持向量，两个异类支持向

量到超平面的距离之和(即间隔)为

$$\gamma=\frac{2}{\|\boldsymbol{w}\|} \tag{6.4}$$

我们想要找到的也即使得间隔最大的参数,即

$$\max_{\boldsymbol{w},b}\frac{2}{\|\boldsymbol{w}\|} \tag{6.5}$$

$$\text{s. t.}\quad y_i(\boldsymbol{w}^{\mathrm{T}}\boldsymbol{x}_i+b)\geqslant 1,\quad i=1,2,\cdots,m$$

为了最大化间隔仅需要最大化$\|\boldsymbol{w}\|^{-1}$,即最小化$\|\boldsymbol{w}\|^2$,式(6.5)可重写为式(6.6):

$$\min_{\boldsymbol{w},b}\frac{1}{2}\|\boldsymbol{w}\|^2 \tag{6.6}$$

$$\text{s. t.}\quad y_i(\boldsymbol{w}^{\mathrm{T}}\boldsymbol{x}_i+b)\geqslant 1,\quad i=1,2,\cdots,m$$

上述为支持向量机的基本型,为了求解上述模型,我们可使用拉格朗日乘子法得到其对偶问题,从而进行求解,而在上述的讨论中,我们假设训练样本是线性可分的,但在实际任务中往往并不能找到一个正确划分两类样本的超平面,如图 6.3 所示。

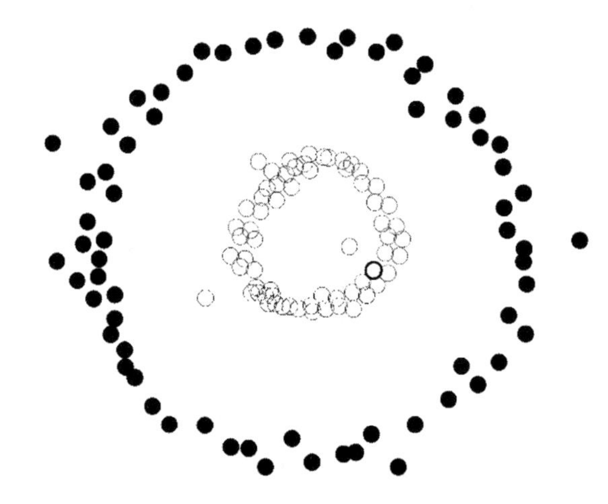

图 6.3 线性不可分情况

对于上述情况,我们需要将样本点映射到更高维空间,使得样本在更高维空间中线性可分,此时我们可以采取核函数的方法来解决线性不可分问题,但现实任务中在更高维空间往往也找不到完全划分的超平面,因此为了提高现实任务中的可用性,我们采取软间隔的方法来允许算法在一些样本上出错,同时在我们的目标函数中加入惩罚项,以此让算法能够得到更广泛的应用。

② 平台组件

平台提供了多分类 SVM 组件,用户可在机器学习中拖拽使用多分类 SVM 组件,如图 6.4 所示。

多分类SVM　　多分类SVM

图 6.4 多分类 SVM 组件

用户在使用时应配置相应的参数，多分类 SVM 组件参数配置面板如图 6.5 所示。

图 6.5 多分类 SVM 组件参数配置面板

具体的参数说明如表 6.1 所示。

表 6.1 多分类 SVM 组件参数说明

参数	说明
模型名称	设置模型保存名称
模型路径	设置模型保存路径
最大迭代次数	设置算法的最大迭代次数
正则化参数	设置正则化参数，防止模型过拟合
标签列	选择数据文件中的标签列
trainCols	选择数据文件中的训练列

③ 实验示例

本实验示例采用经典的鸢尾花数据集，数据集包含 150 个数据样本，分为 3 类，每类包含 50 个数据，每个数据包含 4 个属性。可通过花萼长度、花萼宽度、花瓣长度、花瓣宽度 4 个属性预测鸢尾花卉属于 Iris-setosa、Iris-versicolor、Iris-virginica 3 个种类中的哪一类。在本实验中将数据集以 7:3 的比例划分为训练集与测试集，将数据上传至 BDAP 后进行数据预览，如图 6.6 所示。

拖拽组件进行相应的参数配置，实验的具体参数配置如图 6.7 所示，其中模型名称、模型路径用户自行设置，迭代次数设置为 20，正则项参数设置为 1，标签列设置为花卉种类 species，train Cols 参数选择花萼长度、花萼宽度、花瓣长度、花瓣宽度 4 个属性。

sepal_length	sepal_width	petal_length	petal_width	species
5.4	3.7	1.5	0.2	Iris-setosa
4.8	3.4	1.6	0.2	Iris-setosa
4.8	3	1.4	0.1	Iris-setosa
4.3	3	1.1	0.1	Iris-setosa
5.8	4	1.2	0.2	Iris-setosa
5.7	4.4	1.5	0.4	Iris-setosa
5.4	3.9	1.3	0.4	Iris-setosa

图 6.6　SVM 实验数据集示例

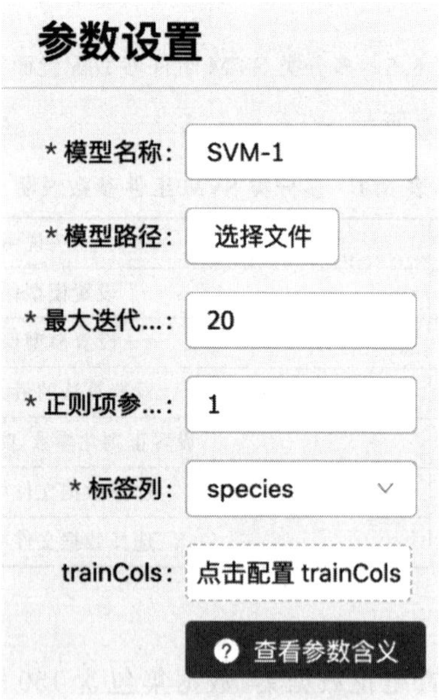

参数设置

* 模型名称：SVM-1
* 模型路径：选择文件
* 最大迭代...：20
* 正则项参...：1
* 标签列：species

trainCols：点击配置 trainCols

查看参数含义

图 6.7　SVM 实验参数配置

搭建相应工作流并对 SVM 进行训练，实验的训练工作流示例如图 6.8 所示，其中数据分割组件将数据进行切分，并取出 70% 的数据进行训练，训练完毕后会自动将模型保存到之前设置的模型路径下，并在画布上生成一个组件，其表示已训练好的模型。

之后使用该训练好的模型，加载测试数据进行测试，测试工作流示例如图 6.9 所示。

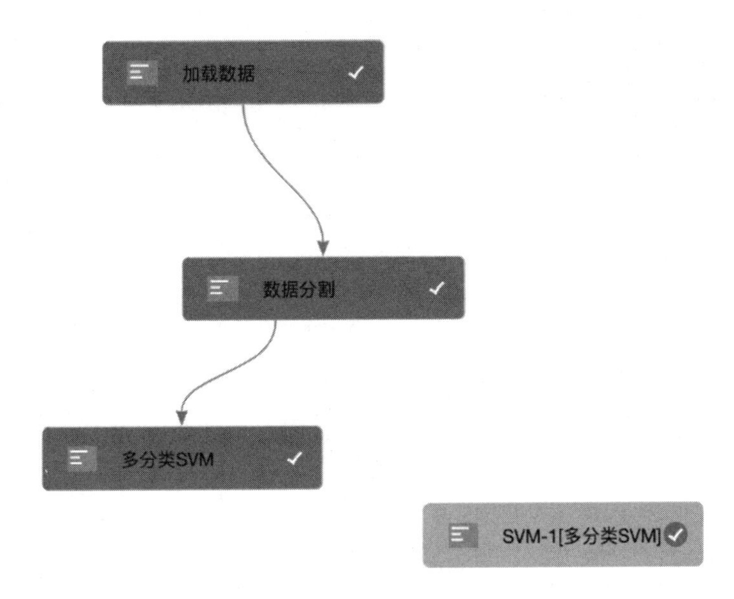

图 6.8 SVM 训练工作流示例

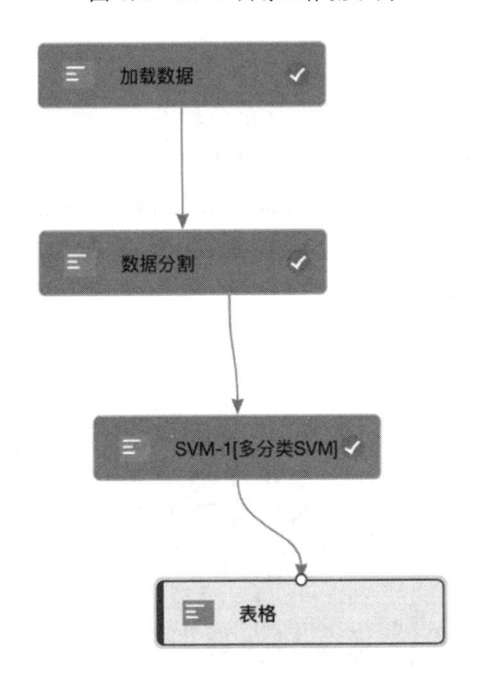

图 6.9 SVM 测试工作流示例

加载测试数据并使用可视化工具进行输出展示,结果如图 6.10 所示,其中 species_indexed 字段为 species 对应的标号,predictedLabel 字段即为模型根据 4 种属性预测出的花卉种类,prediction 为其花卉类别对应的标号。可以看到,由于迭代次数的限制,模型在训练中并没有完全收敛,有些数据条目预测错误,测试准确率并不理想。事实上,如果把迭代次数在一定范围内逐渐提升,测试准确率会随之上升,但要防范过拟合的问题,所以需要不断调整参数以训练出最优模型。

选择展示的行数 20

petal_width	petal_length	sepal_width	sepal_length	species	species_indexed	prediction	predictedLabel
1.1	3.9	2.5	5.6	Iris-versicolor	0	0	Iris-versicolor
1	3.5	2	5	Iris-versicolor	0	0	Iris-versicolor
1.2	4.4	2.6	5.5	Iris-versicolor	0	0	Iris-versicolor
1.3	4.2	2.9	5.7	Iris-versicolor	0	1	Iris-setosa
1.3	4.4	2.3	6.3	Iris-versicolor	0	0	Iris-versicolor
1.3	4.1	3	5.6	Iris-versicolor	0	1	Iris-setosa
1.3	4	2.5	5.5	Iris-versicolor	0	0	Iris-versicolor
1.5	4.5	3.2	6.4	Iris-versicolor	0	2	Iris-virginica

图 6.10　SVM 测试结果展示

(2) 高斯混合聚类实验

① GMM 介绍

GMM 即高斯混合模型，理论上 GMM 可以拟合出任意类型的分布，通常用于解决同一集合下的数据包含多个不同分布的问题(或者是同一类分布但参数不一样，或者是不同类型的分布，如正态分布和伯努利分布)，如图 6.11 所示，只用一个分布描述数据的话显然不合理。

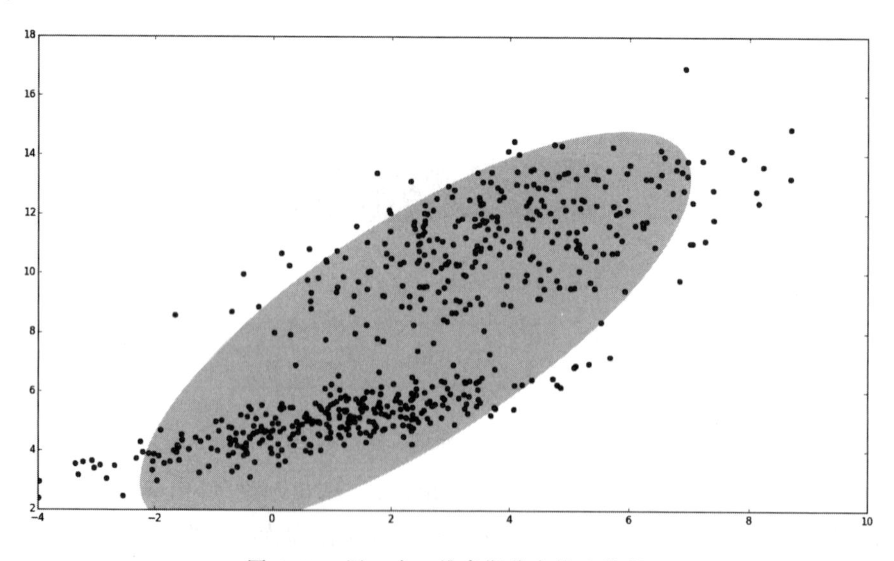

图 6.11　用一个二维高斯分布描述数据

更合理的做法是用两个不同的正态分布描述图中所有点，并对这两个二维高斯分布做线性组合，用线性组合后的分布来描述整个集合中的数据，如图 6.12 所示，这就是高斯混合模型。

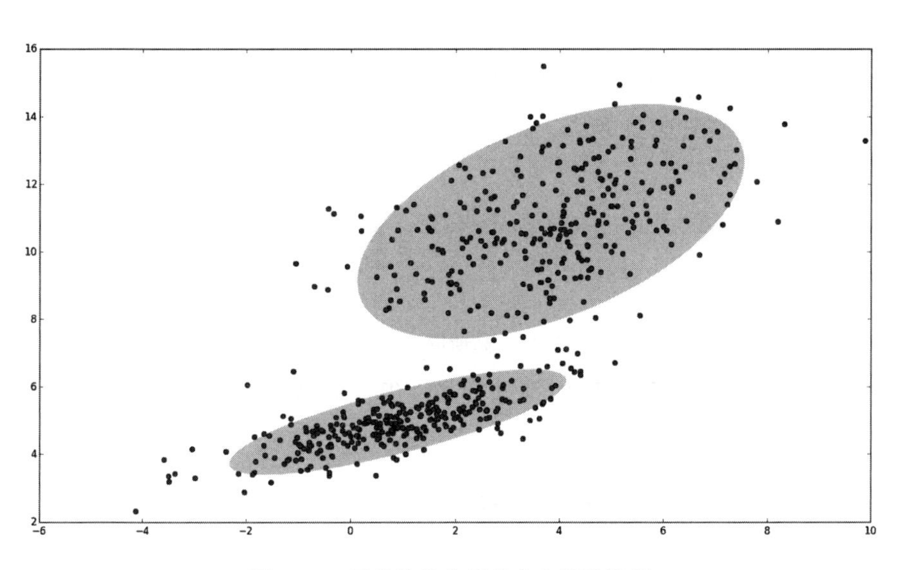

图 6.12 用线性组合后的分布描述数据

高斯混合聚类与 k 均值聚类不一样的是，k-means 计算的是簇心的位置，而 GMM 计算的是各个高斯分布的参数。GMM 采用概率模型来表达聚类原型，通过计算似然函数的最大值实现分布参数的求解。高斯分布的概率密度函数如下所示：

$$P(\boldsymbol{x}) = \frac{1}{(2\pi)^{\frac{n}{2}} \left| \sum \right|^{\frac{1}{2}}} \mathrm{e}^{-\frac{1}{2}(\boldsymbol{x}-\boldsymbol{\mu})^{\mathrm{T}} \boldsymbol{\Sigma}^{-1} (\boldsymbol{x}-\boldsymbol{\mu})} \tag{6.7}$$

其中 $\boldsymbol{\mu}$ 是 n 维均值向量，$\boldsymbol{\Sigma}$ 是 n 维的协方差矩阵，将概率密度函数记为 $p(\boldsymbol{x} | \boldsymbol{\mu}, \boldsymbol{\Sigma})$，则高斯混合分布如下所示：

$$\mathrm{pM}(\boldsymbol{x}) = \sum_{i=1}^{k} a_i \cdot p(\boldsymbol{x} \mid \mu_i, \Sigma_i) \tag{6.8}$$

该分布共有 k 个混合成分，每个成分对应一个高斯分布，其中 μ_i 和 Σ_i 是第 i 个高斯混合成分的参数，a_i 为相应的混合系数。若样本的生成过程由高斯混合分布给出：首先，根据 $a_1, a_2, \cdots, a_k$ 定义的先验分布选择高斯混合成分，然后根据被选择的混合成分的概率密度函数进行采样，从而生成相应的样本。令 z_j 表示生成样本的高斯混合成分，根据贝叶斯定理，其后验分布如下所示：

$$\mathrm{pM}(z_j = i \mid x_j) = \frac{a_i \cdot p(x_j \mid \mu_i, \sum_i)}{\sum_{l=1}^{k} a_l \cdot p(x_j \mid \mu_l, \sum_l)} \tag{6.9}$$

式(6.9)给出了高斯混合成分生成的后验概率，记为 γ_{ji}，高斯混合聚类将样本集分为 k 个簇，每个样本的簇标记确定如下：

$$\lambda_j = \underset{i \in \{1, 2, \cdots, k\}}{\operatorname{argmax}} \gamma_{ji} \tag{6.10}$$

以上是高斯混合模型的基本概率刻画，对于上述模型的求解，常使用 EM 算法进行迭代优化求解，即根据当前参数来计算每个样本属于每个高斯混合成分的后验概率，随后再更新模型参数。

② 平台组件

平台为用户提供了高斯混合模型组件，用户需要在机器学习中通过拖拽高斯混合模型组件来进行使用，如图 6.13 所示。

☰ 高斯混合模型

图 6.13　高斯混合模型组件

用户在使用时应设置聚类簇数，即进行线性组合的高斯混合分布的数量，如图 6.14 所示。

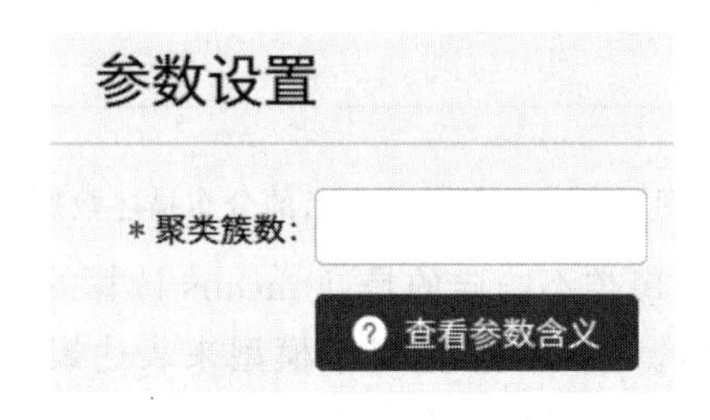

图 6.14　高斯混合模型参数配置面板

③ 实验示例

本实验采用 libsvm 格式的数据集进行聚类的测试，其格式的含义为第一列是标签列，后续每一列中都有一个冒号分隔，冒号之前的内容代表的是特征索引 index，冒号之后的内容代表的是该特征的实际值，也就是拿来训练的值。本实验将使用 GMM 进行数据的聚类操作，将数据文件上传至文件系统后的预览效果如图 6.15 所示。

```
0 1:1 2:2 3:6 4:0 5:2 6:3 7:1 8:1 9:0 10:0 11:3
1 1:1 2:3 3:0 4:1 5:3 6:0 7:0 8:2 9:0 10:0 11:1
2 1:1 2:4 3:1 4:0 5:0 6:4 7:9 8:0 9:1 10:2 11:0
3 1:2 2:1 3:0 4:3 5:0 6:0 7:5 8:0 9:2 10:3 11:9
4 1:3 2:1 3:1 4:9 5:3 6:0 7:2 8:0 9:0 10:1 11:3
5 1:4 2:2 3:0 4:3 5:4 6:5 7:1 8:1 9:1 10:4 11:0
6 1:2 2:1 3:0 4:3 5:0 6:0 7:5 8:0 9:2 10:2 11:9
7 1:1 2:1 3:1 4:9 5:2 6:1 7:2 8:0 9:0 10:1 11:3
8 1:4 2:4 3:0 4:3 5:4 6:2 7:1 8:3 9:0 10:0 11:0
9 1:2 2:8 3:2 4:0 5:3 6:0 7:2 8:0 9:2 10:7 11:2
10 1:1 2:1 3:1 4:9 5:0 6:2 7:2 8:0 9:0 10:3 11:3
11 1:4 2:1 3:0 4:0 5:4 6:5 7:1 8:3 9:0 10:1 11:0
```

图 6.15　GMM 算法数据示例

本实验中设置参数聚类簇数为 4，即训练 4 个线性组合的正态分布表示数据。搭建工作流如图 6.16 所示，其中注意加载数据时选择的文件格式为 libsvm，如图 6.17 所示。

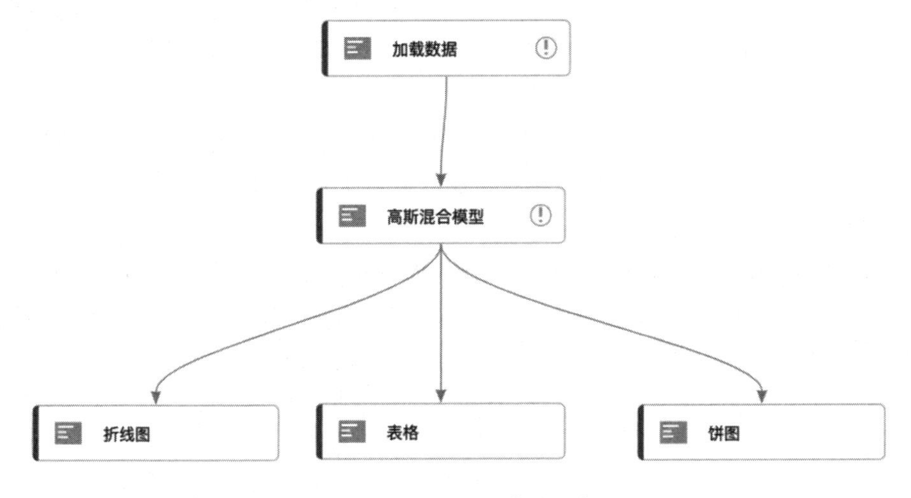

图 6.16　GMM 工作流示例

图 6.17　GMM 数据加载

结果采用可视化组件进行输出，表格输出如图 6.18 所示，可以查看到 4 个正态分布的权值、均值和方差。

gaussianMixtureId	weight	mu	sigma
0	0.08333333845392095	{"values":[1.000000092170572...	{"isTransposed":false,"numRo...
1	0.333333338453921	{"values":[2.250000003840441...	{"isTransposed":false,"numRo...
2	0.499999984638237	{"values":[2.499999999999999...	{"isTransposed":false,"numRo...
3	0.08333333845392098	{"values":[1.000000092170572...	{"isTransposed":false,"numRo...

图 6.18　GMM 算法结果展示

6.1.2 文本分析实验

(1) 文本分词实验

① 原理介绍

文本分词是在做文本挖掘时非常重要的步骤,也是首先需要做的一个事情。因为词是表达语义的最小单位,语言模型是建立在词的基础上的,所以需要先对句子做分词,才能做进一步的处理。

英文中有些词语可以通过空格或者逗号来进行分割,而一些亚洲语言(如中文、日文、韩文等)却没有明确的分界符,需要算法自己去理解以进行分词的操作。无论是中文还是英文,其分词方法都是相似的,下面简单介绍分词的基本原理。

最简单的方法就是通过一个大词典来进行语料的相互匹配,该方法采用一定的策略,将待匹配的词句与已经存在的一个词典库中的词进行匹配查找。例如:把句子扫描一遍,若碰到词典库中的词就标示出来,遇到复合词汇就寻找最长匹配,如"北京邮电大学"不会匹配为"北京-邮电大学";若遇到词典库中没有的词就分割成单个字符。这种方法简单有效,得到了广泛应用,但这种方法明显的一个不足是无法处理二义性词汇,如"美国防高级计划局"应该分词为"美-国防-高级计划局",而不是"美国-防-高级计划局"。

更优的方法是使用统计语言模型方法[64]或神经网络模型方法[65]进行自然语言处理,统计语言模型基本的思路是对训练集进行标注训练,训练的过程中不仅考虑每个词语出现的频率,同时考虑句子中的前后文关系,使用不同分词方法进行分词,再用统计语言模型计算出每种分词方法后句子出现的概率,概率最大的就是最好的分词方法。虽然利用统计语言模型进行分词的效果非常好,甚至可以达到比人工更好的效果,但是也不是百分百准确的,因为语言中总会存在二义性词汇。

② 平台组件

平台在加载文本数据时已经自动进行分词的处理,便于后续实验的进行,用户在加载数据中拖拽加载文本文件组件便可进行自动的分词处理,如图 6.19 所示。

图 6.19 加载文本文件组件

③ 实验示例

本实验数据包含 7 个主题的相关项目文档,如"信息域能力增强""先进网络与信息传输等"。实验数据存放在一个文件夹下,该文件夹中根据不同的主题分为 7 个子文件夹,每个子文件夹下包含多个 txt 文件,文件上传至平台后其中一个文件的预览图如图 6.20 所示。

平台的加载文本文件组件提供了自动的分词处理,搭建工作流如图 6.21 所示,其分词结果如图 6.22 所示,其中已经过滤掉了无用词,如的、了等。

其分词的结果如图 6.20 所示，其中已经过滤掉了无用词，如的、了等。

(2) 文本分类实验

① TF-IDF 算法介绍

TF-IDF(Term Frequency-Inverse Document Frequency)是用来评价数据中词语的重要程度的算法[66]，它被公认为信息检索中最重要的发明之一。一般来说，词语在数据文件中出现的频次越高，那么它越重要，但是如果这个词语本来就在我们的语料库中频繁出现，那么它的重要性可能就不是那么高，如我们常用的介词、关联词等，因此 TF-IDF 算法通过加权计算来对词语的重要性进行评级，并应用在搜索结果的展示之中。

数据预览 ×

项目名称 先进植物技术

英文及缩写 Advanced Plant Technologies，APT

负责办公室 生物技术办公室

项目经理 布莱克·贝克汀（Blake Bextine）

项目目标 控制和指导植物生理过程，以检测各类威胁

关键技术 植物传感技术

基因编辑技术

数据建模技术

承研单位及主要负责人 田纳西大学农业合成生物学中心

一、概述

2017年11月，美国防高级研究计划局（DARPA）生物技术办公室（BTO）启动"先进植物技术"（Advanced Plant Technologies，APT）项目，将控制和指导植物生理过程，以检测各类威胁。

二、项目背景

图 6.20　文本分词实验数据示例

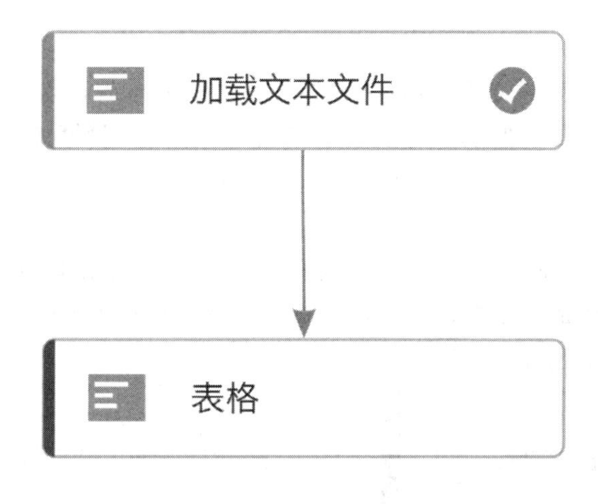

图 6.21　文本分词工作流示例

展示组件输出结果 X

选择展示的行数 0

关键 技术 植物 传感 技术 基因 编辑 技术 数据 建模 技术 承研 单位 负责人 田纳西 大学 农业 合成 生物学 中心 一 概 述 年月 美国 防 高级 研究计划 局 DARPA 生物技术 办公室 BTO 启动 先进 植物 技术 AdvancedPlantTechnologiesAPT 项目 控制 指导 植物 生理 过程 检测 威胁 项目 背景 APT 项目 开发 工程化 生物 传感器 平台 检测 威胁 化学 物质 辐射 爆炸物 独特 信号 传递 国防部 现有 地面 空中 空间 设备 被动 监控 威胁 受 传感器 能量 需求 限制 传统 方法 不同 生物 传感器 实际上 能量 无关 增加 分布 广泛性 环境 稳健 性 项目 目标 APT 项目 目标 控制 指导 植物 生理 过程 检测 化学 生物 放射性 核威胁 电磁 信号 项目 开发 植物 传感器 感知 刺激 报告 信号 研究 内容 APT 项目 方面 研究 任务 识别 测试 整合 植物 遗传 成分 设计 合适 基因序列 传感器 信号 转导 元件 响应 表现 型 产生 途径 感知 报告 性状 导入 植物 调整 植物 资源 收集 分配 支持 感知 报告 特性 研究 人员 修改 植物 基因 收集 能量 营养物质 水分 物质 确保 植物 感知 报告 能力 物质 会 植物 感知 报告 目标 刺激 能力 产生 影响 预期 环境 中 增强 植物 长期 感知 报告 能力 加强 物种 相互作用 修改 植物 特征 增强 环境 中的

label	
信息域能力增强	...ncedPlantTechnologiesAPT 负责 办公室 生...
信息域能力增强	...缩写 AllSignalTacticalRealtimeAnalyserASTR...
信息域能力增强	...MilitaryTacticalMeansMTM 负责 办公室 战略 ...
信息域能力增强	...gTargetRecognitionMTR 负责 办公室 战略 技...
信息域能力增强	...hereasaSensorAtmoSense 负责 办公室 国防...
信息域能力增强	...PersistentAquaticLivingSensorsPALS 负责 办...
信息域能力增强	...写 AgileSmallSatelliteExperimentalTelescope...
信息域能力增强	...nce 负责 办公室 战略 技术 办公室 项目 经理 ...
信息域能力增强	...责 办公室 战略 技术 办公室 项目 经理 未 披...

图 6.22　文本分词结果示例

很容易发现,如果某个词语在一篇文章中出现的频率高,而在其他文章中出现的频率很低,那么这个词语具有重要的分类能力,其权重也就应该大;如果一个词语在大量文章中出现,但看到它对文章内容贡献不大,那么它的权重就应该小。关键词词频(Term Frequency, TF)的计算如下所示:

$$\mathrm{tf}_{ij}=\frac{n_{i,j}}{\sum_{k} n_{k,j}} \tag{6.11}$$

其中 $n_{i,j}$ 为某一类词语在文件中出现的次数,$\sum_{k} n_{i,j}$ 为所有的词条数目。而光有 TF 并不能判断词语的重要程度,还需要逆向文件频率(Inverse Document Frequency, IDF),简单来说 IDF 的概念就是一个在特定条件下关键词的概率分布的交叉熵:

$$\mathrm{idf}_i=\lg \frac{|D|}{|\{j: t_i \in d_j\}|} \tag{6.12}$$

其中 $|D|$ 为语料库中的文件总数,式(6.12)等号右边的分母为包含词语的文件数目,为了避免分母为 0,往往对分母进行加一的操作,最终的 TF-IDF 计算如下:

$$\mathrm{tfidf}_{i,j}=\mathrm{tf}_{i,j} \cdot \mathrm{idf}_i \tag{6.13}$$

② 平台组件

平台提供了词频-逆向文件频率组件,在分词完成后构造语料库,评估每个单词对文章的重要程度,最终生成一个向量来描述文章。用户需要在机器学习中拖拽词频-逆向文件频率来进行实验,如图 6.23 所示。

词频-逆向文件...

图 6.23　词频-逆向文件频率组件

用户需要进行相应的参数配置,如图 6.24 所示。

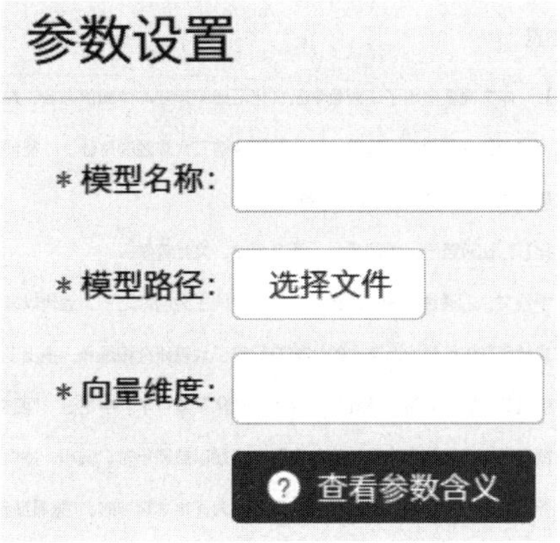

图 6.24 TF-IDF 实验参数配置面板

具体的参数说明如表 6.2 所示。

表 6.2 TF-IDF 实验参数说明

参数	说明
模型名称	设置模型保存名称
模型路径	设置模型保存路径
向量维度	设置模型计算过程中的向量维度

根据设置的向量维度,组件会生成不同尺寸的向量来表示文章,如图 6.25 所示。

图 6.25 生成的文章向量

③ 实验示例

本实验数据包括历史、哲学、教育、体育、法律、艺术等 20 个主题的相关文章,每个主题大约有 40~60 篇中文文章。实验数据放在一个文件夹下,便于使用加载文本文件组件读入,该文件夹中根据不同主题分为 20 个子文件夹,每个文件夹下面均包含多个文件,每个文件的后缀为 txt,这些文件共同作为实验的语料库,将文件上传至平台后进行预览,其中一个文件的预览图如图 6.26 所示。

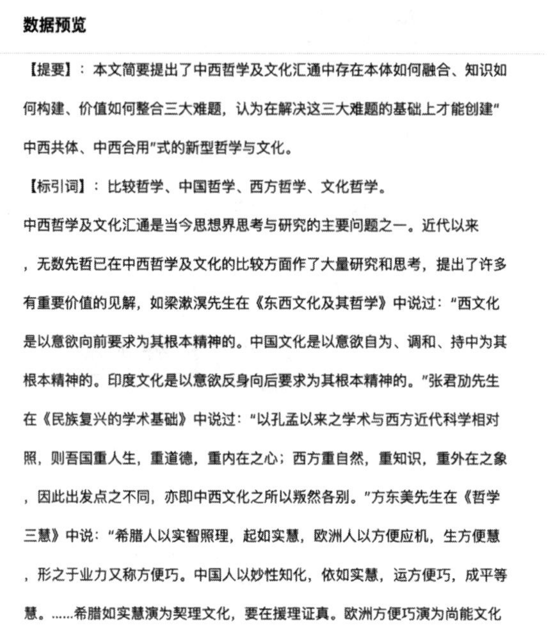

数据预览

【提要】：本文简要提出了中西哲学及文化汇通中存在本体如何融合、知识如何构建、价值如何整合三大难题，认为在解决这三大难题的基础上才能创建"中西共体、中西合用"式的新型哲学与文化。

【标引词】：比较哲学、中国哲学、西方哲学、文化哲学。

中西哲学及文化汇通是当今思想界思考与研究的主要问题之一。近代以来，无数先哲已在中西哲学及文化的比较方面作了大量研究和思考，提出了许多有重要价值的见解，如梁漱溟先生在《东西文化及其哲学》中说过："西文化是以意欲向前要求为其根本精神的。中国文化是以意欲自为、调和、持中为其根本精神的。印度文化是以意欲反身向后要求为其根本精神的。"张君劢先生在《民族复兴的学术基础》中说过："以孔孟以来之学术与西方近代科学相对照，则吾国重人生，重道德，重内在之心；西方重自然，重知识，重外在之象，因此出发点之不同，亦即中西文化之所以叛然各别。"方东美先生在《哲学三慧》中说："希腊人以实智照理，起如实慧，欧洲人以方便应机，生方便慧，形之于业力又称方便巧。中国人以妙性知化，依如实慧，运方便巧，成平等慧。……希腊如实慧演为契理文化，要在援理证真。欧洲方便巧演为尚能文化

图 6.26　文本分类实验数据示例

本实验中文章向量维度参数设置为 500，工作流示例如图 6.27 所示。图 6.27 的左侧是训练工作流，首先加载文本文件进行分词，然后使用词频-逆向文件频率组件统计词频、逆向文档频率，以得出文本表示向量，最后使用逻辑回归作为分类器进行分类；右侧是测试工作流，使用训练好的模型搭建而成。

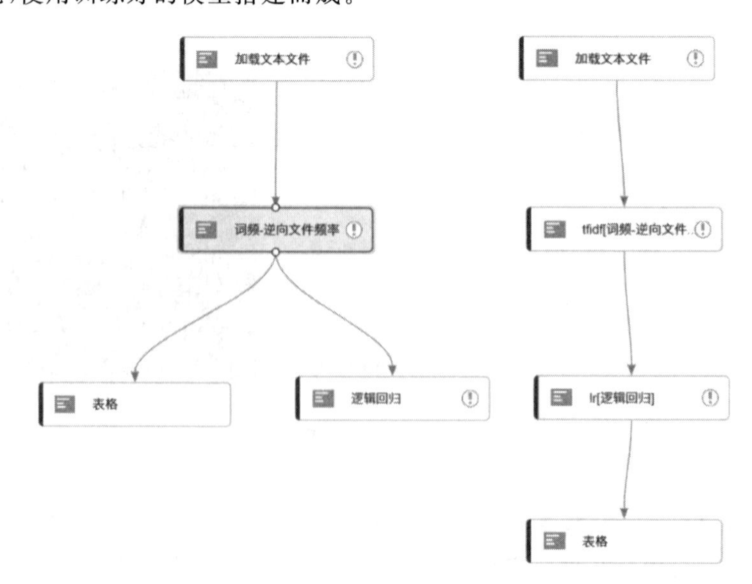

图 6.27　文本分类工作流示例

拖动可视化组件进行实验结果展示，如图 6.28 所示，其中 feature 字段为文章表示向量，label 为文章的类别，indexedlabel 为文章类别标号，predictedLabel 为预测出的类别，prediction 为预测出的类别标号。同 SVM 模型一样，该模型效果也会受到参数的影响，调整文章表示向量的长度，选择不同的分类器，调整分类器训练的迭代次数、正则化项等都会影响训练出的模型效果。

选择展示的行数 20

feature	label	indexedlabel	prediction	predictedLabel
{"indices":[1,4,7,9,10,12,18,...	C15-Energy	15	15	C15-Energy
{"indices":[23,25,29,43,48,5...	C15-Energy	15	2	C23-Mine
{"indices":[2,3,4,8,15,16,18,...	C15-Energy	15	15	C15-Energy
{"indices":[0,1,2,3,4,6,7,8,10,...	C15-Energy	15	2	C23-Mine
{"indices":[1,4,7,9,10,12,18,...	C15-Energy	15	15	C15-Energy
{"indices":[2,4,7,11,16,17,19...	C15-Energy	15	9	C32-Agriculture
{"indices":[2,4,7,12,16,22,25...	C15-Energy	15	2	C23-Mine
{"indices":[4,12,17,21,22,25,...	C15-Energy	15	6	C17-Communication

图 6.28 文本分类实验结果展示

6.1.3 协同过滤实验

① 协同过滤算法介绍

Alternating Least Square(ALS)是一种常用的协同过滤推荐算法。协同过滤算法的主要思想是“物以类聚，人以群分”，即根据拥有共同经验的群体来为用户推荐感兴趣的信息，可以有基于用户的协同过滤和基于物品的协同过滤。相较于传统的文本过滤，协同过滤算法可以发现音乐、艺术等难以推荐的信息，并且能够将难以表达的概念进行过滤推荐，算法根据已有的信息来进行推荐，如图 6.29 所示。

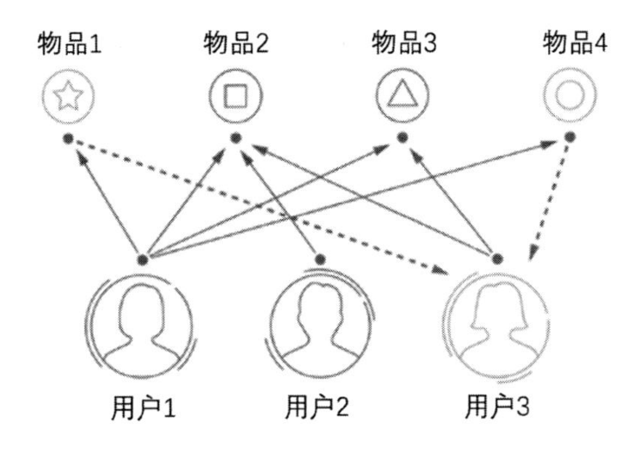

图 6.29 协同过滤算法推荐

协同过滤算法将已有的信息组合成一个矩阵，如图 6.30 所示。

电影	用户			
	小红	王五	张三	李四
我和我的祖国	5	5	0	0
长津湖	5	?	?	0
战狼2	?	4	0	?
我和我的父辈	0	0	5	4
我和我的家乡	0	0	5	?

图 6.30　用户电影评分矩阵

图 6.28 记录着 4 个用户对 5 部电影的评分，协同过滤算法通过计算相似度来进行电影推荐。在相似度的计算方法上，存在以下 3 种不同的方法。

基于余弦相似度的计算如下所示：

$$\mathrm{sim}(x,y)=\cos(\boldsymbol{x},\boldsymbol{y})=\frac{\boldsymbol{x}\cdot\boldsymbol{y}}{\|\boldsymbol{x}\|\cdot\|\boldsymbol{y}\|} \tag{6.14}$$

基于皮尔逊相关系数的计算如下所示：

$$\mathrm{sim}(x,y)=\frac{\sum_{i=1}^{n}(x_i-\bar{x})(y_i-\bar{y})}{\sqrt{\sum_{i=1}^{n}(x_i-\bar{x})^2}\sqrt{\sum_{i=1}^{n}(y_i-\bar{y})^2}} \tag{6.15}$$

基于欧氏距离的相关度计算如下所示：

$$\mathrm{sim}(x,y)=\frac{1}{1+\sqrt{\sum_{i=1}^{n}(x_i-y_i)^2}} \tag{6.16}$$

其中：$\boldsymbol{x}=(x_1,x_2,\cdots,x_n)$，$\boldsymbol{y}=(y_1,y_2,\cdots,y_n)$，两者分别表示用户 x 和 y 对几个商品的评分；$\bar{x}=\frac{1}{n}\sum_{i=1}^{n}x_i$，$\bar{y}=\frac{1}{n}\sum_{i=1}^{n}y_i$。

既可以基于用户也可以基于物品来利用向量相似度的计算进行加权排序，以此来实现物品的推荐。

② 平台组件

平台提供了交替最小二乘法组件，用户在机器学习中拖拽交替最小二乘法组件来进行实验，如图 6.31 所示。

图 6.31　交替最小二乘法组件

用户需要进行参数的配置，如图 6.32 所示。

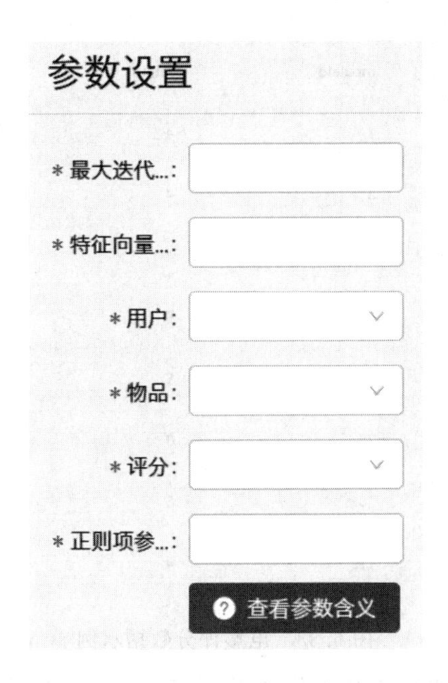

图 6.32 协同过滤实验参数配置面板

具体的参数说明如表 6.3 所示。

表 6.3 协同过滤实验参数说明

参数	说明
最大迭代次数	算法的最大迭代次数
特征向量维度	矩阵分解后的隐藏维度
用户	用户列
物品	物品列
评分	用户对物品的评分列
正则项参数	设置正则项的参数,防止整个训练过程过拟合

③ 实验示例

本实验数据采用的是用户对电影的评分,共有 100 836 行数据,其中包含 610 个用户对不同电影的评分数据,共有 4 列,分别为 userId、movieId、rating、timestamp,它们分别记录用户 id、电影 id、用户对该电影的评分以及时间戳数据。通过观察训练集中所有用户对电影的评分,来预测用户对电影的喜好程度并打出喜好分数,将文件数据上传至平台后进行预览,如图 6.33 所示。

首先进行组件的参数配置,该实验的参数配置如图 6.34 所示,其中最大迭代次数设置为 10,特征向量纬度设为 201,正则化项设置为 1,用户在本实验数据集中设置为 userId,物品设置为 movieId,评分设置为 rating。

userId	movieId	rating	timestamp
1	1	4	964982703
1	3	4	964981247
1	6	4	964982224
1	47	5	964983815
1	50	5	964982931
1	70	3	964982400
1	101	5	964980868
1	110	4	964982176

图 6.33　电影评分数据示例

参数配置完成之后搭建相应的工作流并运行，工作流示例如图 6.35 所示，其中在交替最小二乘法组件中，会自动对数据做切分，使用其中的 80%的数据进行训练，再使用剩下 20%的数据进行测试。

图 6.34　协同过滤实验参数配置

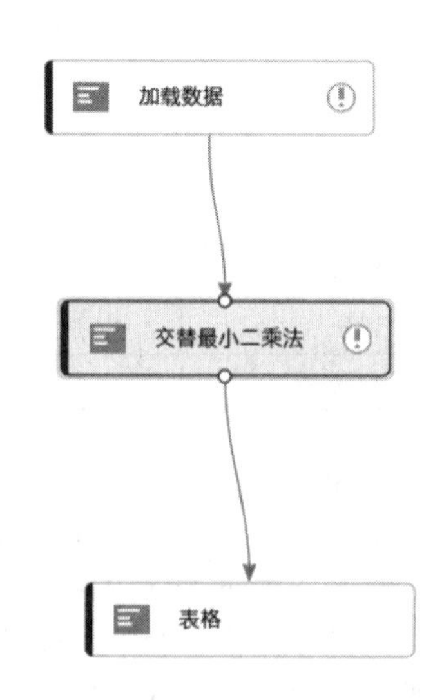

图 6.35　协同过滤实验工作流示例

将实验结果通过可视化组件展示，查看在测试数据集中预测用户对电影的评分，其中 prediction 表示预测的该用户对电影的喜好程度。表格和散点图展示如图 6.36 和图 6.37 所示。

选择展示的行数 20

userId	movieId	rating	timestamp	prediction
176	471	5	840109075	2.8027241
57	471	3	969753604	2.417077
273	471	5	835861348	2.818723
385	471	4	850766697	2.3962877
426	471	5	1451081135	2.5817795
492	833	4	863976674	1.3679879

图 6.36　协同过滤实验结果表格展示

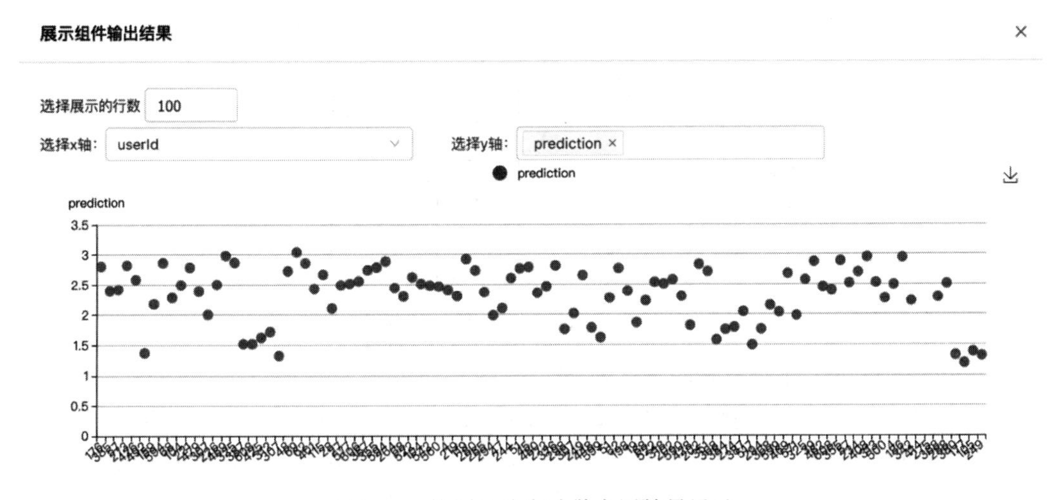

图 6.37　协同过滤实验散点图结果展示

6.2　复杂网络分析实验

网络是对现实世界的一种抽象，节点表示现实数据中的对象，边表示对象之间的关联关系。通过这种抽象可以将现实中的复杂系统描述为统一的形式，进而方便人们研究内在规律，发现其中隐藏的知识。网络科学以图论为数学基础。

真实世界中蕴含了各种各样的网络数据，这些网络数据包含了结构化数据，如数据对象的属性信息，同时也包含了非结构化数据，如数据对象的关联关系，在计算机世界中使用网络科学对网络数据进行建模与分析。网络中节点之间的边构成了网络的拓扑结构。同时，有些真实网络除了包含拓扑结构外，还包含了节点的属性和行为等产生的丰富信息，我们将此类网络称为复杂网络。复杂网络包含了多种类型的网络，既包含由拓扑结构组成的网络，也包含由拓扑结构和节点属性、文本信息、时间信息等组成的网络。从挖掘知识的角度理解，复杂网络包含多类待挖掘的知识，如社团结构、重要节点和主题信息等。

随着计算能力、存储设备和互联网的发展，人们获取和存储数据的能力越来越强，网络科学在数据和需求的驱动下得到了长足的发展，同时也取得了大量与网络科学相关的研究成果，这些成果发表在高水平的期刊以及会议上[67-69]。

在现实生活中我们无时无刻不在接触着图数据。例如，社交网络、交通线路、分子结构等均构成了一个庞大的网络结构。在计算机科学领域我们将图看作一种抽象的数据结构，它由节点集合和边集合构成，同时每条边上还可能有相关的权重数值。对于图数据的存储，我们常常有邻接表与邻接矩阵两种方式。在邻接表的表示方法中对图中的每个顶点我们保存所有其他与之相连的顶点，虽然对无向图的邻接表来说，每一条边会在邻接表中存储两次，但是相较于邻接矩阵的表示方法，邻接表的表示方法已经一定程度上降低了存储消耗，因此适合稀疏图的存储，即边很少的图。一个有向图的邻接表示例如图 6.38 所示。

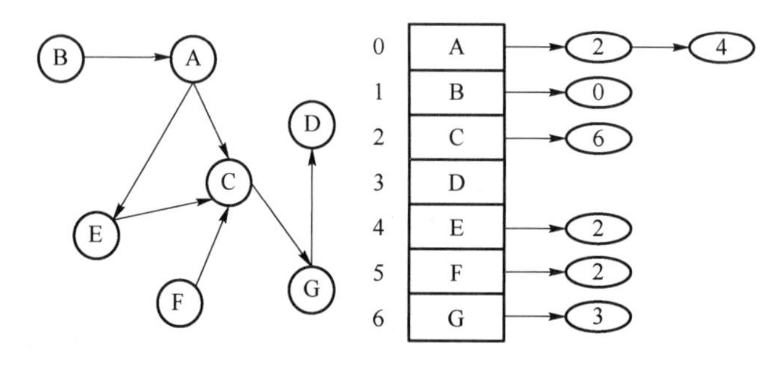

图 6.38　有向图的邻接表示例

一个图还可以用邻接矩阵的方式存储。若图 G 的顶点标签为 $v_1, v_2, \cdots, v_n$，图 G 的边集合为 $E(G)$，图 G 的邻接矩阵为 $\mathbf{A}$，那么如果 $(v_i, v_j) \in E(G)$，则 $A_{ij}=1$，否则 $A_{ij}=0$，当然对有权重的图来说，矩阵的数值可以等于权重值，而对邻接矩阵存储的方式来说，不论图中有多少条边，邻接矩阵都需要构建同样阶数的矩阵来表示边的信息，因此邻接矩阵的表示方法更适合稠密图的存储，即边比较多的图。进一步来说，邻接矩阵还有一些特殊的性质，如邻接矩阵的幂 $A^k[u][v]$ 表示从 u 到 v 的长度为 k 的路径条数，读者有兴趣可自行验证。一个有向图的邻接矩阵示例如图 6.39 所示。

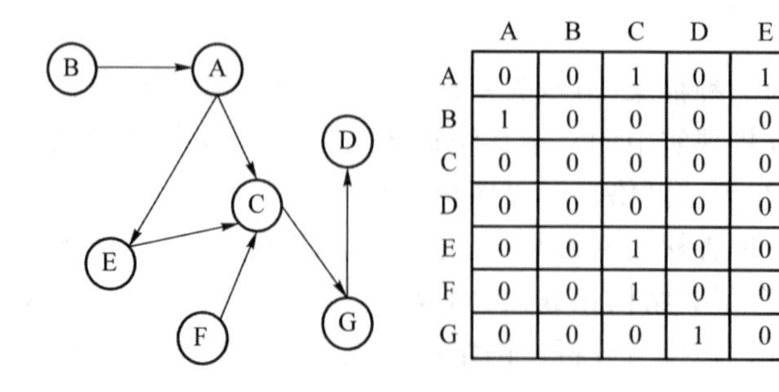

	A	B	C	D	E	F	G
A	0	0	1	0	1	0	0
B	1	0	0	0	0	0	0
C	0	0	0	0	0	0	1
D	0	0	0	0	0	0	0
E	0	0	1	0	0	0	0
F	0	0	1	0	0	0	0
G	0	0	0	1	0	0	0

图 6.39　有向图的邻接矩阵示例

6.2.1 图基本属性实验

(1) 实验说明

本实验将使用平台中复杂网络分析中的组件对图的基本属性(如节点数量、边数量、平均度和度分布、聚集系数、最大连通分量、网络直径等)进行分析说明。在图论中,图一般分为有向图和无向图,无向图的定义如下:

$$G=(V,E) \tag{6.17}$$

其中 V 是点集合,E 是边集合。边集合的定义如下:

$$E\subseteq\{\{x,y\}:(x,y)\in V^2,x\neq y\} \tag{6.18}$$

如果图的每条边都有方向,那么得到的图称为有向图,反之则称为无向图。有向图中节点所连接的边有出度与入度之分,以该节点为终点的边的个数称为入度,以该节点为起点的边个数称为出度。给定一个图 G,其度的求和公式如下:

$$\sum_{v\in V}\deg(v)=2\mid E\mid \tag{6.19}$$

连通是指两个顶点之间有路径相连,如果图中的任意两点都是连通的,那么图被称作连通图。对无向图来说,连通分量指的是该无向图的极大连通子图,连通图只有一个连通分量,即自身,而非连通图必定有多个连通分量。

网络直径是指的网络中任意两个节点之间最短距离的最大值。

而在网络中网络节点的度是指它与其他节点的连接数,度分布则是整个网络中这些度的概率分布。对于每个非负整数 m,度分布考查的是度数为 m 的顶点在所有顶点中所占的比例:

$$\forall m\in N,P:m\rightarrow P(m)=\frac{\mathrm{Card}\{v_i\mid d(v_i)=m\}}{n} \tag{6.20}$$

其中 $d(v_i)$为某个顶点的度,同时式(6.20)满足 $\sum_{m\in N}P(m)=1$。

平均度用来衡量边数与节点数的比值,聚集系数则是对图中节点倾向于聚集在一起的程度的度量。全局聚集系数计算基于节点的三元组,其表示为封闭三元组占三元组总数的比,由于图中每一个三角形结构可产生 3 个封闭三元组,因此全局聚集系数可表示为

$$C_{\mathrm{total}}(G)=\frac{3G_{\Delta}}{3G_{\Delta}+G_{\Lambda}} \tag{6.21}$$

其中 G_{Δ} 为图中闭三元组的个数,G_{Λ} 为图中开三元组的个数。

(2) 实验步骤

在平台复杂网络分析中拖拽组件进行工作流搭建,本实验采用图数据源中的随机网络组件,设置顶点数量为 10 个,连边概率为 0.3,得到的图如图 6.40 所示。

分别拖拽最大连通分量组件、网络直径组件、网络分析组件并运行工作流,工作流如图 6.41 所示。

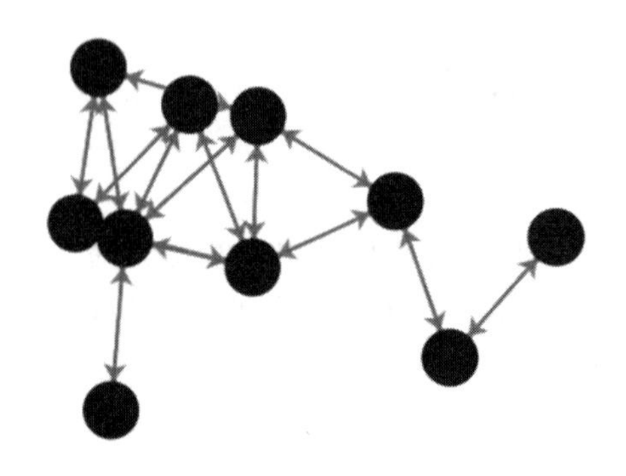

图 6.40　随机网络生成示例

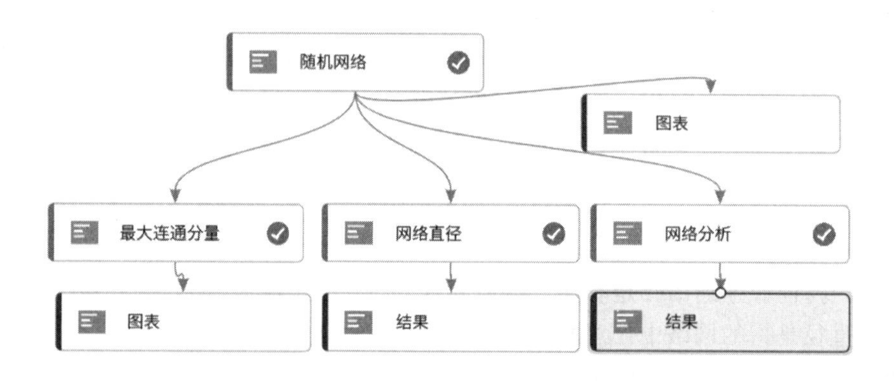

图 6.41　图基本属性实验工作流示例

(3) 实验结果

对于一个网络，首先我们关注它的顶点数与边数量，这是网络最基本的属性。由网络分析组件得到结果，该网络共有 10 个顶点，即 vertexNumber 的值，与我们生成随机网络时设定的顶点数相吻合。该网络共有 15 条边数量，即 edgeNumber 的值。clusteringCoefficient 是网络的聚集系数。在大多数现实世界的网络中，尤其是在社交网络中，节点往往会创建以相对高密度关系为特征的紧密结合的群体，聚集系数是对网络中节点倾向于聚集在一起的程度的度量。该网络的聚集系数为 0.03 左右。avgDegree 是平均度，指的是边数与节点相应的比值，该网络为 3。网络分析的结果图如图 6.42 所示。

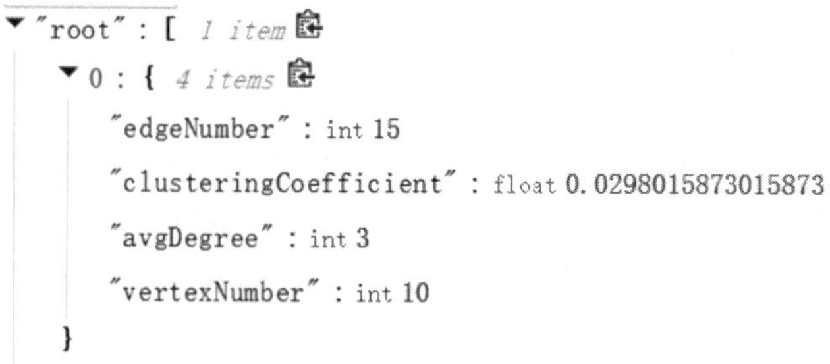

"root" : [1 item
  0 : { 4 items
    "edgeNumber" : int 15
    "clusteringCoefficient" : float 0.0298015873015873
    "avgDegree" : int 3
    "vertexNumber" : int 10
  }

图 6.42　网络分析的结果图

网络直径是网络中一个非常重要的度量，指的是网络中任意两节点之间距离的最大值。该网络直径为3，起点为节点4，终点为节点9，如图6.43所示。

▼"root" : [1 item
▼0 : { 3 items
"maxLengthDst" : int 9
"maxLengthSrc" : int 4
"network_diameter" : int 3
}

图6.43 网络直径的结果图

该网络的最大连通分量的结果图如图6.44所示。

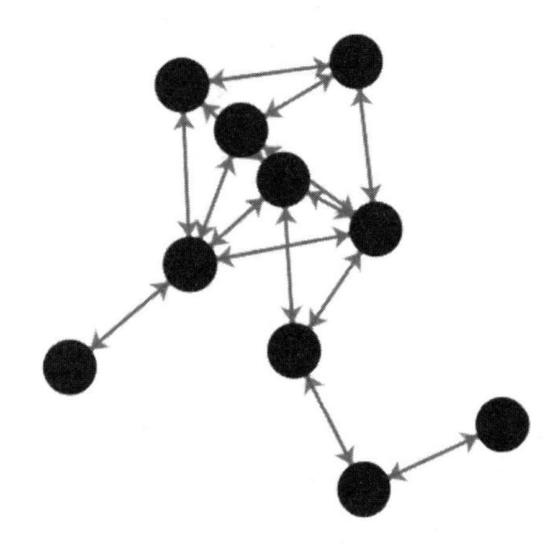

图6.44 最大连通分量的结果图

6.2.2 社团发现实验

(1) 实验说明

社团发现是能有效地检测复杂网络中社团结构（即稠密的模块结构）的一类方法，在生活中得到了广泛应用。例如，对于全民织网的社会化信息平台，其个性化服务的关键在于对用户进行准确的群体划分，对于社会化网络，发现其社团特征有利于研究社会活动规律，预测社会化网络的行为。社团结构可以是很多其他研究的基础，将社团因素考虑进去之后，可以提升算法的准确率或效率，如联合社团发现与链路预测[70]、社团中的情感分析[71]、最具影响力的社团发现[72]、考虑社团因素的推荐方法等[73]。

Louvain算法[74]是基于层次聚类的一种社团发现方法，其算法流程主要包括两个步骤，这两个步骤迭代执行，直至算法稳定（所有子社区模块度相加值不变），如图6.45所示。

① 将每个节点视作一个单独的社区，随后尝试将每一个节点加入能够使模块度提升

最大的社区中,直至所有节点都不再变化。

② 将社区归并为超节点,重新构建网络。

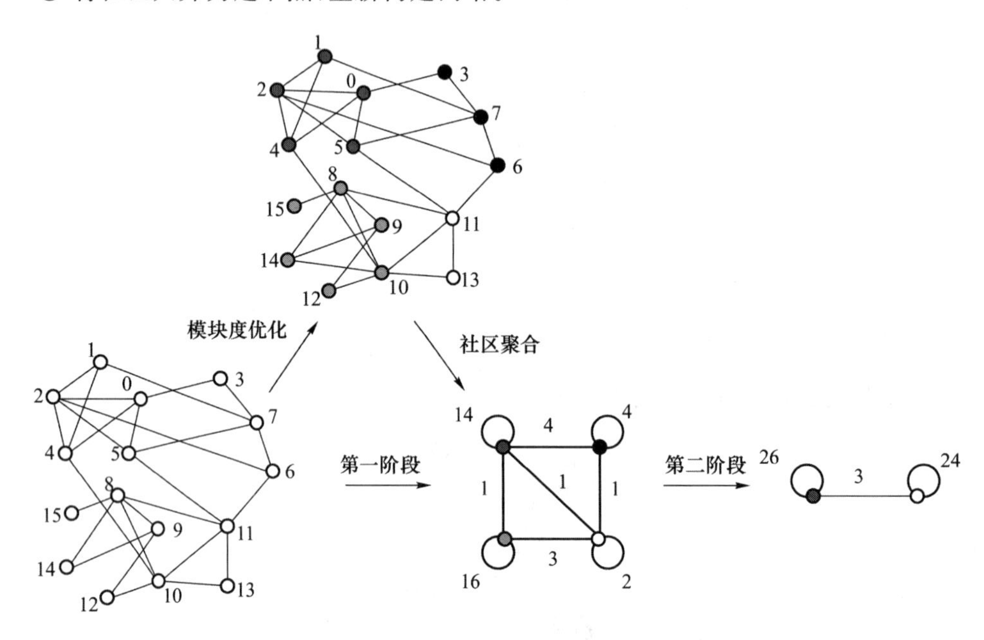

图 6.45 Louvain 算法执行流程

(2) 实验步骤

许多经验网络图都展示出了小世界现象[75],如互联网架构、社交网络、基因网络等。本实验采用具有一定小世界特性的经典数据集 Zachary's karate club,该数据集表示了一个大学空手道俱乐部的社交关系图,在社团发现学术领域被广泛使用。该网络比较简单,共 34 个节点,78 条无向边,网络可视化结果如图 6.46 所示。

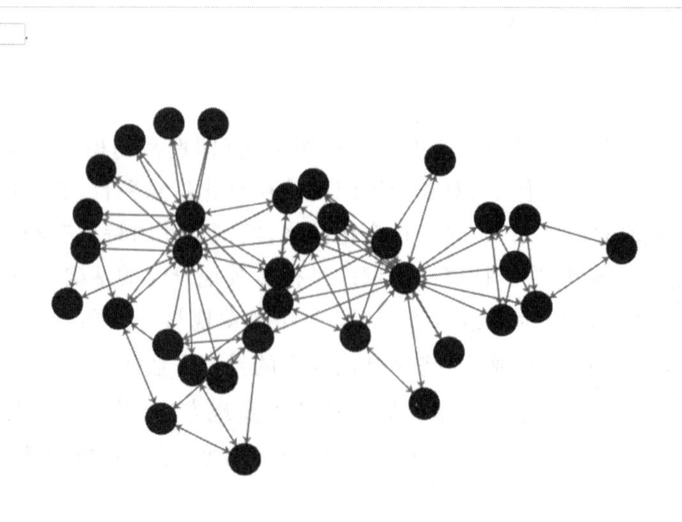

图 6.46 Zachary's karate club 网络可视化表示

拖拽 louvain 组件进行工作流的搭建，并采用相应的图表可视化工具进行结果的输出，社团发现工作流示例如图 6.47 所示。

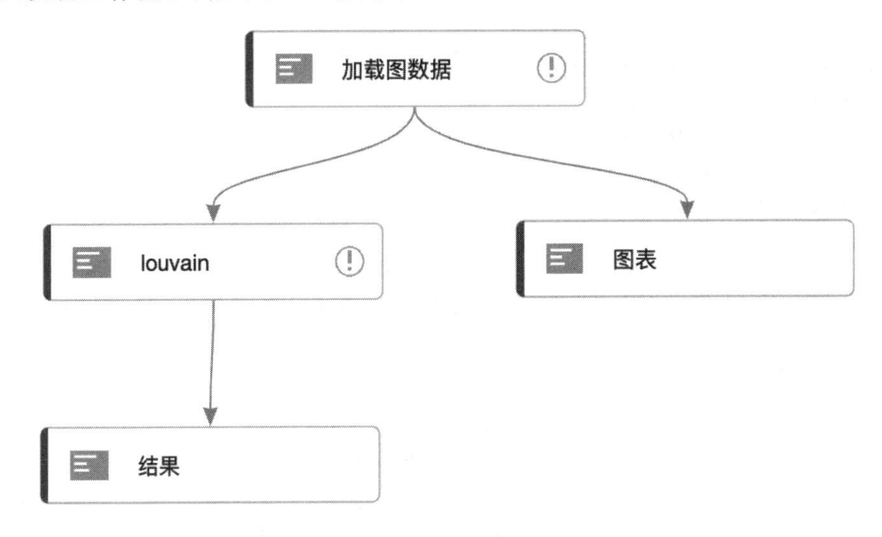

图 6.47　社团发现工作流

算法收敛后输出的结果如图 6.48 所示，其中 clusterId 为节点被划分到的社团 Id。可以看出，所有节点被划分到了 3 个社团群体中。

```
"clusterId":0, "nodes":[1,2,3,4,5,6,7,8,11,12,13,17,18,22]
"clusterId":1, "nodes":[9,10,14,15,16,19,20,21,23,24,27,30,31,33,34]
"clusterId":2, "nodes":[25,26,28,29,32]
```

图 6.48　社团发现图表结果

6.2.3　最小生成树实验

（1）实验说明

对于最小生成树，所谓的最小是指在连通网中所有生成树中边的权重和最小的生成树。对于最小生成树算法，有两个经典的算法——Kruskal 算法和 Prim 算法。Kruskal 算法的思想是以边为主要的选择对象进行最小生成树的建立，即每次都选择当前可用的最小权值的边，这里的可用指的是如果当前选择的边的两个顶点落在不同的连通分量上则可以选用，否则不可以选用，直接舍去该边。Kruskal 算法的伪代码如图 6.49 所示。

Kruskal 算法

Prim 算法基于一种贪婪的思想，把注意点更加放在顶点上进行最小生成树的构建，首先随机选择一个顶点开始，寻找与该顶点权值最低的边相邻的顶点进行连接，然后将连接上的顶点加入顶点集中，每次寻找顶点集中权值最小的边相邻的顶点进行连接，直到所有顶点都连接完毕。Prim 算法的流程如图 6.50 所示。

Prim 算法

最小生成树:Kruskal 算法

1. 初始:$F:=\varnothing$
2. 对于图中的顶点 $v\in G.V$,将 v 加入森林 F 中
3. 对于所有的边 $(u,v)\in G.E$,按照权重递增排序
4. 对于已排序的边,重复以下操作:
   如果 u 和 v 不在同一棵子树中
      $F:=F\cup\{(u,v)\cup\{(v,u)\}\}$
      将 u 和 v 所在的子树合并
5. 输出:返回 F

图 6.49　Kruskal 算法的伪代码

最小生成树:Prim 算法

1. 输入:一个加权连通图,其中顶点集合为 V,边集合为 E
2. 初始化:$V_{new}=\{x\}$,其中 x 为集合 V 中的任一节点(起始点),$E_{new}=\{\}$
3. 重复下列操作,直到 $V_{new}=V$:
   a. 在集合 E 中选取权值最小的边(u,v),其中 u 为集合 V_{new} 中的元素,而 v 是 V 中没有加入 V_{new} 的顶点
   b. 将 v 加入集合 V_{new} 中,将(u,v)加入集合 E_{new} 中
4. 输出:使用集合 V_{new} 和 E_{new} 描述得到的最小生成树

图 6.50　Prim 算法的流程

(2) 实验步骤

使用随机权重网络组件构建该实验所用到的网络,为了使得该网络尽量为连通的网络以便于后续最小生成树的实现,在随机权重网络的参数设置中我们将顶点数设为 10 个,连边概率设为 0.3,最大权重值设为 10,得到的网络如图 6.51 所示。

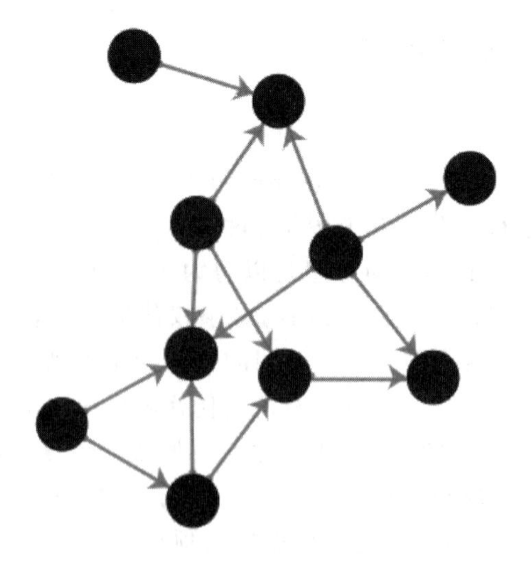

图 6.51　随机权重网络

拖拽最小生成树组件进行工作流的搭建,并使用图表可视化工具进行结果的可视化

展示，最小生成树的工作流如图 6.52 所示。

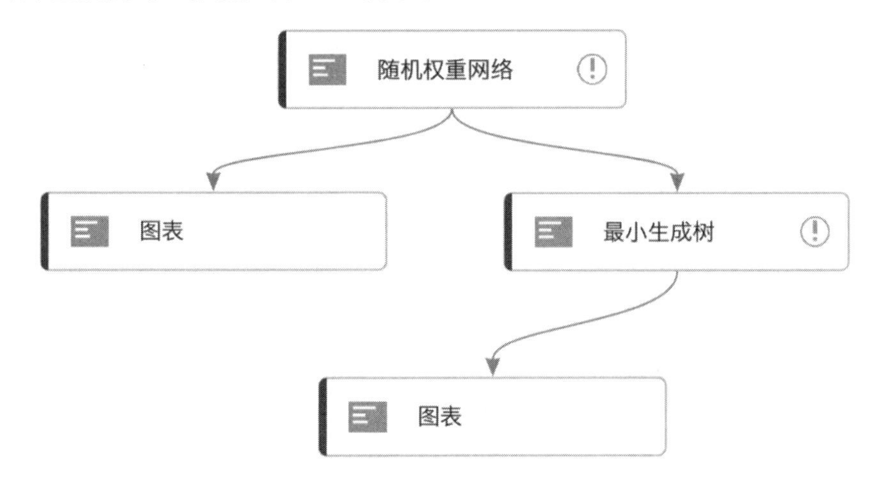

图 6.52 最小生成树流程图

得到的最小生成树结果图如图 6.53 所示。

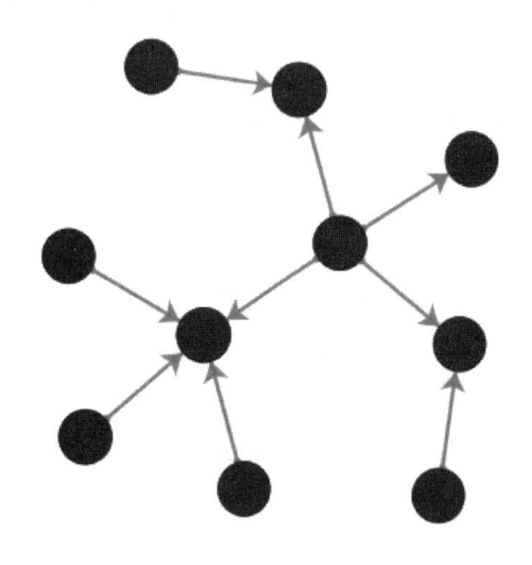

图 6.53 最小生成树结果图

6.3 在线编程实验

上文介绍的所有平台实验都是通过图形界面构建完成的，在简洁直观、使用门槛低的背后是灵活性和执行效率的牺牲。平台提供在线编程模块，预搭建了 Python 环境并集成了 sklearn 等常用机器学习依赖包，用户可以灵活组织和进行实验，能够尝试更加丰富的机器学习算法，在更多样化的数据集上进行数据挖掘和分析。本节提供两个范例，分别展示聚类的 *k*-means 算法和分类的 SVM 算法的编程实现以及结果可视化。

sklearn 官方样例

进入在线编程模块后的界面如图 6.54 所示。

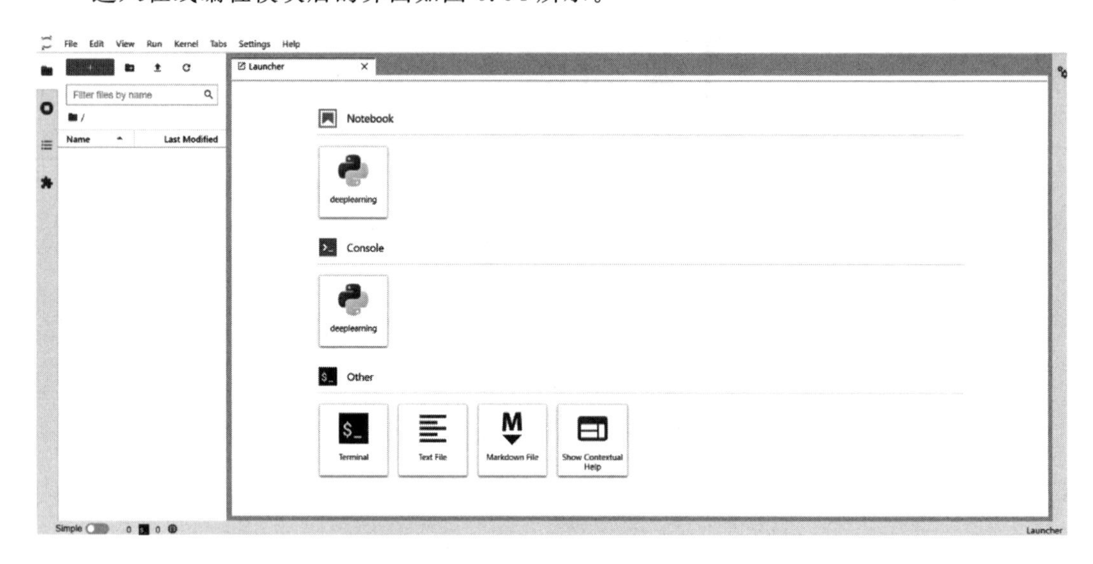

图 6.54　在线编程模块界面

6.3.1　*k*-means 算法编程实验

首先创建一个新的 Notebook，接着导入该实验所需要的依赖包。导入 numpy 库来支持算法实现过程中的各种数组与矩阵运算，导入 matplotlib. pyplot 库来支持可视化过程中的图形绘制，导入 Axes3D 包来进行 3D 绘图操作，并且导入 sklearn 中的 *k*-means 算法以及 sklearn 提供的数据集 datasets，如图 6.55 所示。

```
import numpy as np      #导入numpy库来支持各种数组与矩阵运算
import matplotlib.pyplot as plt      #导入matplotlib.pyplot库来支持图形绘制
from mpl_toolkits.mplot3d import Axes3D    #导入Axes3D库来支持3D绘图
from sklearn.cluster import KMeans       #导入sklearn中的KMeans算法
from sklearn import datasets             #导入sklearn中提供的数据集
```

图 6.55　包导入代码

随后导入本实验所用到的鸢尾花数据集，并使用 X 来表示数据集中的数据部分，y 来表示数据集中的标签部分，如图 6.56 所示。

```
iris = datasets.load_iris()      #该实验使用经典的鸢尾花数据集
X = iris.data           #X为鸢尾花数据集中的数据部分，是一个（150,4）的数组
y = iris.target         #y为鸢尾花数据集中的标签部分，分别由0,1,2代表三个类别
```

图 6.56　导入数据集代码

先通过导入的包来直观地看一下原数据集，以便于与后续使用 *k*-means 算法之后的分类结果有一个直观的对比。该部分中先创建 Axes3D 对象，之后调用该对象上的方法

进行图形绘制,绘制数据集代码如图 6.57 所示。

```
fig = plt.figure(1, figsize=(4, 3))  #设置图形的编号，长度和宽度
ax = Axes3D(fig, rect=[0, 0, .95, 1], elev=48, azim=134)    #创建对象调用API

for name, label in [('Setosa', 0),
                    ('Versicolour', 1),
                    ('Virginica', 2)]:
    ax.text3D(X[y == label, 3].mean(),       #将文本添加到绘图中
              X[y == label, 0].mean(),
              X[y == label, 2].mean() + 2, name,
              horizontalalignment='center',
              bbox=dict(alpha=.2, edgecolor='w', facecolor='w')) # 重新排列标签以使其颜色与聚类结果匹配

y = np.choose(y, [1, 2, 0]).astype(float)
ax.scatter(X[:, 3], X[:, 0], X[:, 2], c=y, edgecolor='k')         #创建散点图

ax.w_xaxis.set_ticklabels([])
ax.w_yaxis.set_ticklabels([])
ax.w_zaxis.set_ticklabels([])   #取消坐标轴刻度数字
ax.set_xlabel('Petal width')
ax.set_ylabel('Sepal length')
ax.set_zlabel('Petal length')
ax.set_title('Ground Truth')   #设置坐标轴和标题

fig.show()
```

图 6.57 绘制数据集代码

运行上述代码块后我们可以直观地看到原数据集分为 3 类,如图 6.58 所示。

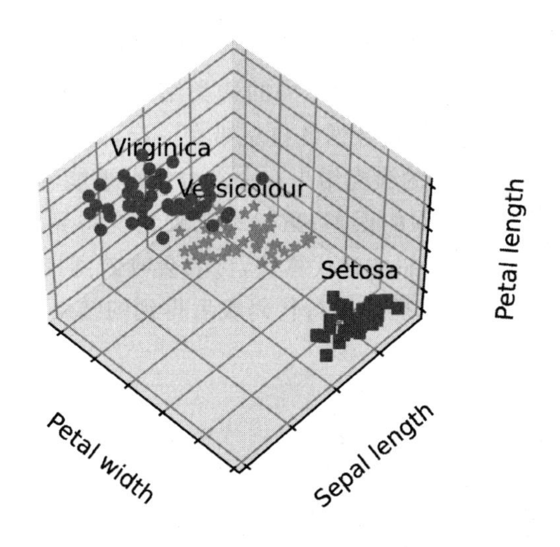

图 6.58 鸢尾花数据集 3D 图

随后开始 k-means 实验,在大多数情况下,我们可能不知道原数据集应该聚成几类,因此本实验中我们将聚类簇数分别设置为 8 类和 3 类,分别看看两种不同参数的实验结果。在这两种簇数设置中 n_init 参数均默认为 10,即设置质心种子的次数为 10,运行 10 次结果后返回其中最好的一次结果。除此之外,我们还将尝试一种很糟糕的初始化,即将 n_init 参数设置为 1,也即只进行一次初始质心的选择。通过 3 种不同的参数设置来观察得到的不同结果,分析其产生的原因。读者在实验的过程中可以进行多次参数的调整来进行不同实验结果的对比,代码块如图 6.59 所示。

```
options = [('k_means_iris_8', KMeans(n_clusters=8)),
           ('k_means_iris_3', KMeans(n_clusters=3)),
           ('k_means_iris_bad_init', KMeans(n_clusters=3, n_init=1,
                                            init='random'))]   #尝试不同的参数

fignum = 1  #图片编号
titles = ['8 clusters', '3 clusters', '3 clusters, bad initialization'] #不同的结果
for name, opt in options:
    fig = plt.figure(fignum, figsize=(4, 3))
    ax = Axes3D(fig, rect=[0, 0, .95, 1], elev=48, azim=134)
    opt.fit(X)    #拟合数据
    labels = opt.labels_

    ax.scatter(X[:, 3], X[:, 0], X[:, 2],
               c=labels.astype(float), edgecolor='k')   #生成散点图
    ax.w_xaxis.set_ticklabels([])
    ax.w_yaxis.set_ticklabels([])
    ax.w_zaxis.set_ticklabels([])   #取消坐标轴刻度
    ax.set_xlabel('Petal width')
    ax.set_ylabel('Sepal length')
    ax.set_zlabel('Petal length')    #设置坐标轴
    ax.set_title(titles[fignum - 1])   #设置标题
    fignum = fignum + 1
```

图 6.59　多种参数的 k-means 算法代码

运行上述代码块我们可以得到 3 种不同的聚类结果图。可以看到，第一种聚类簇数为 8 的聚类结果并不尽如人意，8 类数据各自交错在一起，并没有很好地划分出原有的数据集特征；第二种聚类簇数为 3 的聚类结果在大部分情况下能够很好地体现出数据特征，只是在两类交接的边界处有少许的误差；虽然第三种情况得到的结果还不错，但是由于 k-means 算法是一种采用贪心思想的迭代算法，可能会收敛到局部最优解，因此在实验过程中应该多次选择初始点进行试验。运行代码块后得到的结果如图 6.60 所示。

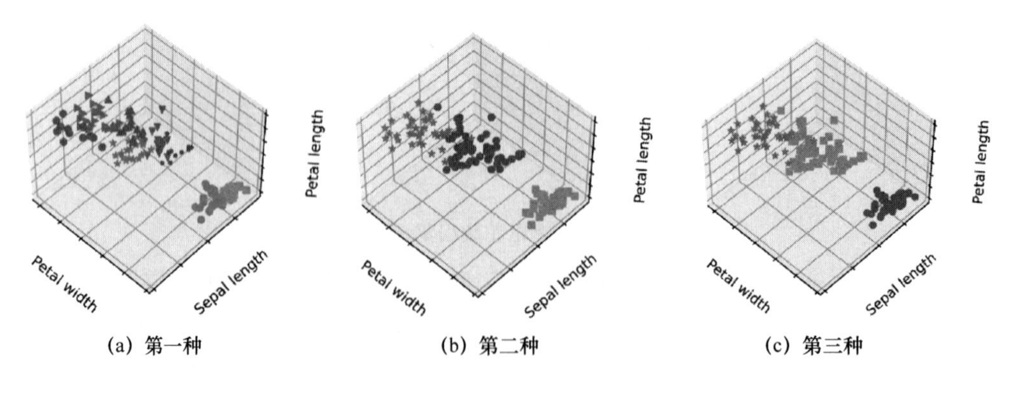

(a) 第一种　(b) 第二种　(c) 第三种

图 6.60　3 种参数的实验结果图

6.3.2 手写数字识别实验

手写数字识别的任务是利用手写数字的训练数据集训练一个机器学习模型,然后在测试集上测试模型的预测效果。从本质上说手写数字识别任务是一个多分类任务,即输入一张手写数字图像,输出0～9中任意一个类别。因此本书介绍的用于分类的机器学习算法都可以应用在这个案例中。本案例中我们将基于scikit-learn实现SVM算法,并将其运用于手写数字识别中。

(1) 数据集介绍

本案例中我们用scikit-learn中自带的The Digit数据集,该数据集源于加利福尼亚大学尔湾分校机器学习与智能系统中心构建的Pen-Based Recognition of Handwritten Digits数据集。该数据集通过收集44位作者的250个样本来创建一个数字数据库。

具体来说,The Digit数据集由1 797幅8×8图像组成,每张图像都是手写数字。为了使用这样的8×8图形,我们必须首先将其转换为长度为64的特征向量。导入相关依赖包,对数据集的加载、可视化、转换操作都可以通过sklearn.datasets模块执行,如图6.61～6.63所示。

```
# 导入绘图包
import matplotlib.pyplot as plt

# 导入数据集、分类算法及验证算法
from sklearn import datasets, svm, metrics
from sklearn.model_selection import train_test_split
```

图6.61 导入相关依赖包

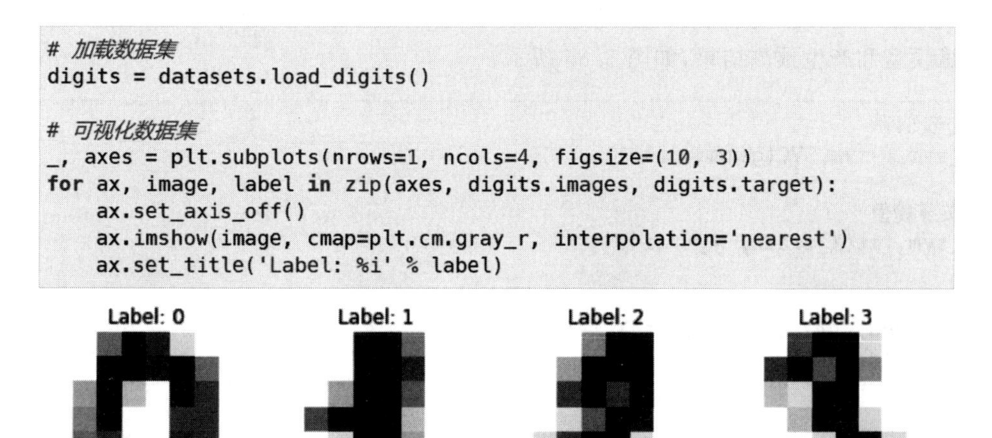

```
# 加载数据集
digits = datasets.load_digits()

# 可视化数据集
_, axes = plt.subplots(nrows=1, ncols=4, figsize=(10, 3))
for ax, image, label in zip(axes, digits.images, digits.target):
    ax.set_axis_off()
    ax.imshow(image, cmap=plt.cm.gray_r, interpolation='nearest')
    ax.set_title('Label: %i' % label)
```


图6.62 数据集加载及可视化

```
# 将8x8图像转换为长度为64的特征向量
n_samples = len(digits.images)
data = digits.images.reshape((n_samples, -1))
# 展示数据维度
data.shape, data[0].shape
```

```
((1797, 64), (64,))
```

图 6.63 数据转换

可以看出,转换后整个数据集已经变为 1 797×64 的二维张量,其中每个分量是长度为 64 的一维向量。数据集转换完成后,还可以对其进行切分,分为训练集和测试集,以避免模型过拟合现象,如图 6.64 所示。

```
# 将数据集对半分成训练集和测试集
X_train, X_test, y_train, y_test = train_test_split(
    data, digits.target, test_size=0.5, shuffle=False)
X_train.shape, X_test.shape, y_train.shape, y_test.shape
```

```
((898, 64), (899, 64), (898,), (899,))
```

图 6.64 切分数据集

如图 6.64 所示,我们已经把数据集切分为训练集(898)和测试集(899),其中 X 指转换后的图像数据,y 指每张图像的标注数据。

(2) 定义及训练 SVM 模型

将整个数据集转换为可计算的张量后,就可以定义 SVM 模型。本例中我们通过调用 sklearn. svm 模块可以简便地实现 SVM。通过调用模型的 fit 和 predict 方法,可以快速训练模型和产生预测结果,如图 6.65 所示。

```
# 定义SVM
my_svm = svm.SVC(gamma=0.001)

# 训练模型
my_svm.fit(X_train, y_train)

# 预测
predicted = my_svm.predict(X_test)
predicted.shape
```

```
(899,)
```

图 6.65 定义、训练及预测模型

(3) 验证模型

我们可以调用 metrics. classification_report 方法输出详细的模型验证结果,如图 6.66 所示。

```
print(f"Classification report for classifier {clf}:\n"
      f"{metrics.classification_report(y_test, predicted)}\n")
```

```
Classification report for classifier SVC(gamma=0.001):
              precision    recall  f1-score   support

           0       1.00      0.99      0.99        88
           1       0.99      0.97      0.98        91
           2       0.99      0.99      0.99        86
           3       0.98      0.87      0.92        91
           4       0.99      0.96      0.97        92
           5       0.95      0.97      0.96        91
           6       0.99      0.99      0.99        91
           7       0.96      0.99      0.97        89
           8       0.94      1.00      0.97        88
           9       0.93      0.98      0.95        92

    accuracy                           0.97       899
   macro avg       0.97      0.97      0.97       899
weighted avg       0.97      0.97      0.97       899
```

图 6.66 验证结果

此外，还可以将预测结果可视化，如图 6.67 所示。

```
_, axes = plt.subplots(nrows=1, ncols=4, figsize=(10, 3))
for ax, image, pred in zip(axes, X_test, predicted):
    ax.set_axis_off()
    # 将长度为64的特征向量转换为8x8图像
    image = image.reshape(8, 8)
    ax.imshow(image, cmap=plt.cm.gray_r, interpolation='nearest')
    ax.set_title(f'Prediction: {pred}')
```

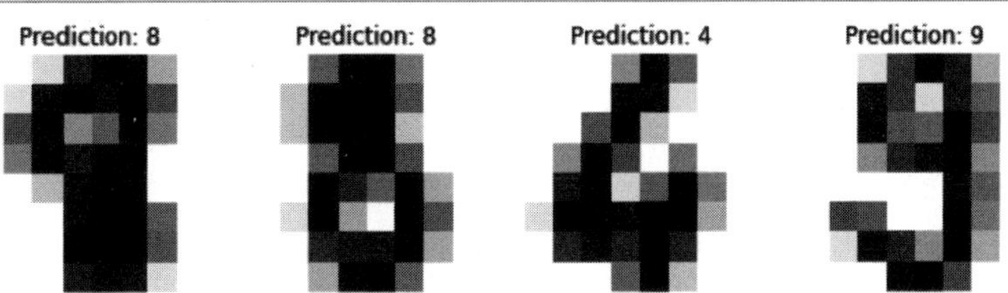

图 6.67 预测结果可视化

我们还可以绘制真实数字值和预测数字值的混淆矩阵，并将其可视化，如图 6.68 所示。

```
disp = metrics.plot_confusion_matrix(clf, X_test, y_test)
disp.figure_.suptitle("Confusion Matrix")
print(f"Confusion matrix:\n{disp.confusion_matrix}")
plt.show()
```

```
Confusion matrix:
[[87  0  0  0  1  0  0  0  0  0]
 [ 0 88  1  0  0  0  0  0  1  1]
 [ 0  0 85  1  0  0  0  0  0  0]
 [ 0  0  0 79  0  3  0  4  5  0]
 [ 0  0  0  0 88  0  0  0  0  4]
 [ 0  0  0  0  0 88  1  0  0  2]
 [ 0  1  0  0  0  0 90  0  0  0]
 [ 0  0  0  0  0  1  0 88  0  0]
 [ 0  0  0  0  0  0  0  0 88  0]
 [ 0  0  0  1  0  1  0  0  0 90]]
```

(a) 混淆矩阵

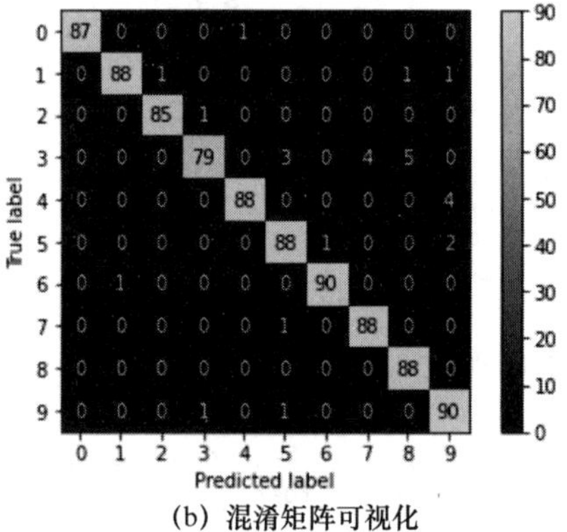

(b) 混淆矩阵可视化

图 6.68　混淆矩阵及其可视化

第7章

从初识走向熟练:个性化培养

数据分析在生活中有着各式各样的应用,随着深度学习的发展,人工智能与现实世界产生了更为密切的联系。近年来人工智能的一大标志性事件——AlphaGo打败李世石,标志着人工智能第一次在推理复杂问题上的能力超越人类。在深度学习的浪潮中,许多企业、研究机构投入大量人力物力,争取在某个领域占据先机。经过前文对大数据技术的介绍,本章将对海量数据的分析进行进一步的介绍。考虑到读者的基础不同,本章将尽可能对相关知识做由浅入深的介绍。本书内容受限于篇幅,读者基于兴趣可以在互联网上进一步学习更多的知识。本章首先设置一个简单的能力测试,以方便读者评估基础;然后介绍若干与深度学习相关的概念、领域;最后以实战为目标,对若干流行的实验平台进行简单的介绍。

7.1 能力测试

在正式开始本章内容之前,请先思考以下几个问题。

(1) 你是否了解海量数据的批处理框架?

(2) 你是否接触过Python?

(3) 你是否听说或学习过深度学习的概念?

(4) 你是否听说或使用过PyTorch、TensorFlow、Caffe、PaddlePaddle?

(5) 你是否了解自然语言处理、计算机视觉、图计算等领域的基础知识?

读者可以不用着急给出答案,不妨先尝试解答下方的题目,这其中涉及的大部分知识都会在后续的章节中讲解。如果这些题目对你而言难度不高,本章的后续章节会涉及一些业界先进的研究内容;如果有部分(或全部)题目对你构成了困扰,本章会给出科普类型的知识供读者参考。

(1) 下列哪个导入模块语句是错误的?(　　)

A. import numpy As pd

B. import pandas

C. import matplotlib

D. from sklearn import linear_model

(2) (　　)能够直观地看到各组数据的差异性,强调个体之间的比较。

A. 饼图

B. 折线图

C. 柱状图

D. 甘特图

(3) 关于交叉验证,下列说法中错误的是(　　)。

A. 交叉验证能够提升模型的准确率

B. 交叉验证能够让样本数据被模型充分利用

C. 交叉验证搭配网格搜索能够提升查找最优超参数组合的效率

D. 使用网格搜索时一般会提供超参数的可能取值字典

(4) 下列关于线性回归的说法错误的是(　　)。

A. 线性回归使用回归分析的统计学习模型来研究变量之间可能存在的关系

B. 线性回归只能用于研究变量之间属于线性关系的场景

C. 寻找最优模型时可以通过正规方程或者梯度下降的方法进行参数优化

D. 单纯的线性回归模型比较容易出现过拟合的现象

(5) 关于梯度下降法的描述,错误的是(　　)。

A. 随机梯度下降法每次使用一个样本的数据来迭代权重

B. 全梯度下降法的计算量随着样本数量的增加而增加

C. 随机平均梯度下降法不依赖已经计算过的梯度

D. 小批量随机梯度下降法综合了 FGD 和 SGD 的优势

(6) 关于朴素贝叶斯,下列说法错误的是(　　)。

A. 朴素贝叶斯是一个分类算法

B. 朴素的意义在于它是一个天真的假设:所有特征之间是相互独立的

C. 朴素贝叶斯实际上将多条件下的条件概率转换成单一条件下的条件概率,简化了计算过程

D. 朴素贝叶斯不需要使用联合概率

(7) 聚类算法研究的问题不包括(　　)。

A. 使最终类别分布比较合理

B. 聚类快速

C. 准确度高

D. 能自动识别聚类中心的个数

(8) 若某学习器预测的是离散值,则此类学习任务称为(　　)。

A. 分类

B. 聚类

C. 回归

D. 强化学习

(9) 在机器学习中,学得的模型适用于新样本的能力,称为(　　)。

A. 泛化能力

B. 分析能力

C. 训练能力

D. 验证能力

(10) 什么是过拟合？导致过拟合的原因是什么？如何避免过拟合？

(11) 学习器训练时误差很小，泛化时性能下降，这种现象称为(　　)。

A. 欠拟合

B. 聚类

C. 分类

D. 过拟合

(12) BP算法常常使用(　　)调整参数。

A. 梯度下降法

B. 梯度上升法

C. 最小二乘法

D. 极大似然法

(13) 若神经网络结构中的输入层有 a 个神经元，紧跟其后的隐藏层有 b 个神经元，则从输入层到该隐藏层的权重个数是(　　)。

A. $a+b$

B. $a-b$

C. $a \cdot b$

D. a/b

(14) 在神经网络训练中，学习率一般是一个(　　)。

A. 小的正数

B. 大的正数

C. 小的负数

D. 大的负数

(15) 误差逆传播算法是典型的(　　)算法。

A. 决策树

B. 聚类

C. 无监督学习

D. 神经网络

(16) 描述 k-means 算法的执行过程。

(17) 以下哪个条件不是 k-means 算法收敛的条件？(　　)

A. 达到最大的迭代次数

B. 各簇质心不再发生变化

C. 调整幅度小于阈值

D. 所有样本合并成一个簇

(18) 下面关于 KNN 算法说法正确是(　　)。

A. KNN 算法的时间复杂度是 $O(nkt)$，其中 k 为类别数，t 为迭代次数

B. KNN 算法是一种非监督学习算法

C. 使用 KNN 算法进行训练时，训练数据集中含有标签

D. k 值确定后，使用 KNN 算法进行样本训练时，每次所形成的结果可能不同

(19) 下列哪一项在神经网络中引入非线性？（　　）

A. 随机梯度下降

B. 修正线性单元(ReLU)

C. 卷积函数

D. 以上都不正确

(20) 试思考交叉验证法的流程。

7.2 个性化培养目标及途径

大数据研究并不是某一个领域的单一问题，而是多学科综合性研究问题，是计算机科学、数学与统计学以及领域实务知识互相结合的产物。在培养学生时，主要重视三方面的素质培养：一是理论培养，培养学生学科思维，使其能够理解并运用数据科学中的模型与方法；二是实践培养，培养学生实际操作、动手处理数据的能力；三是应用培养，培养学生结合某领域的实务知识，使用大数据的方法解决具体问题的能力。

个性化培养的首要目标是培养学生对数据挖掘、数据分析、深度学习等领域的兴趣，并使学生在某个特定的领域能够独立完成一次实验。对个人发展而言，个性化培养有助于建立批判性思维，帮助学生梳理前沿领域的脉络，并最终建立自己的认识。此外，作者希望通过对本章内容的介绍帮助学生了解当前人工智能领域的进展，了解大数据分析究竟能够做什么，目前还有哪些任务对大数据分析是较大的挑战，进而帮助学生从科学技术的角度对世界进行进一步的分析。

个性化培养将尽量模拟科学研究的过程。学生需要先阅读经典论文、书籍，以对某个特定的领域建立初步的理解，之后，通过代码对论文的实验进行复现，并最终实现自己的模型。最后，在公共的数据上进行评测，将自己的模型与其他已有的模型进行比较，尝试分析自己思路的优缺点。为对大数据有全面的理解，学生可以采取结合大数据科研平台的学习方法。首先由教师介绍实验内容，并讲解学生可能会用到的实验方法，之后学生借助大数据科研平台完成实验的设计与实现，并分析实验结果，做出实验报告。

7.3 技术渐进

随着深度学习的发展，人工智能在生活中扮演了愈加重要的角色，正如本章引言中所述，人工智能正在嵌入我们的生活中，因此，掌握人工智能、深度学习中的一些基本概念，不仅有助于学生对日常中一些看似巧合的事件进行更深的思考，也对学生未来的职业规

划、职业生涯发展起到一定的辅助作用。本节将介绍大数据在人工智能应用方面较为流行的几个领域。本节的具体内容如图 7.1 所示。

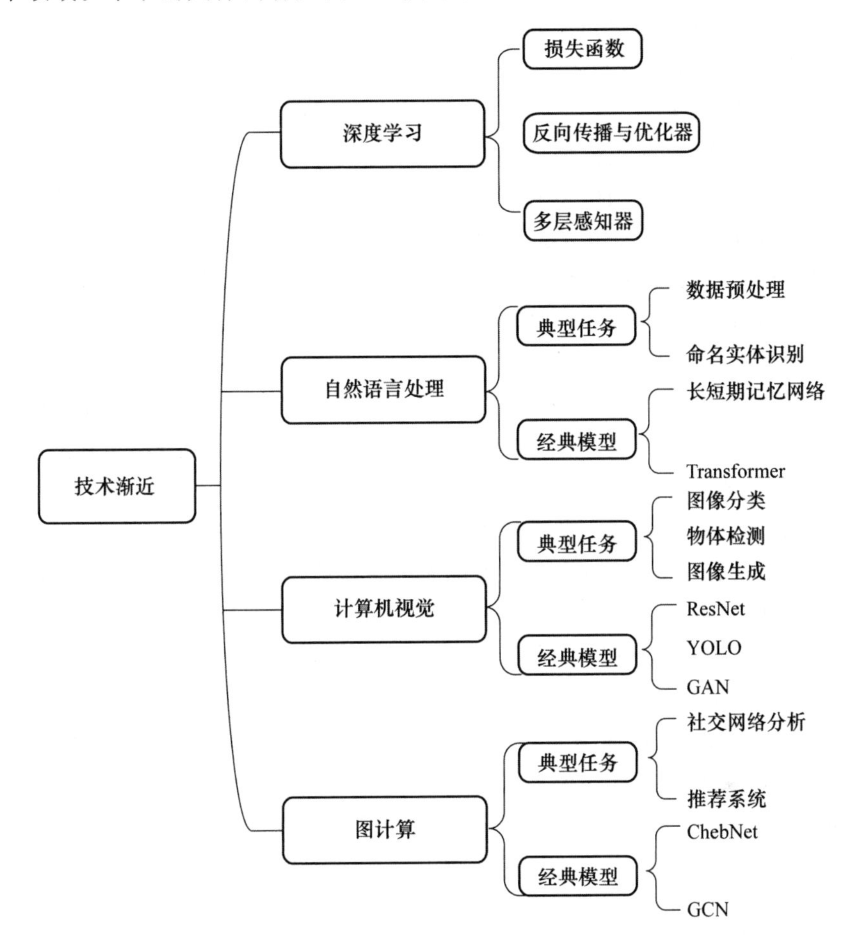

图 7.1 内容框架

7.3.1 深度学习

深度学习的概念源于人工神经网络的研究，含多个隐藏层的多层感知器(Multilayer Perceptron, MLP)就是一种深度学习结构。深度学习通过组合低层特征形成更加抽象的高层表示(属性类别或特征)，以发现数据的分布式特征表示。然而深度学习模型普遍存在高维参数空间，深度结构(涉及多个非线性处理单元层)中的非凸目标代价函数中普遍存在的局部最小是训练困难的主要原因。

深度学习按照学习架构可分为生成架构、判别架构及混合架构。生成架构模型主要包括受限波尔兹曼机[76]、自编码器[77]、深层信念网络[78]等。判别架构模型主要包括深层前馈网络[79]、卷积神经网络[80]等。混合架构模型则是这两种架构的集合。深度学习按数据是否具有标签可分为非监督学习与监督学习[81]。非监督学习方法主要包括受限玻尔兹曼机、自动编码器、深层信念网络、深层玻尔兹曼机等。监督学习方法主要包括深层感知器、深层前馈网络、卷积神经网络、深层堆叠网络、循环神经网络等。大量实验研究表明,监督学习与非监督学习之间无明确的界限,如深度信念网络在训练过程中既用到监督学习方法又涉及非监督学习方法。

在机器学习中,许多学术界人士认为机器学习模型大致分为两类——浅层次结构模型和深层次结构模型,这两类模型分别对应浅层学习和深度学习。随着浅层结构模型的不断完善,在基于浅层次结构模型的基础上,提出了解决一系列问题的算法模型,如支持向量机[82]、Boosting[83]、最大熵方法〔如逻辑回归(Logistic Regression,LR)[84]〕等。大量实验和实践验证,浅层次结构模型在处理图像、视频、语音、自然语言等高维数据方面表现较差,特征提取难以满足需求,而深度学习技术弥补了这一缺陷,在提取物体深层次的结构特征方面更具有优势。

深度学习算法是高维矩阵运算,之前由于计算机的性能存在缺陷,运算能力弱,运算速度慢,无法完成大规模运算,因此深度学习的发展遇到了瓶颈。随着计算机性能的不断被提升,针对高性能运算的硬件不断完善,在一定程度上提高了计算机的运算能力和运算速度,现有的高性能计算机可以完成深度学习中大规模的矩阵运算。因此,深度学习在这段时间内得到了快速发展,针对深度学习的各种算法模型不断被提出,并且顺利运用到商业之中。在国外,Google、Microsoft、Facebook 等公司将深度学习技术作为公司发展的重要技术之一,甚至针对深度学习技术研发了一系列的深度学习框架,如 Goolgle 公司研发的 Tensorflow、Microsoft 公司研发的 CNTK、Facebook 公司研发的 Torch、Fchollet 公司研发的 Keras、DMLC 公司研发的 MXNet 以及 BLVC(Berkeley Vision and Learning Center)和社区贡献者共同研发的 Caffe 等,这些深度技术框架主要应用于图像识别分类、手写字识别、语音识别、预测、自然语言处理等方面。正是由于上述深度学习框架的提出与应用,促进了深度学习技术的快速发展。各主流深度学习框架的对比分析如表 7.1 所示。

表 7.1　各主流深度学习框架的对比分析

框架	语言	优点	缺点
Tensorflow	Python/C++/Go	兼容性好,易扩展,支持并行运算,支持多种编程语言,支持细粒度网络层	系统设计复杂,接口变动频繁,计算复杂,执行效率较低
CNTK	C++	兼容性好,支持细粒度网络层,支持跨平台运行,计算性能强	不支持 ARM 架构
Torch	Lua/Python	兼容性好,运行速度快,易学易用,设计简洁,后期维护强大	缺乏多种语言接口
Keras	Python	易学,支持快速实验	过度封装导致灵活性降低,运行速度慢
MXNet	R/Python/C++	兼容性、扩展性以及移植性最强,支持混合编程和多种编程语言接口	接口文档混乱
Caffe	C++/Python	运行速度快,支持跨平台运行,支持多种编程语言接口	对细粒度网络层以及循环神经网络的支持较差

深度学习的核心过程是模型的训练，深度学习的大体流程可以分为获取模型输出、通过损失函数评估模型的输出效果、计算损失对每个参数的导数、根据导数通过迭代更新每个参数的取值，依此循环往复，直到模型收敛。本节的后续内容将介绍深度学习中一些关键性的概念以及以多层感知器为代表的经典深度学习模型。

(1) 损失函数

深度学习，特别是有监督深度学习，其本质是针对给定的一系列训练样本 X，尝试学习映射关系 $X \rightarrow Y$，使得给定一个 x_i，即便这个 x_i 不在训练样本中，也能够输出 $\hat{y}_i$，$\hat{y}_i$ 尽量与真实的 y_i 接近。损失函数用来估量模型的输出 $\hat{y}_i$ 与真实值 y_i 之间的差距，给模型的优化指引方向。损失函数的值越小，代表模型输出值与真实值之间的差距越小，即模型的拟合效果越好。但同时我们也要考虑到，模型的学习过程是完全基于训练样本 X 的，模型在训练样本上有可能表现得非常好，但对于训练样本以外的数据，其性能可能会急剧下滑，这种现象在模型非常复杂时更有可能发生。因此，一般而言，在训练一个深度学习模型时，不仅需要考虑模型输出与真实值之间的差异，还要有一个函数对模型的复杂度进行评估，二者组合指导模型的优化。在深度学习领域，损失函数与代价函数的意义往往是相同的，都仅指示了模型输出与真实值的差异，但另一个概念——优化函数，就额外考虑了模型的复杂度。

损失函数的设计往往直接决定了模型的最终表现，然而，目前而言没有任何一种损失函数可以适用于所有任务。针对数据类型的不同，损失函数大致可以分为针对连续性变量的回归损失以及针对离散型变量的分类损失两类。常用的回归损失有平均绝对误差损失(Mean Absolute Error Loss，MAE Loss)、均方差损失(Mean Squared Error Loss，MSE Loss)等。MAE Loss 的基本形式如下：

$$L_{\mathrm{MAE}} = \frac{1}{N}\sum_{i=1}^{N} |\hat{y}_i - y_i| \tag{7.1}$$

MAE Loss 也称为 L1 Loss，因为它本质上是误差的 L1 范数，MAE Loss 的优点是它收敛速度快，且梯度更新方向精确，但它对噪声数据过于敏感，整体更新方向容易受少数离群点的干扰，这限制了它的进一步应用。MSE Loss 也被称为 L2 Loss，它衡量的是真实值与预测值之间距离的平方和，MSE Loss 对离群点的敏感度较低，因此鲁棒性较高。但由于 MSE Loss 在 0 点处的导数不连续，因此求解速度会受到影响，其具体形式如下：

$$L_{\mathrm{MSE}} = \frac{1}{N}\sum_{i=1}^{N} (\hat{y}_i - y_i)^2 \tag{7.2}$$

对于 L1 范数和 L2 范数，如果异常值对于实际业务非常重要，我们可以使用 MSE Loss 作为我们的损失函数；如果异常值仅仅表示损坏的数据，那我们应该选择 MAE Loss 作为损失函数。此外，考虑到收敛速度，在大多数的卷积神经网络(CNN)中，我们通常会选择 L2 损失。

分类损失最常见的为交叉熵(Cross Entropy)损失函数，我们知道，在二分类问题模型中，真实样本的标签为{0,1}，0,1 分别表示负类和正类。模型的最后通常会经过一个 sigmoid 函数，输出一个概率值，这个概率值反映了预测为正类的可能性：概率越大，可能性越大。如果我们从极大似然性的角度出发，把预测正确和预测错误的概率整合到一起，就得到了交叉熵函数的形式，如下所示：

$$L_{CE}=-[y\lg \hat{y}+(1-y)\lg(1-\hat{y})] \tag{7.3}$$

(2) 反向传播与优化器

误差反向传播(Back Propagation，BP)[85]算法的出现是神经网络发展的重大突破，也是现在众多深度学习训练方法的基础。该方法会计算神经网络中损失函数对各参数的梯度，配合优化方法向梯度的负方向更新参数，降低损失函数。对于一般的神经网络，各层之间的数据流动可以表示为

$$\boldsymbol{x}^{L+1}=\boldsymbol{W}_L^{\mathrm{T}}\boldsymbol{x}^L+b \tag{7.4}$$

其中 L 表示层数，$\boldsymbol{W}_L^{\mathrm{T}}$ 是第 L 层的所有参数。当计算出损失函数以后，可以计算出最后一层所有参数对损失函数的偏导数，之后根据偏导数的链式法则依次计算前面各层对损失函数的偏导数，偏导数的具体计算过程与网络的结构、选取的损失函数形式相关，在此不再赘述。

通过反向传播得到各个参数对损失函数的偏导数以后，下一步就是通过优化器更新各个参数的取值。以随机梯度下降优化器(SGD)为例，每次迭代的公式为

$$\theta=\theta-\eta\Delta_\theta J(\theta) \tag{7.5}$$

其中 η 是优化器的学习率或步长，$\Delta_\theta J(\theta)$ 是参数 θ 对目标函数 $J(\theta)$ 的偏导数，每次更新都相当于将参数 θ 沿着梯度的负方向进行一次更新，从而可以在下次迭代时减小损失函数的值。然而需要注意的是，传统的 SGD 优化器容易陷入局部最优解或鞍点，如图 7.2 所示，我们会发现无论向哪个方向求梯度，其梯度都是 0，因此优化器会错误地认为该点就是最优解点，因此无法再继续更新该参数。针对这种问题，目前常见的解决方案是在更新时加入一个动量(momentum)[86]，令其即使处在梯度为 0 的位置，也会向一个随机方向移动一小段距离，从而能够逃离鞍点。

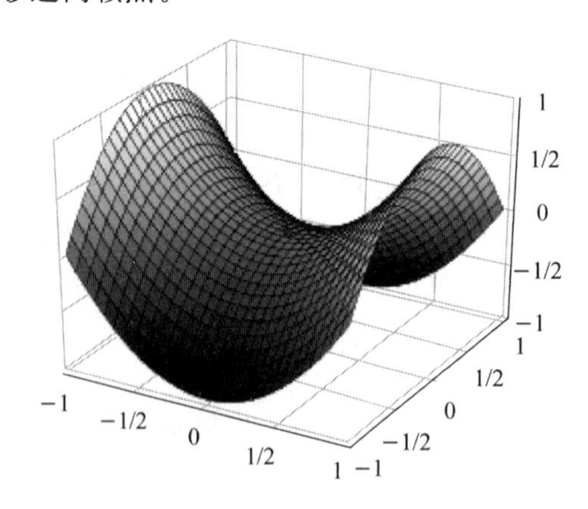

图 7.2 鞍点示意图

(3) 多层感知器

MLP 是一种前向结构的人工神经网络[87]，映射一组输入向量到一组输出向量。MLP 可以看作一个有向图，由多个节点层所组成，每一层都全连接到下一层。除了输入节点外，每个节点都是一个带有非线性激活函数的神经元(或称处理单元)。一种被称为

反向传播算法的监督学习方法常被用来训练MLP。多层感知器遵循人类神经系统原理，学习并进行数据预测。它首先学习，然后使用权重存储数据，并使用算法来调整权重以减少训练过程中的偏差，即实际值和预测值之间的误差。其主要优势在于快速解决复杂问题的能力很强。多层感知器的基本结构由三层组成：输入层、隐藏层和输出层。输入元素和权重的乘积被馈给具有神经元偏差的求和节点，主要优势在于其快速解决复杂问题的能力很强。MLP是感知器的推广[88]，克服了感知器不能对线性不可分数据进行识别的缺点。MLP由三层或更多层非线性激活节点组成（一个输入层和一个具有一个或多个隐藏层的输出层）。由于多层之间是完全连接的，因此一层中的每个节点都以一定的权重连接到下一层的每个节点。图7.3是MLP的结构图。

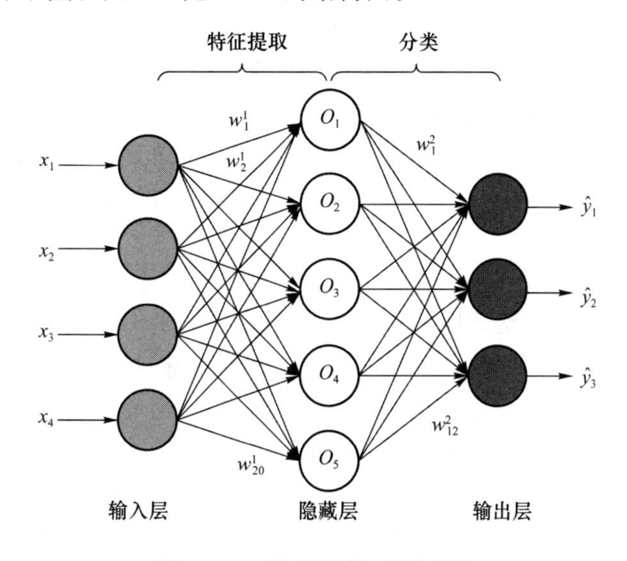

图7.3　一种多层感知器的结构

7.3.2　自然语言处理

自然语言处理（Natural Language Processing，NLP）是人工智能和语言学领域的分支学科，此领域探讨如何处理及运用自然语言。自然语言处理包括多个方面和步骤，基本有认知、理解、生成等部分。人工智能领域最出名的图灵测试[89]即属于NLP处理的范畴。图灵测试的内容：一个人（代号C）使用测试对象皆理解的语言去询问两个他不能看见的对象任意一串问题。两个对象为：一个是正常思维的人（代号B）；一个是机器（代号A）。如果经过若干询问以后，C不能得出实质的区别来分辨A与B，则此机器A通过图灵测试。整个过程涉及文本的理解、生成、推理等一系列问题。从形式化定义的角度看，一个NLP模型的输入是单词的序列，经过数据筛选、映射嵌入、编码以后根据不同的任务进行输出。本节的后续内容将介绍词嵌入、命名实体识别等NLP的基础任务，并同时对近年来流行的一些模型进行简单的梳理。

（1）数据预处理

正如上文所述，NLP的输入一般是一个句子或段落，即一个单词的序列，由于不同语言之间存在差异，因此在预处理阶段所要进行的工作也不尽相同。例如，对于中文句子，分词是一个相对具有挑战性的任务，而对于英文句子，天然就可依靠空格和标点符号等分隔符将单词分开。但无论是何种语言，最终在计算机中都要进行离散符号化的表示。一般而言，我们会将文本转换为一个高维的向量，以方便计算机理解，这个过程就叫作词嵌入(word embedding)。最简单的词嵌入方式就是构建一个维度等于词典长度的向量，对应词位置上的元素为1，其余元素为0，这种方法也叫作 one-hot representation。例如，若文本中一共出现了4个词——猫、狗、牛、羊，向量里的每一个位置都代表一个词，则用 one-hot vepresentation 方法来表示就是"猫:[1,0,0,0]""狗:[0,1,0,0]""牛:[0,0,1,0]""羊:[0,0,0,1]"。显然这种表示方法有诸多缺点，如表示向量的尺寸与词典大小直接相关，不同词语之间的相似性完全无法度量，整个矩阵过于稀疏，存储和计算的效率都不高。一个好的嵌入方法应该既能度量词语之间的相似性与区别，又能尽量保持较低的维度，目前 Word2Vec[90] 和 GloVe[91] 是两种较为常见的词嵌入方法。应用 GloVe 方法时由斯坦福大学提供了一组预训练的词表，里面给出了常见英文词汇的300维的嵌入，在大多数机器学习和深度学习框架中都对 GloVe 方法中的词表读取进行了集成。

(2) 命名实体识别

命名实体识别(Named Entity Recognition，NER)[92] 是 NLP 中一个相对基础的任务，但在实际生活中有很广泛的应用。NER 的目标是识别文本中具有特定意义的实体，主要包括人名、地名、机构名、专有名词等，以及时间、数量、货币、比例数值等文字。命名实体(以下简写为实体)指的是可以用专有名词(名称)标识的事物，一个命名实体一般代表唯一一个具体的事物个体，包括人名、地名等。例如，给定一个句子"奥巴马是美国总统"，其中"奥巴马""美国""总统"等都是实体。NER 当前面临的主要挑战有3个:第一是单词的多义性导致实体识别有可能不准确，如"苹果公司"与"富士山苹果"中的"苹果"就不是同一个意思，这种歧义的存在可能会影响 NER 的准确率;第二是语言的进化使得 NER 对新名词的发现和识别较为困难，这种在语言的使用过程中创造的、模型从未识别过的词叫作未登录词，这对目前的大多数 NER 模型都是一个不小的挑战;第三点是实体的粒度常常会变化，例如，对于"中华人民共和国"，如果按照细粒度实体识别，那么"中华""人民""共和国"各自是一个实体，但如果按照较粗的粒度识别，那么整个词语也是一个实体。图7.4是一个 NER 的例子。

在应用方面，本文主要介绍由 Stanford Core NLP 开源维护的 NER 工具:Stanford NER[93]。它基于条件随机场实现了多种语言的实体识别模型，并提供了 Java 实现的对应接口。它可以识别出时间、地点、组织、人物等7种属性的实体，在工业、学术界都有非常广泛的应用。

(3) 长短期记忆网络

传统卷积网络处理序列型输入时有一个很重要的问题，即无法有效捕捉长程的上下文信息。准确而言，CNN 每次迭代的已知信息就是卷积核所能覆盖范围内的特征，然而一个句子的开头与结尾可能会存在某种联系，捕捉这种依赖的一种解决方案是循环神经网络(Recurrent Neural Network，RNN)[94]。它将输入序列 $\boldsymbol{x}$ 编码为一个固定长度的隐藏状态 $\boldsymbol{h}$，其中 $\boldsymbol{x}=(x_t,\cdots,x_1)$ 是输入序列。例如，将包含一系列词语的句子编码为数字，

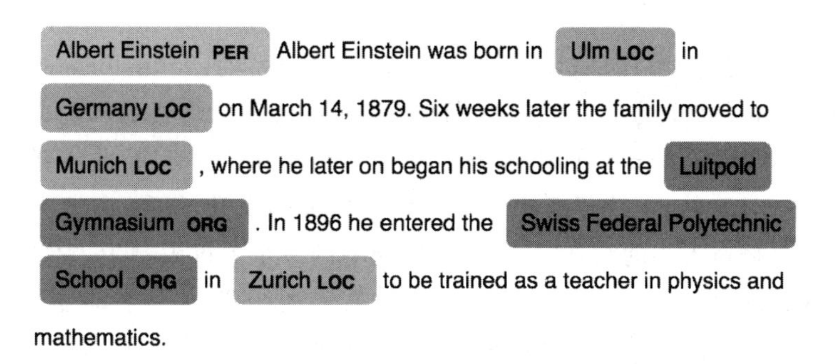

图 7.4　NER 的一个具体例子

整个序列就是完整的句子。$\boldsymbol{h}_t=f(x_t,\boldsymbol{h}_{t-1})$是随时间更新的隐藏状态。当新的词语输入方程时，之前的状态 $\boldsymbol{h}_{t-1}$ 就转换为和当前输入 x_t 相关的 $\boldsymbol{h}_t$，距离当前时间越长、越早输入的序列在更新后的状态中所占权重越小，从而表现出时间相关性。其中，计算隐藏状态的方程$f(x_t,\boldsymbol{h}_{t-1})$是一个非线性方程，传统的 RNN 使用 logistic 或者 tanh 激活函数，但这种方法无法避免随着递归深度的加深而出现的梯度消失或爆炸问题。相比之下，长短期记忆网络(Long Short-Term Memory，LSTM)[95]依靠其独特的设计结构，可以很好地解决这个问题。

LSTM 的非线性函数层使用了门控机制以及两个隐状态变量 c_t 和 h_t，这两个隐状态分别称为细胞状态以及隐藏层状态。一个 LSTM 单元包含输入门、输出门、遗忘门。输入门 i_t 的作用是控制词语 x_t 输入到 LSTM 的权值，因为不同单词对整句话的重要性是不同的，输入门通过非线性激活对其进行控制。输出门 o_{t-1}的作用是通过非线性激活，从细胞状态 c_{t-1}得到隐藏状态 h_{t-1}，遗忘门 f_t 控制上一时刻的细胞状态 c_{t-1}融入当前时刻的状态 c_t。在理解一句话时，当前词 x_t 可能继续延续上文的意思继续描述，也可能从当前词 x_t 开始描述新的内容，与上文无关。和输入门 i_t 相反，f_t 不判断当前词 x_t 的重要性，而是判断上一时刻的细胞状态 c_{t-1}对计算当前细胞状态 c_t 的重要性。通过上述 3 个门控机制，c_t 综合了当前词 x_t 和前一时刻状态 c_{t-1}的信息，从而保证了训练的有效性。LSTM 在数学上的形式化表示为

$$\begin{cases} i_t=\text{sigmoid}(W_{xi}x_t+W_{hi}h_{t-1}) \\ f_t=\text{sigmoid}(W_{xf}x_t+W_{hf}h_{t-1}) \\ o_t=\text{sigmoid}(W_{xo}x_t+W_{ho}h_{t-1}) \\ \hat{c}_t=\tanh(W_{xc}x_t+W_{hc}h_{t-1}) \\ c_t=f_tc_{t-1}+i_t\hat{c}_t \\ h_t=o_t\tanh(c_t) \end{cases} \tag{7.6}$$

根据谷歌公司的测试表明，LSTM 中最重要的是遗忘门，其次是输入门，最次是输出门。总之，这类精巧的设计使得 LSTM 成为近年来在 NLP 领域最为广泛使用的基础模型之一。

(4) Transformer

bert

下面介绍一个公认为具有划时代意义的新兴模型系列：Transformer。Transformer 抛弃了传统的 RNN、CNN 等结构，仅由自注意力机制和前向传播网络组成，Transformer 的代表作品——由谷歌在 2018 年提出的 BERT 模型，在 NLP 的 11 项任务中取得了效果的大幅提升，堪称 2018 年深度学习领域最振奋人心的消息之一。RNN 模型的一个关键限制为，它的计算是顺序执行的，即 RNN 类模型只能从左往右依次计算(或从右向左)。这种机制带来了两个问题：第一，时间片 t 的计算依赖 $t-1$ 时刻的计算结果，这样限制了模型的并行能力；第二，在顺序计算的过程中信息会丢失。尽管 LSTM 等结构在一定程度上缓解了长期依赖的问题，但是对于特别长期的依赖现象，LSTM 依旧无能为力。在 2017 年的论文"Attention is All You Need"[96]中，作者第一次提出了 Transformer 的结构。概括而言，Transformer 应该包括一个 Encoder 和一个 Decoder，如图 7.5 所示，Encoder 将输入转化为中间特征，并将其送至 Decoder 进行解码，Decoder 接收该特征并产生一个与目标尽可能接近的输出。Transformer 通过自注意力机制的方式解决长期依赖，即在输入阶段，计算每个单词与其他所有单词的相关性系数并进行加权融合。这种方式理论上支持无限长的输入，当然其计算复杂度是随着输入的增加呈平方增长的，因此大多数 Transformer 会要求输入长度不能过长，不过该限制(如 BERT 限制为最长 512 个单词)相比于一般输入而言，已经足够了。图 7.6 为自注意力权重的可视化示例。

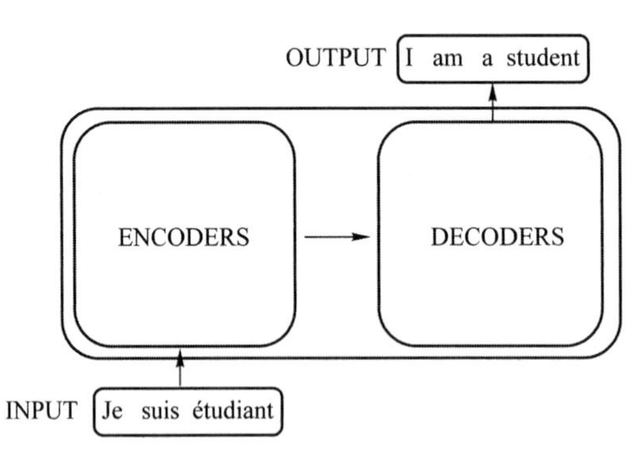

图 7.5 Transformer 的结构

谷歌公司在 2018 年提出了大规模预训练的 Transformer 模型 BERT[97]，其在 11 种不同的 NLP 测试上都创造了最佳成绩。谷歌公司官方给出经过预训练的模型后，其他科研从业者不需要大量硬件资源即可快速使用 BERT 模型，因此在一定程度上，BERT 正在取代 LSTM 以及 GloVe 成为各种任务的基础模型。以 PyTorch 框架为例，只需要短短数十行代码，就可以使用 BERT 模型完成特征提取、文本问答等一系列 NLP 任务。更重要的是，它的提出代表着预训练、迁移学习、自监督学习等一系列概念的成功，对其他领域的发展有非常重要的启发。

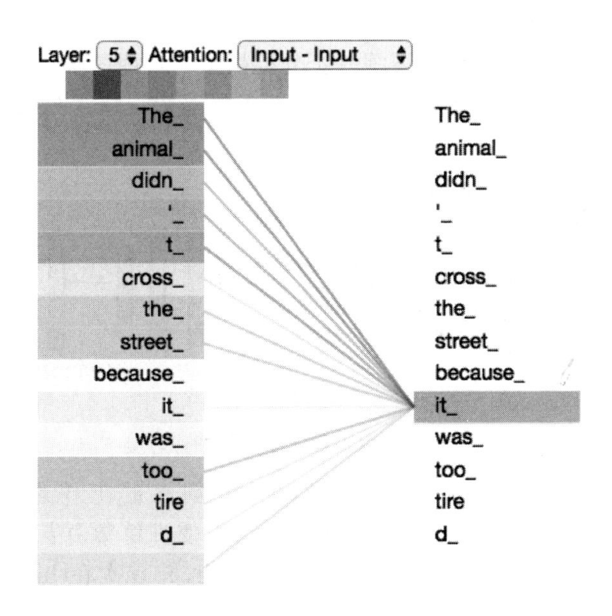

图 7.6 自注意力权重的可视化

7.3.3 计算机视觉

计算机视觉(Computer Vision,CV)是一门研究如何使机器"看"的科学,更进一步地说,就是指用摄影机和计算机代替人眼对目标进行识别、跟踪和测量等,并进一步做图像处理,使其成为更适合人眼观察或传送给仪器检测的图像。本书后续内容将介绍图像分类、物体检测、图像生成的主要任务,以及若干个经典的网络模型。

(1) 图像分类

图像分类根据图像的语义信息将不同类别图像区分开,是计算机视觉中重要的基本问题,也是图像检测、图像分割、物体跟踪、行为分析等其他高层视觉任务的基础。图像分类在很多领域有广泛应用,包括安防领域的人脸识别和智能视频分析、交通领域的交通场景识别、互联网领域基于内容的图像检索和相册自动归类、医学领域的图像识别等。从最开始比较简单的 10 分类的灰度图像手写数字识别任务,到李飞飞等人花费数年时间整理的 ImageNet 数据集[98],图像分类模型伴随着数据集的增长,一步一步提升到了今天的水平。现在,在 ImageNet 这样超过 1 000 万幅图像,超过 2 万类的数据集中,图像分类模型的准确度已经超过了人工分类的准确度。

一般来说,图像分类通过手工特征或特征学习方法对整个图像进行全部描述,然后使用分类器判别物体类别。在特征提取阶段,模型将从原始像素点中提取更高级的特征,这些特征能捕捉到各个类别间的区别。早期的特征提取方式(如 GIST、HOG、SIFT、LBP 等),主要基于图片的 RGB 值从像素点中提取信息。随着深度学习的发展,卷积神经网络(CNN)取得了惊人的效果,CNN 直接利用图像像素信息作为输入,在最大限度上保留了输入图像的所有信息，通过卷积操作进行特征的提取和高层抽象。提取特征之后，使用图像的这些特征与其对应的类别标签训练一个分类模型。常用的分类模型有 SVM、LR、随机森林及决策树等，在大规模、多分类的场景下，多层感知器作为分类器也有非常不错的表现。图 7.7 为利用神经网络进行图像分类的例子。

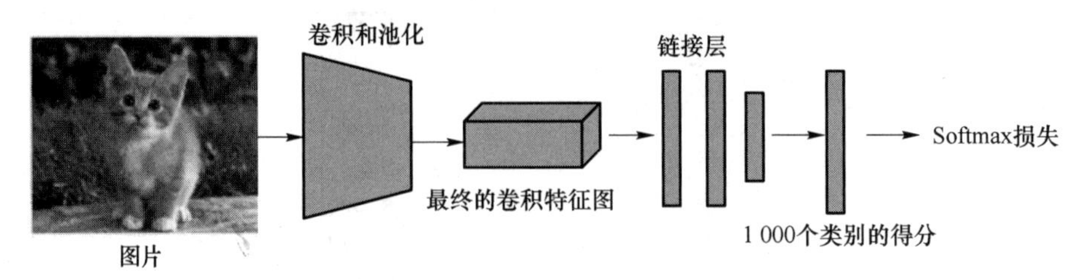

图 7.7　利用神经网络进行图像分类

ResNet[99] 是近年来在图像分类领域最具开创性的工作之一，由 FaceBook AI Research 的何恺明在 2015 年提出。它使训练数百甚至数千层成为可能，且在这种情况下仍能展现出优越的性能，并首次在 ImageNet 评测任务上超越了人类的表现，最终取得了顶级学术会议——国际计算机视觉与模式识别会议（CVPR）的最佳论文奖，并且由于其出色的特征表示能力，因此物体检测、图像分割、人脸识别等许多计算机视觉的应用的性能都得到了巨大的提升。本节后续将主要介绍 ResNet 的基本架构及其思想。

ResNet

在传统深度学习中，有一个非常难以解决的问题，即梯度消失和梯度爆炸问题，这是由于随着网络层数的增多，如果初始梯度小于 1，那么反向传播到初始层时，其梯度就会非常接近 0，而如果初始梯度大于 1，初始层的梯度就会因为不断地传递积累成很大的值，二者都会导致整个模型难以训练，因此在 ResNet 之前，最深的网络也只有 20 层，再加深层数 ResNet 的效果反而会下降，这种问题统称为网络的退化问题。但是考虑这样一个事实：对于一个已有的浅层网络，若想通过向上堆积新层来建立深层网络，一个极端情况是这些增加的层什么也不学习，仅仅复制浅层网络的特征，即这样新层是恒等映射（identity mapping）。在这种情况下，深层网络应该至少和浅层网络性能一样，不出现退化现象。故问题处在目前的训练方法上，使得深层网络很难去找到一个好的参数。ResNet 提出了一种残差卷积的结构，当输入为 x 时其学习到的特征记为 $H(x)$，现在我们希望其可以学习到残差 $F(x)=H(x)-x$，这样其实原始的学习特征是 $F(x)+x$。之所以这样是因为残差学习相比原始特征直接学习更容易。当残差为 0 时，堆积层仅仅做了恒等映射，至少网络性能不会下降，实际上残差不会为 0，这也使得堆积层在输入特征基础上学习到新的特征，从而拥有更好的性能。这种操作也被称为跳跃连接（skip connection），其结构如图 7.8 所示。

依靠残差连接的方式，ResNet 的层数理论上可以无限加深，作者分别训练了 18、34、50、101、152 层，发现其仍然能保持强劲的性能增长，最终训练层数达到 1 202 层时性能才下降，作者认为这是因为现有的数据集已经无法满足如此深层网络的训练了，所以出现了过拟合的现象，最终它在 ImageNet 上的 Top-5 分类错误率仅有 3.57%，这大大促进了计算机视觉的发展。

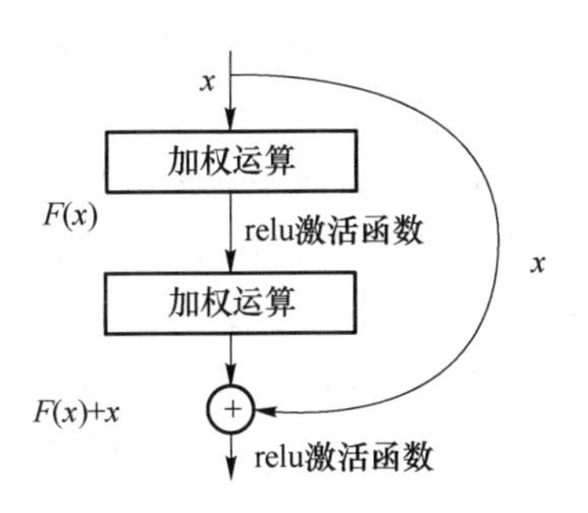

图 7.8 ResNet 的残差连接

(2) 物体检测

分类任务关注整体,给出的是整张图片的内容描述,而检测关注特定的物体目标,要求同时获得这一目标的类别信息和位置信息。相比分类,检测给出的是对图片前景和背景的理解,我们需要从背景中分离出感兴趣的目标,并确定这一目标的描述(类别和位置),因而,检测模型的输出是一个列表,列表的每一项使用一个数据组给出检出目标的类别和位置(常用矩形检测框的坐标表示)。图 7.9 展示了物体分类与物体检测之间的区别。

(a) 物体分类

(b) 物体分类

图 7.9 物体分类与物体检测的区别

物体检测的主要挑战来源于以下 4 个方面:第一,在实例层次上,对于单个物体实例,通常由于图像采集过程中光照条件、拍摄视角、距离的不同,物体自身的非刚体形变以及其他物体的部分遮挡,因此物体实例的表观特征会产生很大的变化;第二,类内差异大,即属于同一类的物体表观特征差别比较大;第三,存在类间模糊性,即不同类的物体实例具有一定的相似性;第四,存在多重稳定性,即同样的图像可以有不同的解释,这既与人的观察视角、关注点等物理条件有关,也与人的性格、经历等有关,这些都对物体检测提出了挑战。

流行的基于深度学习的物体检测方法主要分为两类。一类是基于 Region Proposal 的 R-CNN 系算法(R-CNN[100]、Fast R-CNN[101]、Faster R-CNN[102]、Mask R-CNN[103]),它们都需要先使用启发式方法(selective search)或者 CNN 网络(RPN)产生候选区域,然后在候选区域上做分类与回归。另一类是以 YOLO[104] 为代表的端到端算法,其仅仅使用一个 CNN 网络直接预测不同目标的类别与位置。YOLO 全称为“You Only Look

Once”，其对应的论文发表在2016年的CVPR会议上，是一种实时性非常好的物体检测方法，本节的后续内容将对YOLO的原理和结构进行简单的介绍。

通用的目标检测方法的流程可以分为两个阶段：第一阶段是选出当前可能的所有候选框；第二阶段是对所有的候选框判定是否存在物体。即同一张图片至少需要处理两次。YOLO的思想是只对图像处理一次，采用一个单独的CNN模型实现end-to-end的目标检测，YOLO的大致流程如图7.10所示：首先将输入图片的大小调整到448×448，然后将其送入CNN网络，最后处理网络预测结果，得到检测的目标。

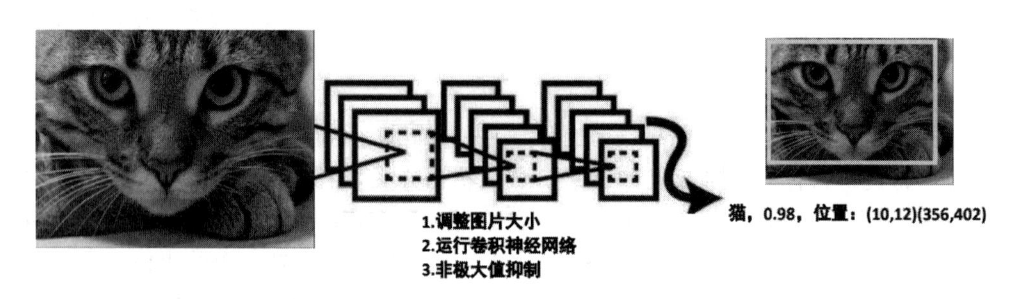

图7.10　YOLO的大致流程

具体来说，Yolo的CNN网络将输入的图片分割成$S \times S$个网格，然后每个单元格负责检测那些中心点落在该格子内的目标。每个单元格会预测B个边界框(bounding box)以及边界框的置信度(confidence score)。所谓置信度其实包含两个方面：一是这个边界框含有目标的可能性大小；二是这个边界框的准确度。前者记为P(project)，当该边界框是背景时(即不包含目标)，此时$P(\text{project})=0$，而当该边界框包含目标时，$P(\text{project})=1$。边界框的准确度可以用预测框与实际框(ground truth)的IoU(Intersection over Union，交并比)来表征，记为$\text{IoU}_{\text{pred}}^{\text{truth}}$。因此置信度可以定义为$P(\text{project})\text{IoU}_{\text{pred}}^{\text{truth}}$。很多人可能将YOLO的置信度看成边界框是否含有目标的概率，但是其实它是两个因子的乘积，预测框的准确度也反映在里面。边界框的大小与位置可以用4个值来表征：(x,y,w,h)，其中(x,y)是边界框的中心坐标，而(w,h)是边界框的宽与高。还有一点要注意，中心坐标的预测值(x,y)是相对于每个单元格左上角坐标点的偏移值，并且单位是相对于单元格大小进行缩放的，而边界框的(w,h)预测值是相对于整个图片的宽与高的比例，这样理论上4个元素的大小应该在(0,1)范围。这样，每个边界框的预测值实际上包含5个元素：(x,y,w,h,c)，其中前4个值表征边界框的大小与位置，而最后一个值是置信度。

(3) 图像生成

图像生成是近年来一个非常有趣的领域，与其他大多数计算机视觉任务不同，图像生成的目标是要“创造”本不存在的图片，比基于描述生成逼真图像要困难得多，需要多年的平面设计训练。因为生成模型必须基于更小的种子输入产出更丰富的信息(如具有某些细节和变化的完整图像)。虽然创建此类应用程序困难重重，但生成模型(加一些控制)在很多方面非常有用，如内容创建、智能编辑、数据增强等。图像生成的形式化定义如下：将给定的图片表示为一个随机向量$\boldsymbol{X}$，其中每一维都表示一个像素值，假设自然存在的图像都服从一个未知的分布$P(\boldsymbol{X})$，我们希望通过一些观测样本来估计其分布，这种估计的模型就是通用的图像生成模型。图像生成还发展出了许多其他与之相关的任务，如虚假图像判别、风格化迁移、虚拟换装等，实际应用非常广泛。

目前在深度学习领域，具有较大影响力的生成模型是生成式对抗网络(Generative Adversarial Nets，GAN)[105]，它由 Ian Goodfellow 在 2014 年首次提出，目前已经发展为一个庞大的模型派系，Nvidia 在 2019 年提出了 StyleGAN[106]，图 7.11 就是用 StyleGAN 生成的一些虚拟人脸的例子。本节的后续内容将简单介绍 GAN 的原理与进展。

图 7.11 虚拟人脸图片

受博弈论中两人零和博弈思想的启发，GAN 主要由生成器和鉴别器两个部分组成。生成器的目的是生成真实的样本，从而骗过鉴别器，而鉴别器用于区分真实的样本和生成的样本。两个部分通过对抗训练来不断提高各自的能力，最终达到一个均衡的状态。生成对抗网络由生成器(G)和鉴别器(D)两个部分组成。G 是由 θ 参数化的神经网络。G 的输入是一个服从某一分布 p_z 的随机向量 $\boldsymbol{z}$，而 G 的输出可以看成采样于某一分布 p_g 的一个样本 $G(z)$。假设真实数据的分布为 p_{data}，在给定一定量真实数据集的条件下，对生成对抗网络进行训练，让 G 学到一个近似于真实数据分布的函数。GAN 中 G 的主要目的是生成类似于真实数据的样本以骗过 D，而 D 的输入由真实的样本和生成的样本两个部分组成，D 的目标就是判断输入的数据是来自真实的样本还是来自 G 生成的样本。G 和 D 经过对抗训练达到一个纳什平衡状态，即 D 判断不出其输入是来自真实的样本，还是来自 G 生成的样本，此时就可以认为 G 学习到了真实数据的分布。在理论上，假设在生成对抗网络中真实数据分布为 $p_{\text{data}}(x)$，并且有一个被 θ 参数化的生成分布 $P_G(x;\theta)$。如果想让真实数据分布和生成分布十分接近，则首先从 $P_G(x;\theta)$ 随机采样数量为 m 的样本，并且计算出 $P_G(x_i;\theta)$，最后通过最大似然函数来求出参数 θ：

$$L=\prod_{i=1}^{m}P_G(x^i,\theta) \tag{7.7}$$

当前对于 GAN 的研究分为理论和应用两个方面：在理论方面，主要的工作是解决生成对抗网络的不稳定性和模式崩溃问题；在应用方面，图像生成、语义分割、图像修复等诸多领域在内的任务都广泛使用了 GAN，不仅如此，在自然语言处理领域，GAN 的应用也呈日益增长的趋势，如从文本生成图像、字体生成、对话生成、机器翻译等。

7.3.4 图计算

图是用于表示对象之间关联关系的一种抽象数据结构，使用顶点（vertex）和边（edge）进行描述：顶点表示对象，边表示对象之间的关系。可抽象成用图描述的数据即图数据。图计算便是以图作为数据模型来表达问题并予以解决的这一过程。与文本、图像等满足欧几里得结构的数据不同，图数据具有很大的结构不确定性，表现为每个顶点的邻接节点的数量都不同，因此传统的卷积定义不再适用于图结构。此外，现有深度学习算法的一个核心假设是数据样本之间彼此独立，然而，对图来说，情况并非如此，图中的每个数据样本（节点）都会有边与图中其他实数据样本（节点）相关，这些信息可用于捕获实例之间的相互依赖关系。然而，现实中许多问题在某种角度上都可以抽象为图上的某种任务，因此对图的研究也吸引了许多研究者。本节的后续内容将主要介绍图计算的一些常用场景以及模型。

（1）图卷积网络

图卷积网络是图计算中的一个活跃的分支。考虑到卷积神经网络在计算机视觉等领域取得的巨大突破，研究人员致力于将卷积网络应用在图结构上。然而由于节点局部拓扑结构的变化使得图数据不满足卷积所要求的平移不变性，因此在建模图卷积网络时，研究者主要关注如何设计能在图上操作的卷积算子。Bruna 等人在 2013 年[107]提出了第一个图卷积网络，从卷积定义出发，在频域空间（谱空间）定义图卷积，这类方法具有时空复杂度较高的弊端。ChebNet[108]和 GCN[109]对谱方法的卷积核进行了参数化，大大降低了复杂度，之后的一些方法尝试从空间角度定义节点的权重矩阵，目前流行使用的图卷积网络就是 GCN 的一种近似。本文在此省略具体推导过程，只给出 GCN 中每一层参数的更新规则：

GCN

$$\boldsymbol{H}^{l+1}=\sigma(\boldsymbol{L}\boldsymbol{H}^{l}\boldsymbol{W}^{l}) \tag{7.8}$$

其中，$\boldsymbol{H}^{l}$是第 l 层的节点特征，$\boldsymbol{L}=\boldsymbol{D}-\boldsymbol{A}$ 是图的拉普拉斯矩阵，$\boldsymbol{W}^{l}$是可学习参数。每次更新时，每个节点都会从与它相邻的节点中收集信息，并根据参数 $\boldsymbol{W}^{l}$进行加权将其作为自身的特征。当整个图中所有节点的特征都趋于不变时，网络的训练过程即认为结束。

作者认为，目前 GCN 仍处在发展的萌芽阶段，在传统卷积神经网络中已解决的诸多问题在 GCN 上仍然没有很好的解决方式。例如，GCN 受限于梯度消失问题，无法堆叠过深，且由于 GCN 本质上需要收集其他节点的特征，因此过平滑问题也是影响 GCN 效果的一大限制，即不同节点的特征趋于同一分布。

（2）图网络在社交网络分析上的应用

社交网络是由人际关系、交往等人与人交互构成的网络，对社交网络的分析可以帮助我们估计某人的偏好，挖掘其人际关系背后的爱好等隐形特征。由于社交网络可以用以人为节点，人与人的交互为边的图来表示，因此图神经网络天然适用于社交网络分析。在社交关系理解中，主要包含人物间的关系识别、关系预测、人物的属性分类等任务，这些任务分别可以映射为图上边的分类、边的预测、节点分类任务。本节以视频人物间的关系识别为例，对图神经网络的应用进行具体介绍。

人物关系识别的目标是给定的一段包含主要角色的视频，由模型输出每对人物之间的关系类型，如朋友、敌人、同事、陌生人等[110]。这类研究的大致流程可以分为数据预处理、关系图构建、特征更新以及分类等子过程。在数据预处理阶段，通常对原始输入进行实体识别、人物识别，以抽取视频中的实体；在关系图构建阶段，根据人物之间的相对位置关系，构建关系图 $G=(V,E)$，其中 V 代表人物集合，E 代表根据位置关系等其他信息构建的初始连边。之后将图 G 输入到 GCN 中，进行边和节点特征的更新，最后分类器根据节点特征判定节点间的关系。图 7.12 是一种将图模型用于视频人物关系抽取的例子。

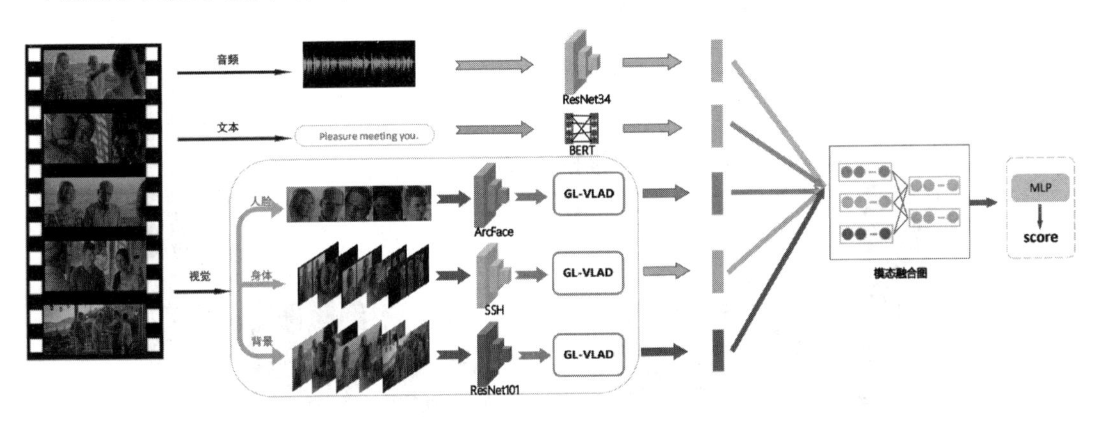

图 7.12　利用图模型进行视频人物关系抽取

(3) 推荐系统

还有一个大规模用到图模型的领域是推荐系统。推荐系统是一种信息过滤系统，用于预测用户对物品的“评分”或“偏好”。在目前常见的大部分 App 中，信息推送的背后都是推荐系统在运作，如知乎的信息流、淘宝的商品推荐(如图 7.13 所示)等。推荐本身作为一个应用广泛的领域，衍生出了许多子分支，本书只针对其中与图模型相关的内容进行介绍。

传统的推荐方法基于用户的历史行为(如购买记录、评价记录等)，并结合其他用户的相似决策建立模型，这种方法被称为基于协同过滤的方法。还有一些模型，如基于内容的推荐，针对商品提取特征，并依据商品内容之间的相似性对用户进行推荐。然而，上述方法都存在一些问题，如对于新用户的推荐效果极差，基本只能推荐相似的商品等。而结合图方法的推荐模型表现出了良好的性能，并具有良好的可扩展性和发展前景[111]。基于图方法的推荐模型的核心要点在于图的构建。例如，如果将每个用户和商品都作为节点，以用户的购买行为作为边(即如果用户 A 购买过商品 B，则 A 与 B 就有边相连)，那么我们将得到一个二部图，从而将商品推荐任务转化为图上两个节点之间边的预测问题。图 7.14 是 Pinterest 网站的示例。在 2018 年发表的一篇文章[112]中，证明了 Pinterest 通过引入商品与商品收藏夹拓扑结构的方法可以将用户的点击率提高 10%至 30%。

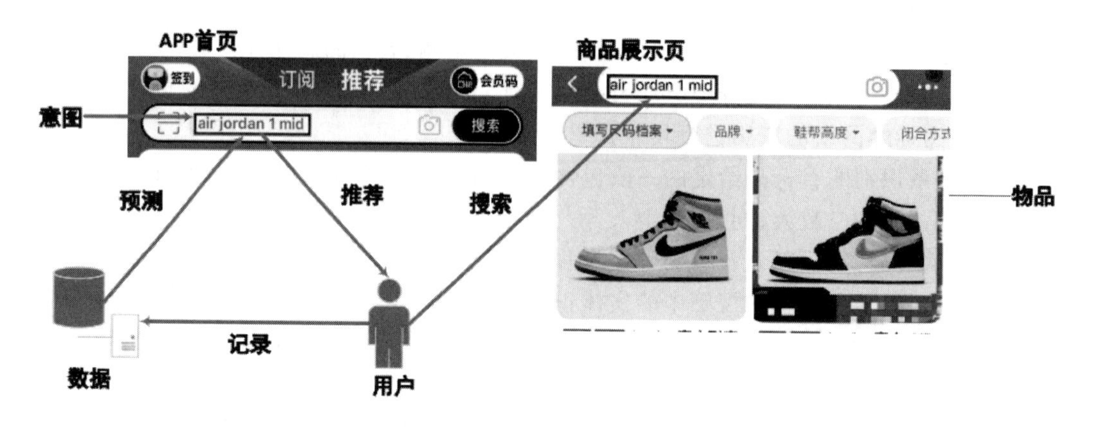

图 7.13　推荐系统在淘宝中的应用示例

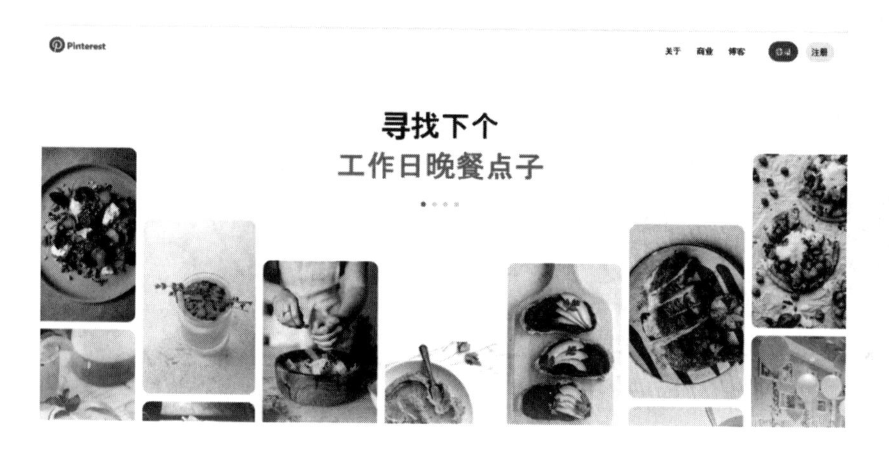

图 7.14　Pinterest 网站的示例

7.4　经典案例

本节将主要介绍若干常用的比赛平台，目前国内外流行的比赛平台数不胜数，受限于篇幅，仅对其中较有代表性的若干平台进行简单的介绍，并以一些简单的例子说明平台的具体使用方法。7.4.1 节将基于 7.3.1 节中介绍的多层感知器模型，对 PyTorch 框架的通用流程做简单的介绍，并实现对手写数字的识别实验；7.4.2 节基于 7.3.2 节中介绍的 BERT 模型实现文本数据的数据预处理以及简单的文本分类任务；7.4.3 节介绍 7.3.3 节中涉及的 ResNet 等模型在视频内容理解实验中的使用。

本实验主要基于 Python 语言以及 PyTorch 框架。作者建议通过 Anaconda 网站(https://www.anaconda.com/)安装 Python，并通过 PyTorch 官网(pytorch.org)根据读者的环境进行自定义安装 PyTorch 框架，需要配置 PyTorch 版本、操作系统、平台等信息，之后执行图 7.15 中的命令即可安装。

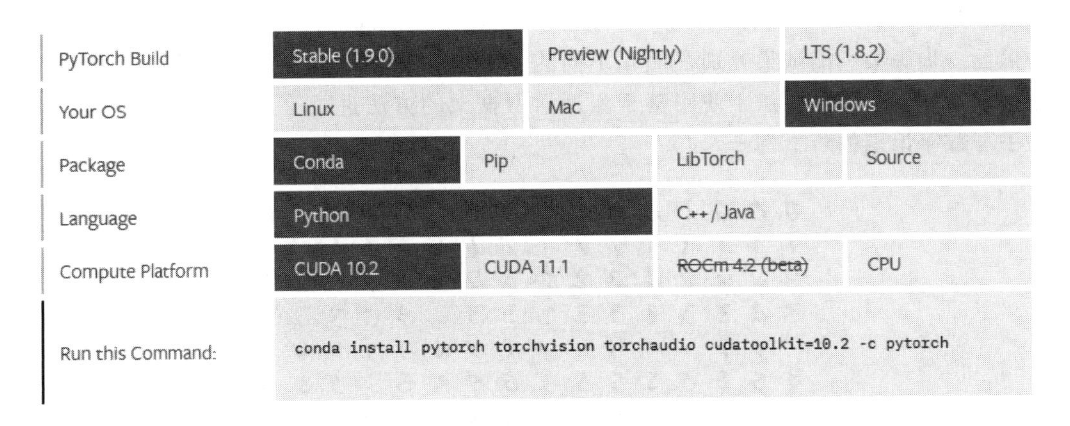

图 7.15　PyTorch 官网中的自定义安装模式

环境配置成功后即可在 Python 环境中使用 PyTorch 框架。作为测试，读者可以尝试在终端(PowerShell 或 Bash)执行图 7.16 所示的命令，如果能够正常显示，则说明安装无问题。

```
(base) lifangtao-20@kiwi:~$ python
Python 3.8.3 (default, Jul  2 2020, 16:21:59)
[GCC 7.3.0] :: Anaconda, Inc. on linux
Type "help", "copyright", "credits" or "license" for more information.
>>> import torch
>>> print(torch.__version__)
1.6.0
>>> |
```

图 7.16　PyTorch 测试代码

7.4.1　Kaggle——以手写数字识别为例

(1) 平台简介

Kaggle(https://www.kaggle.com/)是一个较大的机器学习与数据处理平台，Kaggle 在全球范围内拥有将近 20 万名的数据科学家，其涉及的专业领域从计算机科学到统计学、经济学和数学。Kaggle 也曾经和 NASA、维基百科、德勤公司和好事达公司合作举办比赛。Kaggle 的比赛在艾滋病研究、棋牌评级和交通预测方面取得了成果。基于这些成果产生了一系列的学术论文。

Kaggle 上的手写数字识别案例

(2) 比赛内容简介

手写数字识别是计算机视觉中最经典的比赛之一。本实验用到的 MNIST 数据集，相当于计算机视觉领域中的“Hello，world”。竞赛目标是根据输入的图片，预测其上书写的数字，故这也可以看作一个十分类问题，分类依次为 0～9。数据的具体格式：每张图片均为 28×28,共有 784 个像素,每个像素有一个 0～255 之间的像素值,0 代表纯白色,255 为黑色。训练集和测试集分别存储在不同的 csv 文件中,评测时以准确率作为主要评测指标。本次实验主要聚焦于使用基于深度学习框架的方法进行手写数字识别。图 7.17 为手写数字识别的若干例子。

图 7.17　手写数字识别的若干例子

(3) 参赛及提交

进入 Kaggle 平台比赛的主界面(https://www.kaggle.com/competitions),单击"Digit Recognizer",进入手写数字识别比赛界面,再单击"Join Competition"参加比赛,即可提交结果。可以在"Leaderboard"上随时查看自己的提交结果。

(4) 实验代码示例

首先,如图 7.18 所示,导入实验所需的第三方库,假设实验所需的数据均位于"../input"目录下。

```
import numpy as np # linear algebra
import pandas as pd # data processing, CSV file I/O (e.g. pd.read_csv)
import matplotlib.pyplot as plt # for plotting beautiful graphs

# train test split from sklearn
from sklearn.model_selection import train_test_split

# Import Torch
import torch
import torch.nn as nn
from torchvision import transforms, models
# from torch.utils.data import SubsetRandomSampler
from torch.autograd import Variable
from torch import nn, optim
import torch.nn.functional as F

# What's in the current directory?
import os
print(os.listdir("../input"))
```

图 7.18　导入所需的第三方库

之后，使用 pandas 导入实验数据，如图 7.19 所示。

```
train = pd.read_csv("../input/train.csv", dtype=np.float32)
final_test = pd.read_csv("../input/test.csv", dtype=np.float32)
sample_sub = pd.read_csv("../input/sample_submission.csv")
train.label.head()
```

图 7.19　导入训练、验证和测试数据

需要注意的是，原始数据以浮点类型存储在 csv 文件中，而 PyTorch 只支持 Tensor 类型的数据输入(Tensor 可以认为是一种特殊的向量，GPU 针对 Tensor 做了特殊的计算优化以加快运行速度)，因此，我们需要构建一个 Tensor 类型的数据提供给后续的模型。首先我们使用 torch.from_numpy 方法将读取到的 csv 数据转换为 Tensor 类型，之后使用 torch.utils.data.TensorDataset 方法将 Tensor 类型的数据加载为数据集。数据集是可以被 Dataloader 遍历的一种数据格式，Dataloader 为一种迭代器。如果想实现自定义的数据集，一般而言只需定义一个继承于 Dataset 的子类，并重写其中的__getitem__和__len__方法，其中__len__方法返回整个数据集中数据的个数，__getitem__方法返回单个数据，如图 7.20 所示。

```
# Seperate the features and labels
targets_np = train.label.values
features_np = train.loc[:, train.columns != 'label'].values/255

# Split into training and test set
features_train, features_test, target_train, target_test = train_test_split(features_np, target
s_np, test_size=0.2, random_state=42)
```

```
# create feature and targets tensor for train set. As you remember we need variable to accumulate
gradients. Therefore first we create tensor, then we will create variable
featuresTrain = torch.from_numpy(features_train)
targetsTrain = torch.from_numpy(target_train).type(torch.LongTensor) # data type is long

# create feature and targets tensor for test set.
featuresTest = torch.from_numpy(features_test)
targetsTest = torch.from_numpy(target_test).type(torch.LongTensor) # data type is long
```

```
# Set batch size
batch_size = 256

# Pytorch train and test sets
train = torch.utils.data.TensorDataset(featuresTrain,targetsTrain)
test = torch.utils.data.TensorDataset(featuresTest,targetsTest)

# data loader
train_loader = torch.utils.data.DataLoader(train, batch_size = batch_size, shuffle = True)
test_loader = torch.utils.data.DataLoader(test, batch_size = batch_size, shuffle = True)
```

图 7.20　数据预处理的定义

随后,定义一个简单的可视化方法,用其对 Tensor 类型的数据进行可视化,如图 7.21 所示。

```
# visualize one of the images in data set
def visualize_image(data, index, pred=False, val=0):
    '''This funtion can be used to visualize the images'''
    plt.imshow(data[index].reshape(28,28))
    plt.axis("off")
    plt.title("Handwritten Digit Image")
    plt.show()
visualize_image(features_np, 12)
```

(a) 代码

Handwritten Digit Image

(b) 可视化结果

图 7.21　数据可视化的例子

在模型定义阶段,该示例定义了一个基于多层感知器的模型,任何可训练的模型都需要继承 nn.Module 父类,并自行重写其中的__init__和 forward 方法,其中,__init__方法主要进行模型定义、参数设置等工作,而 forward 方法则实现了针对特定数据的模型运行。对分类任务而言,输入是从 Dataloader 加载的数据,输出是一个以维度为类别数目的概率分布 Tensor,示例模型及其实现分别如图 7.22 和图 7.23 所示。

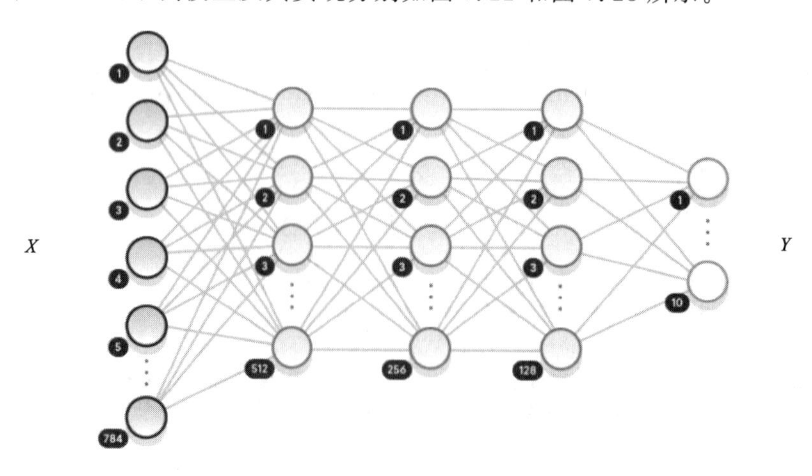

图 7.22　多层感知器分类器的模型结构

```
class Classifier(nn.Module):
    def __init__(self):
        super().__init__()
        # 5 Hidden Layer Network
        self.fc1 = nn.Linear(28*28, 512)
        self.fc2 = nn.Linear(512, 256)
        self.fc3 = nn.Linear(256, 128)
        self.fc4 = nn.Linear(128, 64)
        self.fc5 = nn.Linear(64, 10)

        # Dropout module with 0.2 probbability
        self.dropout = nn.Dropout(p=0.2)
        # Add softmax on output layer
        self.log_softmax = F.log_softmax

    def forward(self, x):
        x = self.dropout(F.relu(self.fc1(x)))
        x = self.dropout(F.relu(self.fc2(x)))
        x = self.dropout(F.relu(self.fc3(x)))
        x = self.dropout(F.relu(self.fc4(x)))

        x = self.log_softmax(self.fc5(x), dim=1)

        return x
```

图 7.23 多层感知器的 PyTorch 实现

这里，每一个全连接层之间都加入 relu 的非线性激活以及 dropout 函数，以增强其鲁棒性。最后，在 main 函数中对分类器、损失函数、优化器进行实例化，如图 7.24 所示。

```
# Instantiate our model
model = Classifier()
# Define our loss function
criterion = nn.NLLLoss()
# Define the optimier
optimizer = optim.Adam(model.parameters(), lr=0.0015)

epochs = 25
steps = 0
print_every = 50
train_losses, test_losses = [], []
```

图 7.24 实例化分类器、损失函数、优化器

针对每一轮迭代，从 dataloader 中取出一个 batch 的数据，并通过模型计算输出值以及通过 loss 函数计算损失值，并进行反向传播迭代。多层感知器的训练过程如图 7.25 所示。

```
for e in range(epochs):
    running_loss = 0
    for images, labels in train_loader:
        steps += 1
        # Prevent accumulation of gradients
        optimizer.zero_grad()
        # Make predictions
        log_ps = model(images)
        loss = criterion(log_ps, labels)
        #backprop
        loss.backward()
        optimizer.step()

        running_loss += loss.item()
        if steps % print_every == 0:
            test_loss = 0
            accuracy = 0

            # Turn off gradients for validation
            with torch.no_grad():
                model.eval()
                for images, labels in test_loader:
                    log_ps = model(images)
                    test_loss += criterion(log_ps, labels)

                    ps = torch.exp(log_ps)
                    # Get our top predictions
                    top_p, top_class = ps.topk(1, dim=1)
                    equals = top_class == labels.view(*top_class.shape)
                    accuracy += torch.mean(equals.type(torch.FloatTensor))

            model.train()

            train_losses.append(running_loss/len(train_loader))
            test_losses.append(test_loss/len(test_loader))
```

图 7.25　多层感知器的训练过程

训练完成以后，通过 torch.save 方法将训练完成的模型保存，并在测试时将该模型再次读入，用于预测测试数据的类别。在测试阶段，首先以与训练数据相同的方式对测试数据进行处理，以保证模型的有效性，如图 7.26 所示。

```
final_test_np = final_test.values/255
test_tn = torch.from_numpy(final_test_np)
```

```
# Creating fake labels for convenience of passing into DataLoader
## CAUTION: There are other ways of doing this, I just did it this way
fake_labels = np.zeros(final_test_np.shape)
fake_labels = torch.from_numpy(fake_labels)
```

```
submission_tn_data = torch.utils.data.TensorDataset(test_tn, fake_labels)

submission_loader = torch.utils.data.DataLoader(submission_tn_data, batch_size = batch_size, sh
uffle = False)
```

图 7.26　对测试数据的预处理

最后，将测试数据送入模型，因为测试的过程不需要任何迭代，故并没有迭代次数的概念，只需保证所有样本均被预测过一次即可，同时，强烈建议测试时使用 torch. no_grad 和 model. eval 方法，因为 PyTorch 模型的正则化、Dropout 项在训练和测试时会有细微的差异，这可能会对模型表现造成负面影响。多层感知器的测试过程如图 7.27 所示。

```
# Turn off gradients for validation
with torch.no_grad():
    model.eval()
    image_id = 1
    for images, _ in submission_loader:
        log_ps = model(images)
        ps = torch.exp(log_ps)
        top_p, top_class = ps.topk(1, dim=1)

        for prediction in top_class:
            submission.append([image_id, prediction.item()])
            image_id += 1
```

图 7.27　多层感知器的测试过程

7.4.2　阿里云天池——以新闻文本分类为例

(1) 平台简介

阿里云天池是中国最大的 AI 开发者社区，面向社会开放高质量数据(阿里数据及第三方数据)和计算资源，让参与者有机会运用其设计的算法解决各类社会或业务问题。如今，该社区已经承载了电商、金融、工业、医疗等上百种场景的赛事，合作和服务了百余家机构。这些赛事运作也为阿里云天池平台沉淀了大量的高质量数据集。

(2) 比赛内容简介

新闻文本分类旨在让参赛者利用自然语言处理技术来分析新闻数据,参赛者在报名后即可下载数据集。赛题数据为新闻文本,并按照字符级别进行匿名处理。整合划分出 14 个候选分类类别的文本数据:财经、彩票、房产、股票、家居、教育、科技、社会、时尚、时政、体育、星座、游戏、娱乐。赛题数据由以下几个部分构成:训练集包括 20 万条样本,测试集 A 包括 5 万条样本,测试集 B 包括 5 万条样本。数据集标签与实际类别的对应关系如下:{'科技': 0, '股票': 1, '体育': 2, '娱乐': 3, '时政': 4, '社会': 5, '教育': 6, '财经': 7, '家居': 8, '游戏': 9, '房产': 10, '时尚': 11, '彩票': 12, '星座': 13}。以 f1-score 的均值作为评价指标。

新闻文本分类源代码

赛题本质是一个文本分类问题,需要根据每句的字符进行分类。但赛题给出的数据是匿名化的,不能直接使用中文分词等操作,这个是赛题的难点。官方提供了 4 种解题思路,建议尝试 WordVec+深度学习分类器或 BERT 词向量的微调。

(3) 参赛及提交

进入阿里云天池比赛的主界面(https://tianchi. aliyun. com/competition/gameList),再进入“学习赛”——“零基础入门 NLP-新闻文本分类”,单击“报名参赛”,即可获取数据并提交结果。其推荐的官方平台为阿里云公司的 Data Science Workshop,它是一个基于 Jupyter Notbook 的虚拟环境,也可以使用本地环境进行实验。阿里云官方在教程中给出了基于 PyTorch 的各种实现过程。提交结果后,可在排行榜的“长期赛”栏下找到对应的成绩排名,如图 7.28 所示。

长期赛 | 正式赛 | 最终榜

排名	参与者	组织	score	最优成绩提交日
1	kungkaching	暨南大学	0.9732	2021-06-30
2	1996428727549526	深圳大学	0.9717	2021-06-22
3	joh019	南开大学	0.9706	2020-12-10
4	goldgaruda	西安交通大学	0.9693	2020-09-18
5	在夏	电子科技大学	0.9687	2020-10-20
6	大勇12323	Others-	0.9685	2021-04-16
7	Telgenm	西南石油	0.9675	2021-05-01
8	vaeput	溯能科技	0.9668	2020-12-13
8	此处应有我	郑州大学	0.9668	2021-04-14
8	啥都不会小菜鸡	郑州大学	0.9668	2021-04-14

图 7.28　阿里云上的新闻文本分类比赛排行榜

(4) 实验代码示例

本实验主要基于 PyTorch 框架和 BERT 模型实现,完整代码可以参考该比赛的论坛

(https://tianchi.aliyun.com/competition/entrance/531810/forum)，受限于篇幅，这里仅针对代码中的关键部分进行解释。首先，导入torch、numpy等必要的库，并设置随机数种子，如图7.29所示。

```
import logging
import random

import numpy as np
import torch

logging.basicConfig(level=logging.INFO, format='%(asctime)-15s %(levelname)s: %(message)s')

# set seed
seed = 666
random.seed(seed)
np.random.seed(seed)
torch.cuda.manual_seed(seed)
torch.manual_seed(seed)

# set cuda
gpu = 0
use_cuda = gpu >= 0 and torch.cuda.is_available()
if use_cuda:
    torch.cuda.set_device(gpu)
    device = torch.device("cuda", gpu)
else:
    device = torch.device("cpu")
logging.info("Use cuda: %s, gpu id: %d.", use_cuda, gpu)
```

图7.29 对实验的初始设置

对训练、验证和测试数据进行数据的混洗、清洗等预处理操作，如图7.30所示。

```
# build train, dev, test data
fold_id = 9

# dev
dev_data = fold_data[fold_id]

# train
train_texts = []
train_labels = []
for i in range(0, fold_id):
    data = fold_data[i]
    train_texts.extend(data['text'])
    train_labels.extend(data['label'])

train_data = {'label': train_labels, 'text': train_texts}

# test
test_data_file = '../data/test_a.csv'
f = pd.read_csv(test_data_file, sep='\t', encoding='UTF-8')
texts = f['text'].tolist()
test_data = {'label': [0] * len(texts), 'text': texts}
```

图7.30 实验数据的预处理

定义词表、令牌化模型,BERT 模型通过特殊的字符[PAD]、[UNK]来填充句子以及未登录词,同时将分类标签按照字典用不同的数字表示,如图 7.31 所示。

```
# build vocab
from collections import Counter
from transformers import BasicTokenizer

basic_tokenizer = BasicTokenizer()


class Vocab():
    def __init__(self, train_data):
        self.min_count = 5
        self.pad = 0
        self.unk = 1
        self._id2word = ['[PAD]', '[UNK]']
        self._id2extword = ['[PAD]', '[UNK]']

        self._id2label = []
        self.target_names = []

        self.build_vocab(train_data)

        reverse = lambda x: dict(zip(x, range(len(x))))
        self._word2id = reverse(self._id2word)
        self._label2id = reverse(self._id2label)

        logging.info("Build vocab: words %d, labels %d." % (self.word_size, self.label_size))

    def build_vocab(self, data):
        self.word_counter = Counter()

        for text in data['text']:
            words = text.split()
            for word in words:
                self.word_counter[word] += 1

        for word, count in self.word_counter.most_common():
            if count >= self.min_count:
                self._id2word.append(word)

        label2name = {0: '科技', 1: '股票', 2: '体育', 3: '娱乐', 4: '时政', 5: '社会', 6: '教育', 7: '财经',
                      8: '家居', 9: '游戏', 10: '房产', 11: '时尚', 12: '彩票', 13: '星座'}

        self.label_counter = Counter(data['label'])

        for label in range(len(self.label_counter)):
            count = self.label_counter[label]
            self._id2label.append(label)
            self.target_names.append(label2name[label])
```

图 7.31　数据清洗、类别定义

模型方面,使用预训练的 BERT 模型为基础,并加入 Attention 机制,在训练集上对 BERT 模型进行参数的微调,图 7.32 展示了模型的定义,self.bert 加载了预训练的 BERT 模型并将其存在本地缓存中。

最后,在 Trainer 类中实现训练和测试过程,train 方法实现每一轮迭代中的输入以及模型保存,test 方法加载已保存的模型,并将其设定为测试模式,如图 7.33 所示。

```
class WordBertEncoder(nn.Module):
    def __init__(self):
        super(WordBertEncoder, self).__init__()
        self.dropout = nn.Dropout(dropout)

        self.tokenizer = WhitespaceTokenizer()
        self.bert = BertModel.from_pretrained(bert_path)

        self.pooled = False
        logging.info('Build Bert encoder with pooled {}.'.format(self.pooled))

    def encode(self, tokens):
        tokens = self.tokenizer.tokenize(tokens)
        return tokens

    def get_bert_parameters(self):
        no_decay = ['bias', 'LayerNorm.weight']
        optimizer_parameters = [
            {'params': [p for n, p in self.bert.named_parameters() if not any(nd in n for nd in no_decay)],
             'weight_decay': 0.01},
            {'params': [p for n, p in self.bert.named_parameters() if any(nd in n for nd in no_decay)],
             'weight_decay': 0.0}
        ]
        return optimizer_parameters

    def forward(self, input_ids, token_type_ids):
        # input_ids: sen_num x bert_len
        # token_type_ids: sen_num  x bert_len

        # sen_num x bert_len x 256, sen_num x 256
        sequence_output, pooled_output = self.bert(input_ids=input_ids, token_type_ids=token_type_ids)

        if self.pooled:
            reps = pooled_output
        else:
            reps = sequence_output[:, 0, :]  # sen_num x 256

        if self.training:
            reps = self.dropout(reps)

        return reps
```

图 7.32　基于 BERT 的模型主体

```
    def train(self):
        logging.info('Start training...')
        for epoch in range(1, epochs + 1):
            train_f1 = self._train(epoch)

            dev_f1 = self._eval(epoch)

            if self.best_dev_f1 <= dev_f1:
                logging.info(
                    "Exceed history dev = %.2f, current dev = %.2f" % (self.best_dev_f1, dev_f1))
                torch.save(self.model.state_dict(), save_model)

                self.best_train_f1 = train_f1
                self.best_dev_f1 = dev_f1
                self.early_stop = 0
            else:
                self.early_stop += 1
                if self.early_stop == early_stops:
                    logging.info(
                        "Eearly stop in epoch %d, best train: %.2f, dev: %.2f" % (
                            epoch - early_stops, self.best_train_f1, self.best_dev_f1))
                    self.last_epoch = epoch
                    break
    def test(self):
        self.model.load_state_dict(torch.load(save_model))
        self._eval(self.last_epoch + 1, test=True)
```

图 7.33　训练和测试过程

7.4.3 Biendata

(1) 平台简介

Biendata 作为一个技术项目，于 2015 年启动，并于 2017 年开始独立运营。Biendata 已经组织过多场数据竞赛和学术评测，并为数家公司和大学提供数据咨询及课程支持的服务。Biendata 的比赛客户既包括各种企业，也包括 IEEE、ACM、中国计算机学会、中国人工智能学会等国内外顶尖学术组织。比赛覆盖了人工智能的不同领域，包括推荐系统、图片识别、城市计算和自然语言处理等多个领域，吸引了来自 20 多个国家的数万名选手。这些比赛一方面为学术界，特别是计算机和统计专业的学生提供了难得的真实数据和真实应用场景；另一方面能帮助企业发布最贴近自身业务的竞赛命题、进行技术品牌建设，以及招聘技术人员。

视频内容理解源代码

(2) 比赛内容简介

知识增强的视频语义理解任务以百度好看、全民小视频的资源为对象，在感知内容分析的基础上，融合视觉、语音等多模信息，结合知识计算与推理，为视频生成相应的语义标签。

具体来讲，在完成对视觉基础内容分析的基础上，利用知识进行计算与推理，对百度好看、全民小视频从分类标签、语义标签（包括实体、概念、事件、实体属性等维度）层面进行理解，并为其生成这几个层面相应的语义标签结果。此次任务的输入、输出定义如下：输入为原始视频数据（平均时长≤5 分钟）、基础感知解析结果〔OCR（光学文字识别）、语音识别、人脸识别结果等〕；输出为视频语义标签（包括分类标签——二层体系的封闭集）以及语义标签（包括实体、概念、事件、实体属性等标签）。例如，对于图 7.34 所示的一段视频，应输出其分类标签——“生活家居（一级）、装修（二级）”以及语义标签——“客厅、客厅设计”。

图 7.34　视频语义理解的示例

(3) 参赛及提交

进入 Biendata 比赛的主界面（https://www.biendata.xyz/competition/），再进入“CCKS 2021：知识增强的视频语义理解”，单击“报名参赛”即可下载数据并运行 Baseline 代码、提交结果。该比赛的 Baseline 代码基于 PaddlePaddle 框架实现，并提供了可在百度 AI Studio 平台上运行的快速启动项目。通过“排行榜”即可查看自己提交结果的排名，其界面类似图 7.35 所示的日常排行榜。

日常排行榜

排行榜每10分钟更新.

如果你发现有参赛者用多个账户参加比赛，请联系管理员.

#	Δ	队伍名	分数	提交次数
1	—	baseline	0.48438	46
2	—	CPIC	0.48159	110
3	—	vivion	0.46807	58
4	—	ccks2021_half	0.46384	14
5	—	mochen	0.46077	11
6	—	Lucky	0.45595	18
7	—	CML	0.45571	36
8	—	Neymar	0.43605	36

图 7.35 Biendata 的视频语义理解排行榜

(4) 实验代码示例

本实验的示例代码基于百度的 PaddlePaddle 框架实现，按照比赛要求，分为“视频主题分类”和“视频语义分类”两个模型，最终的输出为两个模型输出的拼接。受限于篇幅，本书将主要针对其中“视频主题分类”模型的关键代码进行解读，读者可以在参考比赛基准模型(https://github.com/PaddlePaddle/Research/tree/master/KG/DuKEVU_Baseline)后实现完整的实验模型。

模型的核心实现分为两个类：在 LSTMAttentionModel 中，实现了带有 Attention 机制的 LSTM 模型；在 AttentionLSTM 中，该模型引入 LSTMAttentionModel，同时实现了一个基于多层感知器的分类器。图 7.36 是 LSTMAttentionModel 的前向传播的定义。

```
input_fc = paddle.static.nn.fc(
    x=input,
    size=self.embedding_size,
    activation='tanh',
    bias_attr=paddle.ParamAttr(
        regularizer=paddle.regularizer.L2Decay(coeff=0.0),
        initializer=paddle.nn.initializer.Normal(std=0.0)),
    name='rgb_fc')

lstm_forward_fc = paddle.static.nn.fc(
    x=input_fc,
    size=self.lstm_size * 4,
    activation=None,
    bias_attr=False,  # video_tag
    name='rgb_fc_forward')
```

图 7.36 LSTMAttentionModel 的前向传播的定义

之后，分别使用 dynamic_lstm 定义了正向和反向的 LSTM，通过 is_reverse 参数控制数据的流向，并在其后级联了两个参数隔离的全连接层以对特征进行降维，如图 7.37 所示。

```
lstm_forward, _ = paddle.fluid.layers.dynamic_lstm(
    input=lstm_forward_fc,
    size=self.lstm_size * 4,
    is_reverse=False,
    name='rgb_lstm_forward')

lsmt_backward_fc = paddle.static.nn.fc(
    x=input_fc,
    size=self.lstm_size * 4,
    activation=None,
    bias_attr=False,  #video_tag
    name='rgb_fc_backward')

lstm_backward, _ = paddle.fluid.layers.dynamic_lstm(
    input=lsmt_backward_fc,
    size=self.lstm_size * 4,
    is_reverse=True,
    name='rgb_lstm_backward')
```

图 7.37 利用双向 LSTM 进行学习

得到正向和反向的 LSTM 输出以后，通过 concat 方法将两个特征进行拼接，并通过一个单独的全连接层输出每一个单元的权重 lstm_weight，最终返回原特征与权重相乘、池化后的加权融合特征 lstm_pool，如图 7.38 所示。

```
lstm_concat = paddle.concat(x=[lstm_forward, lstm_backward], axis=1)

lstm_dropout = paddle.fluid.layers.nn.dropout(
    x=lstm_concat,
    dropout_prob=self.drop_rate,
    is_test=(not is_training))

lstm_weight = paddle.static.nn.fc(
    x=lstm_dropout,
    size=1,
    activation='sequence_softmax',
    bias_attr=False,  #video_tag
    name='rgb_weight')

scaled = paddle.multiply(x=lstm_dropout, y=lstm_weight)
lstm_pool = paddle.fluid.layers.sequence_pool(
    input=scaled, pool_type='sum')

return lstm_pool
```

图 7.38 返回加权融合的特征

在 AttentionLSTM 模型中，作者在 build _ model 方法中实现了对 LSTMAttentionModel 模型的加载以及将一个三层的感知器作为分类器。其中第一层和第二层之间使用 relu 函数作为激活函数，第二层到第三层之间使用 tanh 函数作为激活函数，最后返回的是归为每一类的概率。AttentionLSTM 模型的输入、输出定义如图 7.39 所示。

```
def build_model(self):
    att_outs = []
    for i, (input_dim, feature
            ) in enumerate(zip(self.feature_dims, self.feature_input)):
        att = LSTMAttentionModel(input_dim, self.embedding_size,
                                 self.lstm_size, self.drop_rate)
        att_out = att.forward(feature, is_training=(self.mode == 'train'))
        att_outs.append(att_out)
    if len(att_outs) > 1:
        out = paddle.concat(x=att_outs, axis=1)
    else:
        out = att_outs[0]  # video only, without audio in videoTag

    fc1 = paddle.static.nn.fc(
        x=out,
        size=8192,
        activation='relu',
        bias_attr=paddle.ParamAttr(
            regularizer=paddle.regularizer.L2Decay(coeff=0.0),
            initializer=paddle.nn.initializer.Normal(std=0.0)),
        name='fc1')
    fc2 = paddle.static.nn.fc(
        x=fc1,
        size=4096,
        activation='tanh',
        bias_attr=paddle.ParamAttr(
            regularizer=paddle.regularizer.L2Decay(coeff=0.0),
            initializer=paddle.nn.initializer.Normal(std=0.0)),
        name='fc2')

    self.logit = paddle.static.nn.fc(x=fc2, size=self.num_classes, activation=None, \
                      bias_attr=paddle.ParamAttr(regularizer=paddle.regularizer.L2Decay(coeff=0.0),
                                  initializer=paddle.nn.initializer.Normal(std=0.0)), name='output')

    self.output = paddle.nn.functional.sigmoid(self.logit)
```

图 7.39 AttentionLSTM 模型的输入、输出定义

第8章

科教融合展望

8.1 BDAP的教与学

数据科学与大数据技术专业要求学生不仅需要掌握数据科学的基础知识与理论，而且需要掌握面向大数据应用的技术。这样才能使学生具备较强的数据分析和信息处理能力，能在大数据科学与工程技术领域从事数据分析管理、系统设计开发、大数据处理应用、科学研究等方面的工作，具备综合运用所学知识分析和解决实际问题的能力。

“大数据初识”课程体现了对学生3个方面能力的培养：一是课程使用理论知识作为实验指导，以实验结果印证理论推理，强化对学生的理论知识培养；二是课程提供学生实际操作环境，让学生动手实验，进行数据操作与处理，培养学生实践能力；三是课程提供真实案例，贴合实际应用，并普及相关领域的实务知识，使学生面对实际问题能提出自己的解决方法，培养学生的应用能力[113]。

同时，大数据类专业的课程体系包含了一些已有的计算机传统课程，面对新的专业需求，传统课程可能并不完全适配，有可能导致如下不足：课程强调理论知识，缺少对大数据技术实际应用的知识；实验环节需要编写大量代码，工作量大；实验环节只注重学生对大数据算法的设计与实现，缺少对大数据技术应用整体流程的普及，缺乏创新性等。基于BDAP的“大数据初识”课程能够弥补上述不足。“大数据初识”作为入门课程，能让学生对大数据技术建立整体的认识，并让学生通过动手实验，接触大数据技术的工作流程，同时让学生避开大量编码工作，直接从技术使用入手，培养实际应用能力。

8.1.1 结合BDAP的教学方法

为实现“大数据初识”课程的目标，北京邮电大学计算机学院使用了结合BDAP的教学方法：首先教师介绍实验内容，并讲解学生可能会用到的实验方法，之后学生将借助BDAP完成实验的设计与实现，并分析实验结果，写出实验报告。

“大数据初识”课程以实验的方式使学生接触大数据技术、了解分布式并行架构，并对数据挖掘中传统的分类、聚类及关联规则等算法进行了应用。该课程使学生较好地熟悉了大数据技术的工作流程，并采用经典的算法与案例，让学生自行设计实验，极大地锻炼了学生的动手应用能力，达到了预期的效果。在实验过程中，学生设计的实验方案采用了具有代表性的经典算法，并针对实验结果，进行简单的分析。通过老师的讲解，以及参考《BDAP教学平台使用说明书》及《"大数据初识"实验指导手册》，学生能够自主完成分类算法的实验设计，并分析实验结果，得出结论[114]。

8.1.2 结合大数据特点的实验课程体系建设

参考多课程联动的大数据实践教学组织方法，结合大数据类专业的培养目标和培养方式，建设符合大数据特点的实验课程体系。实验课程体系建设的目标旨在加深学生对理论知识的理解，让学生在实践中对理论知识进行修正、拓展和创新，同时结合大数据专业的特点，加强学生对大数据专业知识和应用技术的认识，提升学生的专业素养和创新能力。北京邮电大学计算机学院充分重视学生的实验教学，配备了由60台物理节点组成的大数据实验硬件资源和专用的实验教室，支撑了实验课程建设的保障体系。

(1) 构建"递进式"的实验教学模式

在理论课程达到"必需、够用"的前提下，提供BDAP给不同基础的学生使用。同时建立竞赛机制，激发学生兴趣，提高学生的创新能力。制订了独立、完善的实验教学计划，根据实验教学计划和培养方案，编写了实验指导手册和相关验收标准。

(2) 设定完整、灵活的实验课程体系

在一些必需的基础课程学习后，学生可以按照兴趣爱好或自身基础情况自由选择搭配的实验课程体系。相较于固定的实验课程体系，充分给予学生自由选择的权利，调动学生积极性。

(3) 建立科学、完整的实验教学评价体系

评价体系包括学生评价体系与教师评价体系。根据学生与教师的评价与建议对实验课程及教学环境及时作出调整与完善，提升教学质量。

8.1.3 教学实践经验总结

结合BDAP的实验教学方法已应用于2017—2020学年计算机学院的学生，教学实践经验总结为以下4点。

(1) 实行多课程联动的大数据实践教学组织方法。

在合理的课程设计的同时，配套使用BDAP与大数据实验管理系统，为学生提供快捷高效的实验环境。BDAP为学生提供大量与大数据相关的算法，学生只需理解算法原理与作用即可使用，无须自己编写代码，这使学生容易上手，可进行实验设计与实验结果分析；大数据实验管理系统提供丰富的课程体系与实验课程，学生无须自己搭建环境，便可以进行代码设计及编写，提升学生的代码实践能力。

(2) 设计开放性实验。

在实验设计上，不设定标准答案，而是以学生驱动，由学生自主设计实验方案，选择不同的算法进行实验，并分析实验结果、得出结论。这种不确定输出的形式能够充分地发挥学生的创造力，并锻炼学生对不同实验结果的分析能力。同时这种形式更适合将来的工作需求，符合专业培养目标。

（3）学习面向实际应用的案例。

在 BDAP 中，实验使用泰坦尼克数据集、鸢尾花数据集等经典数据集，同时使用经过脱敏处理的“校园一卡通”使用数据、汽车违章记录查询等真实数据，能让学生更容易理解大数据技术的工作原理；在大数据实验管理系统中，每门课程都配有案例课程，并开设了大数据行业应用课程，极大地培养学生的行业应用能力及大数据处理能力。

（4）在实践中不断吸取经验，改进教学方法。

学生的基础有明显差异，必须因材施教。在第 1 学年的教学实践中，进行无差别的教学模式，即全部学生都要参加大数据教学实践课程。在充分听取了学生及教师的建议后，在第 2 学年的教学实践中，对有一定大数据技术基础的学生实行免修考试或大数据竞赛获奖免修的方法，以达到不同层次学生的教学需求。同时，在参加实验课程的学生中，对于基础较差的学生，允许其在开放实验室中进行重复实验。对于基础好、能力强的学生，鼓励其进行创新性实验，并创造条件，让他们根据兴趣进行开放式实验，这符合基于创新性应用型人才培养的实验教学方法。

结合大数据实验课程的实践教学，对大数据专业需求的实践类课程设计建议如下。

① 实践类课程设计需要从社会需求出发，结合“新工科”背景，以培养多学科交叉复合型人才为目标。

② 引入开放性实验，实验数据及方法由学生自主选定，并让学生对得出的实验结果进行分析，以激发学生的创造力，培养学生的主观能动性。

③ 在实验设置上，结合专业特色，增加相应的真实应用案例；应用多个行业领域的数据，培养多学科交叉复合型人才。

④ 从多角度构建课程内容，在传统机器学习、数据挖掘与人工智能的方法基础上可以进一步引入深度学习、视频数据挖掘、图数据挖掘等更深层次的内容，构建内容更全面、更丰富的实践类课程，促进新工科专业的融合发展。

8.2 BDAP 的科教融合

2016 年教育部发布的《高等学校“十三五”科学和技术发展规划》中明确指出：“科教融合是现代高等教育的核心理念，支撑人才培养是高校科技工作的内在要求。”科教融合的目的在于培养学生在未来竞争中发现问题、创造性解决问题的能力与科学素养。近年国内各高校在科教融合道路上积极探索，获得了许多成绩，如北京师范大学大力建设互联网教育智能技术及应用国家工程实验室，中国科学院大学依托中科院 65 个研究所（京区 38 个所、京外 27 个所）承办了 19 个科教融合学院等。

北京邮电大学计算机学院于2017年开始设立数据科学与大数据技术专业。在结合专业培养目标与学校实际情况的条件下，开设了“大数据初识”课程。“大数据初识”课程是一门实践性很强的课程，其目的是弥补当下专业课程中的不足，强化对学生实践能力的培养，以实现“新工科”背景下，大数据专业培养多学科交叉复合型人才的目标[115]。

8.2.1 科教融合的内涵

科教融合，顾名思义是科研与教学的融合，而所谓融合则必然不是简单的结合，而是“你中有我”“我中有你”，彼此促进、相辅相成。1806年德国洪堡提出的“科研与教学相统一”的原则奠定了大学科教融合思想的基础，1998年美国的《博耶报告》强调“以科教融合重建本科教育”，同时强调实践环节应将基础性或应用性的科研与学生兴趣的结合，使学生既能完成相应科研项目，又能履行社会服务职能。人才培养一直是大学的根本任务，大学的教学与科研也均须为这一根本任务服务。从宏观上来看，高校的教学和科研的重要性不分伯仲，且教学和科研之间也存在着相互促进的作用。

科教融合是高校在充分认识到开展科学研究对支撑人才培养和促进教学质量提升的重要作用后将理念转化为实践的举措，既包括“在科研过程中实现教育”，也包括在教学过程中引入科研成果反哺教育。

在我国，科教融合以大学为主导，研究院所、企业共同促进。世界各国模式的不同主要体现在管理体制上，由于历史的原因，俄国与中国的模式有苏联国家集权体制的痕迹，大学和科研机构均具有科研与教育两项职能。

8.2.2 大数据专业科教融合的特征

在科教融合、校企联合的理念下，大数据专业学生的核心竞争能力应是知识应用和创新能力。与研究型专业不同，大数据专业更注重培养学生在实践中运用理论知识的能力，因此，其科教融合有着自身的特征，如支持力度强、学生参与度高、科研成果更加适宜工程应用。

（1）支持力度强

在国家相关政策的引导下，省部级、一些地方政府以及高校在高校教师科技创新方面加大了投入并予以一定的科研奖励。大数据专业在人、财、物的投入上相对更侧重于教学。在科教融合的研究型专业中往往是对教研项目或教改项目予以支持，换句话说，科研上的支持一般仅用于科研，而教学上的支持既包括教学本身，也包括促进教学的其他手段，无疑科教融合是其中的一个重要组成部分。因此，大数据专业对科教融合在政策、经费、配套服务等方面的支持力度更大，学校的重视程度更高。另外，科教融合本身也是科研应用于教育的体现，符合大数据专业的定位。

（2）学生参与度高

在参与教师科研项目的过程中，学生通过结合行业实际应用，往往能够更直观、更清晰、更透彻地理解知识应用的过程，进而拥有工程能力。BDAP在实验设计上不设定标准答案，而是以学生驱动，由学生自主设计实验方案，让学生选择不同的算法进行实验并分析实验结果，得出结论。这种不确定输出的形式能够充分地发挥学生的创造力，并锻炼学生对不同实验结果的分析能力。同时这种形式更适合将来的工作需求，学生在参与项目、掌握技术的同时，也逐步形成了团队协作意识和奉献精神，符合培养目标。

(3) 科研成果更加适宜工程应用

总体来说，大数据专业还是以贴近行业的工程应用项目和突破关键技术问题的研究项目为主。因此，大数据专业的科研成果往往和产业需求更为贴合，更接地气，其科研产出的表现形式往往是行业应用，这样的成果对大数据专业的人才培养来说，也更适宜转变为教案、讲义、实践教学内容等课程资源。

8.2.3 科教融合下的课程建设思路与实施步骤

科教融合下的应用型实践课程重点在于将合适的科研成果合理转化，但这一人才培养模式的实施也需要其他课程的"保驾护航"，因为会直接影响到学生对大数据课程的掌握情况。BDAP将分隔的垂直学科划分，转变为交叉、协作式的科学研究，采取科学任务带动创新人才培养模式，注重能力导向、科研训练、应用创新的递进式教学过程，注重多学科专业交叉融合、产学研深度结合、全程项目驱动的教学模式。因此，以BDAP科研成果为依托，构建应用型实践课程有着非常重要的意义。

(1) 设计实践教学方案

"大数据初识"课程实验使用BDAP，配有《BDAP教学平台使用说明书》及《"大数据初识"实验指导手册》，实验课程共设置6项实验，涵盖了大数据技术的基本内容，涉及基础的数据预处理，传统的分类、聚类及关联规则算法。首先让学生熟悉实验平台，了解实验平台的使用方法；然后分别设置结合泰坦尼克数据集的分类实验、结合鸢尾花数据集的聚类实验、结合超市购物记录数据集的关联规则实验，在讲解各个算法的原理和数据信息后，由学生自主选择相应的算法，对数据进行操作和实验；最后设置开放性实验，由学生自己选定数据与数据分析方法，进行实验设计，分析实验结果。因此，将大数据技术转化为BDAP的实践教学内容需要根据授课对象和目标课程特点进行。

(2) 开发实践教学案例

在对大数据分析相关技术进行梳理分解的基础上，综合考虑专业特点、学时、学生接受度、教学载体可行性等诸多要素，设计教学案例。在实践教学中，注重将学生已掌握的基础理论知识与大数据技术工程实际的有机结合，注重前沿技术的最新进展对实践教学案例的丰富与补充，注重教学案例对学生团队协作意识的培养，注重学生实际动手能力与动脑能力的并行提升。在课程设计中，应该充分利用可用资源，将科研成果转化为丰富的教学资源。例如，使用大数据科研平台辅助教学，为学生提供便捷高效的实验环境。从多角度构建课程内容，在传统机器学习与数据挖掘的方法上，引入深度学习、人工智能等内容，构建内容更全面更丰富的实践类课程，促进新工科专业的融合发展。

(3) 进行沉浸式、互动式的教学方式

和谐有效的教学具有动态性的特征,实践教学在教学载体上有客观性的特征,在授课对象上有自觉能动性的要求,因此,教学方式的可接受度直接影响教学效果。现代教育观点认为高等教育应"以学为本",而不是"以教为本",强调学生在学习过程中的主体作用,因而对于应用型实践教学的设计,调动学生的主观能动性尤为重要。大数据相关技术在转化为教学内容时,需要充分考虑学生的兴趣点以及对学生未来深造、就业的影响。沉浸式、交互式教学能够更好地调动学生的主观能动性,学生可以利用实践教学案例,全方面多视角地理解大数据涉及的关键技术以及当前阶段未解决的问题。

"多维讨论"(教学内容、技术发展、团队合作、实践效果等多个维度)式的互动教学,使学生在了解相关技术最新进展的同时,也能加深对实践内容的理解,了解相关技术的发展趋势、应用前景。

8.2.4 实施科教融合的难点

科教融合的重要性和必要性无须赘言,然而在其应用于实践课程的具体实施过程当中,客观存在着诸多难点。

(1) 科教融合点的选取

科教融合点的选取在大数据专业实践课程中是一个需要直接面对的难点。由科研成果转化的课程资源既要能涵盖课程所须传授的知识点,又要能够培养学生相应的动脑动手能力和工程实践能力;既要体现前沿性、先进性,又不能超出学生的接受能力范围;既要考虑与先修课程、后续课程的衔接性,又要保证实践教学内容的完整性、可持续性;既要确保教学过程的严谨性,又不可抹杀学生的好奇心、求知欲。因此,科教融合点的选取应当在分析授课对象特点和科研成果适应性特征的基础上,制订相应的选取原则,将科研成果进行有效分解、转化,使其成为可操作、能吸收、营养好的优质课程资源。

(2) 与现有教学体系的兼容性

科教融合本质上仍是一种人才培养的途径,仍须与现有教学体系兼容,而现有教学体系一般是基于专业的。一方面,社会分工的加剧,导致知识的分类日益深化、专门化,教学体系的制定围绕着各自专业人才培养的目标和特点;另一方面,科研成果往往基于更为复杂的、跨学科的知识取得。教学体系会在某一专业方向的纵深上循序渐进地展开,而大数据专业科研成果的形成却经常是跨专业、横向延展的,这一现象使得科研成果和教学体系间并不是一种紧密贴合的关系,而是在若干知识点、技术点上产生交集,进而导致由科研成果衍生的实践课程资源与现有教学体系存在兼容性的问题。

这一问题很难通过广义上调整教学体系来适应科教融合。一方面,教学体系的制定和修订需要统筹考量诸多要素;另一方面,各校的教学体系存在制度经济学中的"路径依赖"(即一旦进入某一路径,就可能对这种路径产生依赖,惯性力量会使这一选择不断自我强化,轻易走不出去,严重者甚至出现制度"锁定")。然而面对科教融合与现有教学体系的兼容性问题,从治标角度来看,可以考虑根据科研成果的具体情况设置大数据专业实践课程，也可以将科研成果碎片化，化繁为简、以简驭繁，配合不同的教学体系。

科教融合下的大数据专业实践课程建设除具有以上所述难点之外，还有机制的客观性与导向性的评价、课程管理、跨专业知识重构等问题，但是科教融合是创新人才培养的重要途径，继续深化和加强科教融合教学模式是高等教育的必然选择。

参考文献

[1] Community cleverness required[J]. Nature,2008,455(7209):1.

[2] Andrew J, Severin. Dealing with data: training new scientists. [J]. Science (New York, N. Y.),2011,331(6024):1516.

[3] 安彦哲,朱好晴,朱好晴. 物联网大数据场景下的分布式哈希表适用条件分析[J]. 计算机学报,2021,(8):1679-1695.

[4] 张意轩,于洋. 人民日报:大数据时代的大媒体[EB/OL]. [2013-01-17]. http://www.peopledaily.me/archives.6797.

[5] 王军. 把握时机做好国家大数据战略[J]. 中国党政干部论坛,2018(1):71-72.

[6] 陆原,申文燮. 贝恩:企业大数据战略指南[EB/OL]. [2016-05-28]. http://www.199it.com/archives/477307.html.

[7] 宫学庆,金澈清,王晓玲,等. 数据密集型科学与工程:需求和挑战[J]. 计算机学报,2012,35(8):1563-1578.

[8] 杨小东,安发英,杨平,等. 云环境下基于代理重签名的跨域身份认证方案[J]. 计算机学报,2019,42(4):756-771.

[9] 冯登国,徐静,兰晓. 5G 移动通信网络安全研究[J]. 软件学报,2018,29(6):1813-1825.

[10] 刘海,彭长根,吴振强,等. 基因组数据隐私保护理论与方法综述[J]. 计算机学报,2021,44(7):1430-1480.

[11] 宋杰,孙宗哲,刘慧,等. 混合供电数据中心能耗优化研究进展[J]. 计算机学报,2018,41(12):2670-2688.

[12] 胥皇,於志文,郭斌,等. 人才流动的时空模式:分析与预测[J]. 计算机研究与发展,2019,56(7):1408-1419.

[13] 张引,陈敏,廖小飞,等. 大数据应用的现状与展望[J]. 计算机研究与发展,2013,50(Suppl.):216-233.

[14] Manyika J, Chui M, Brown B, et al. Big data: the next frontier for innovation,

competition, and productivity[M]. [S. l.]: McKinsey Global Institute, 2011: 1-137.

[15] Laney D. 3D data management: controlling data volume, velocity and variety [M]. [S. l.]: META Group Research, 2001:6.

[16] Zikopoulos P, Eaton C, et al. Understanding big data: analytics for enterprise class Hadoop and streaming data[M]. New York: McGraw-Hill Osborne Media, 2011.

[17] Meijer E. The world according to linq[J]. Communications of the ACM, 2011, 54(10):45-51.

[18] Mark B. Gartner says solving big data challenge involves more than just managing volumes of data[M]. [S. l.]: Gartner Retrieved, 2011:13.

[19] Gantz J, Reinsel D. Extracting value from chaos[J]. IDC iView, 2011:1-12.

[20] Ghernawat S, Gobioff H, Leung S T. The google file system[C]// Proceedings of the 19th ACM Symposium on Operating Systems Principles. New York: ACM, 2003:29-43.

[21] David Lazer, Alex Pentland, Lada Adamic, et al. Computational social science [J]. Science, 2009, 323(5915): 721-723.

[22] Paolacci G, Chandler J, Ipeirotis P. Running experiments on amazon mechanical turk[J]. Judgment and Decision Making, 2010, 5(5):411-419.

[23] Finin T, Murnane W, Karandikar A, et al. Annotating named entities in Twitter data with crowd sourcing[C] //Proceedings of the NAACL HLT 2010 Workshop on Creating Speech and Language Data with Amazon's Mechanical Turk. Los Alamitos, CA: Association for Computational Linguistics, 2010:80-88.

[24] 陶皖.云计算与大数据[M].西安:西安电子科技大学出版社,2017:44.

[25] Agresti A . The analysis of ordinal categorical data[M]. [S. l.]: Wiley, 1984.

[26] 程学旗,靳小龙,王元卓,等. 大数据系统和分析技术综述[J]. 软件学报, 2014, 25(9):1889-1908.

[27] Sanil A P. Principles of data mining[J]. Publications of the American Statistical Association, 2007, 98(461):252-253.

[28] 边馥苓.时空大数据的技术与方法[M].北京:测绘出版社,2016:24.

[29] Han J W, Kamber M, Pei J. 数据挖掘概念与技术[M].范明,孟小峰,译.北京:机械工业出版社,2012.

[30] Breiman L I, Friedman J H, Olshen R A, et al. Classification and regression trees[J]. Encyclopedia of Ecology, 2015, 57(3):582-588.

[31] Wong J A H A. Algorithm AS 136: a k-means clustering algorithm[J]. Journal of the Royal Statistical Society, 1979, 28(1):100-108.

[32] 清华大学人工智能研究院.人工智能之数据挖掘[R/OL].(2019-02-16)[2021-08-

16]. https://www.aminer.cn/research_report/5c3d5a5cecb160952fa10b76?download=true&pathname=datamining.pdf.

[33] Agrawal R, Srikant R. Mining sequential patterns[J]. Proc. int. conf. on Data Engineering, 1970.

[34] Sabharwal A, Selman B S Russell P. Norvig, artificial intelligence: a modern approach, third edition[J]. Artificial Intelligence, 2011, 175(5-6):935-937.

[35] 监督式学习[EB/OL]. https://zh.wikipedia.org/wiki/監督式學習.

[36] 高阳,陈世福,陆鑫.强化学习研究综述[J].自动化学报,2004,30(1):86-100.

[37] Sutton R, Barto A. Reinforcement learning: an introduction[M]. [S.l.]: MIT Press, 1998.

[38] Pazzani M J. Searching for dependencies in Bayesian classifiers[M]. New York: Springer , 1996.

[39] Weinberger K Q, Saul L K. Distance metric learning for large margin nearest neighbor classification[J]. Journal of Machine Learning Research, 2009, 10(1): 207-244.

[40] 清华大学人工智能研究院.人工智能之机器学习[R/OL].(2020-01-10)[2021-08-16]. https://www.aminer.cn/research_report/5e183f0276f65bd06e050fab?download=false.

[41] Cortes C, Vapnik V. Support-vector networks[J]. Machine Learning, 1995, 20(3):273-297.

[42] 周志华.机器学习[M].北京:清华大学出版社,2016.

[43] Apache Hadoop 3.3.1[EB/OL]. https://hadoop.apache.org/docs/stable.

[44] Karau H, Konwinski A, Wendell P, et al. Spark 快速大数据分析[M].王道远,译.北京:人民邮电出版社,2015.

[45] Spark Release 3.1.2[EB/OL]. http://spark.apache.org/releases/spark-release-3-1-2.html.

[46] 李小华,周毅.医院信息系统数据库技术与应用[M].广州:中山大学出版社,2015:399.

[47] 杨旭,汤海京,丁刚毅.数据科学导论[M].北京:北京理工大学出版社,2014:129.

[48] 袁艳妮. NoSQL 数据库技术[M].北京:北京邮电大学出版社,2020:19.

[49] 朱魁,吴斌,王柏,等.结合大数据平台的大学创新实验课程体系建设[J].计算机教育,2020,4(1):138-143.

[50] Wu Y, Lian D, Xu Y, et al. Graph convolutional networks with markov random field reasoning for social spammer detection[C]//Proceedings of the AAAI Conference on Artificial Intelligence. 2020, 34(1): 1054-1061.

[51] Sanchez-Gonzalez A, Heess N, Springenberg J T, et al. Graph networks as learnable physics engines for inference and control[C]//International Conference

on Machine Learning. [S. l.]: PMLR, 2018: 4470-4479.

[52] Fout A M. Protein interface prediction using graph convolutional networks[D]. [S. l.]: Colorado State University, 2017.

[53] Hamaguchi T, Oiwa H, Shimbo M, et al. Knowledge transfer for out-of-knowledge-base entities: a graph neural network approach[J]. arXiv preprint arXiv:1706.05674, 2017.

[54] Su W, Zhu X, Cao Y, et al. Vl-bert: Pre-training of generic visual-linguistic representations[J]. arXiv preprint arXiv:1908.08530, 2019.

[55] Sun C, Myers A, Vondrick C, et al. Videobert: a joint model for video and language representation learning [C]//Proceedings of the IEEE/CVF International Conference on Computer Vision. Seoul: IEEE, 2019: 7464-7473.

[56] Zhu L, Yang Y. Actbert: Learning global-local video-text representations[C]// Proceedings of the IEEE/CVF Conference on Computer Vision and Pattern Recognition. [S. l:s. n.], 2020: 8746-8755.

[57] Ramanathan V, Huang J, Abu-El-Haija S, et al. Detecting events and key actors in multi-person videos[C]//Proceedings of the IEEE Conference on Computer Vision and Pattern Recognition. [S. l:s. n.], 2016: 3043-3053.

[58] Ramanathan V, Yao B P, Li F F. Social role discovery in human events[C]// Proceedings of the IEEE Conference on Computer Vision and Pattern Recognition. [S. l:s. n.], 2013: 2475-2482.

[59] Cordel M O, Fan S, Shen Z, et al. Emotion-aware human attention prediction [C]//Proceedings of the IEEE/CVF Conference on Computer Vision and Pattern Recognition. Long Beach: IEEE, 2019: 4026-4035.

[60] Deng D, Chen Z, Zhou Y, et al. Mimamo net: integrating micro-and macro-motion for video emotion recognition[C]//Proceedings of the AAAI Conference on Artificial Intelligence. 2020, 34(03): 2621-2628.

[61] Kukleva A, Tapaswi M, Laptev I. Learning interactions and relationships between movie characters[C]//Proceedings of the IEEE/CVF Conference on Computer Vision and Pattern Recognition. [S. l.]: IEEE, 2020: 9849-9858.

[62] Liu X, Liu W, Zhang M, et al. Social relation recognition from videos via multi-scale spatial-temporal reasoning[C]//Proceedings of the IEEE/CVF Conference on Computer Vision and Pattern Recognition. [S. l.]: IEEE, 2019: 3566-3574.

[63] Lv J, Liu W, Zhou L, et al. Multi-stream fusion model for social relation recognition from videos[C]//International Conference on Multimedia Modeling. [S. l.]: Springer, 2018: 355-368.

[64] Brown P F, Della Pietra V J, Desouza P V, et al. Class-based n-gram models of natural language[J]. Computational linguistics, 1992, 18(4): 467-480.

[65] Devlin J, Chang M W, Lee K, et al. Bert: Pre-training of deep bidirectional transformers for language understanding [J]. arXiv preprint arXiv: 1810.04805, 2018.

[66] Salton G, McGill M J. Introduction to modern information retrieval[M]. [S. l.]: McGraw-Hill, 1983.

[67] Zhao K, Bai T, Wu B, et al. Deep adversarial completion for sparse heterogeneous information network embedding[C]//Proceedings of the Web Conference 2020. 2020: 508-518.

[68] Zhang C, Zhang Y, Wu B. A parallel community detection algorithm based on incremental clustering in dynamic network[C]//2018 IEEE/ACM International Conference on Advances in Social Networks Analysis and Mining (ASONAM). [S. l.]: IEEE, 2018: 946-953.

[69] Long F Y, Ning N W, Song C G, et al. Strengthening social networks analysis by networks fusion [C]//Proceedings of the 2019 IEEE/ACM International Conference on Advances in Social Networks Analysis and Mining. Vancouver: IEEE, 2019: 27-30.

[70] Zhang W, Wu B, Liu Y. Cluster-level trust prediction based on multi-model social networks[J]. Neurocompution, 2016, 210: 206-216.

[71] Zhu J, Wang B, Wu B, et al. Emotional community detection in social network [J]. IEICE Transactions on Information and Systems, 2017, 100 (10): 2515-2525.

[72] Zhang Y, Ning N, Lv J, et al. Jointly modeling community and topic in social network [C]. //International Conference on Knowledge Science Engineering Management. 2019: 209-221.

[73] 刘宇,吴斌,曾雪琳,等. 一种基于社交网络社区的组推荐框架[J]. 电子与信息学报,2016,38(9):2150-2157.

[74] Blondel V D, Guillaume J L, Lambiotte R, et al. Fast unfolding of communities in large networks[J]. Journal of Statistical Mechanics: Theory and Experiment, 2008, 2008(10): 10008.

[75] Watts D J, Strogatz S H. Collective dynamics of 'small-world' networks[J]. Nature, 1998, 393(6684): 440-442.

[76] Hinton G E. Neural networks: tricks of the trade[M]. Berlin: Springer, 2012: 599-619.

[77] Hinton G E, Salakhutdinov R R. Reducing the dimensionality of data with neural networks[J]. Science, 2006, 313(5786): 504-507.

[78] Hinton G E, Osindero S, Teh Y W. A fast learning algorithm for deep belief nets[J]. Neural Computation, 2006, 18(7): 1527-1554.

[79] Babri H A, Tong Y. Deep feedforward networks: application to pattern recognition[C]//Proceedings of International Conference on Neural Networks (ICNN'96). [S. l.]: IEEE, 1996, 3: 1422-1426.

[80] LeCun Y, Bottou L, Bengio Y, et al. Gradient-based learning applied to document recognition[J]. Proceedings of the IEEE, 1998, 86(11): 2278-2324.

[81] Shao L, Wu D, Li X. Learning deep and wide: a spectral method for learning deep networks[J]. IEEE Transactions on Neural Networks and Learning Systems, 2014, 25(12): 2303-2308.

[82] Cortes C, Vapnik V. Support-vector networks[J]. Machine Learning, 1995, 20(3): 273-297.

[83] Schapire R E. Theoretical views of boosting and applications[C]//International Conference on Algorithmic Learning Theory. Berlin, Heidelberg: Springer, 1999: 13-25.

[84] Krishnapuram B, Carin L, Figueiredo M A T, et al. Sparse multinomial logistic regression: fast algorithms and generalization bounds[J]. IEEE Transactions on Pattern Analysis and Machine Intelligence, 2005, 27(6): 957-968.

[85] Ruder S. An overview of gradient descent optimization algorithms[J]. arXiv preprint arXiv:1609.04747, 2016.

[86] Cutkosky A, Mehta H. Momentum improves normalized sgd[C]//International Conference on Machine Learning. Vienna: ACM, 2020: 2260-2268.

[87] Gardner M W, Dorling S R. Artificial neural networks (the multilayer perceptron)——a review of applications in the atmospheric sciences[J]. Atmospheric Environment, 1998, 32(14-15): 2627-2636.

[88] Li R Y M, Tang B, Chau K W. Sustainable construction safety knowledge sharing: a partial least square-structural equation modeling and a feedforward neural network approach[J]. Sustainability, 2019, 11(20): 5831.

[89] French R M. The turing test: the first 50 years[J]. Trends in Cognitive Sciences, 2000, 4(3): 115-122.

[90] Mikolov T, Chen K, Corrado G, et al. Efficient estimation of word representations in vector space[J]. arXiv preprint arXiv:1301.3781, 2013.

[91] Pennington J, Socher R, Manning C D. Glove: global vectors for word representation[C]//Proceedings of the 2014 Conference on Empirical Methods in Natural Language Processing. Doha: ACL, 2014: 1532-1543.

[92] Nadeau D, Sekine S. A survey of named entity recognition and classification[J]. Lingvisticae Investigationes, 2007, 30(1): 3-26.

[93] Finkel J R, Grenager T, Manning C D. Incorporating non-local information into information extraction systems by gibbs sampling[C]//Proceedings of the 43rd

Annual Meeting of the Association for Computational Linguistics. [S. l.]: ACM, 2005: 363-370.

[94] Schuster M, Paliwal K K. Bidirectional recurrent neural networks[J]. IEEE Transactions on Signal Processing, 1997, 45(11): 2673-2681.

[95] Hochreiter S, Schmidhuber J. Long short-term memory[J]. Neural Computation, 1997, 9(8): 1735-1780.

[96] Vaswani A, Shazeer N, Parmar N, et al. Attention is all you need[C]//Advances in Neural Information Processing Systems. Long Beach: MIT Press, 2017: 5998-6008.

[97] Devlin J, Chang M W, Lee K, et al. Bert: pre-training of deep bidirectional transformers for language understanding [J]. arXiv preprint arXiv: 1810.04805, 2018.

[98] Deng J, Dong W, Socher R, et al. Imagenet: a large-scale hierarchical image database [C]//2009 IEEE Conference on Computer Vision and Pattern Recognition. Florida: IEEE, 2009: 248-255.

[99] He K, Zhang X, Ren S, et al. Deep residual learning for image recognition[C]//Proceedings of the IEEE Conference on Computer Vision and Pattern Recognition. Las Vegas: IEEE, 2016: 770-778.

[100] Girshick R, Donahue J, Darrell T, et al. Region-based convolutional networks for accurate object detection and segmentation[J]. IEEE Transactions on Pattern Analysis and Machine Intelligence, 2015, 38(1): 142-158.

[101] Girshick R. Fast r-cnn[C]//Proceedings of the IEEE International Conference on Computer Vision. Santiago: IEEE, 2015: 1440-1448.

[102] Ren S, He K, Girshick R, et al. Faster r-cnn: towards real-time object detection with region proposal networks[J]. Advances in Neural Information Processing Systems, 2015, 28: 91-99.

[103] He K, Gkioxari G, Dollár P, et al. Mask r-cnn[C]//Proceedings of the IEEE international conference on computer vision. Venice: IEEE, 2017: 2961-2969.

[104] Redmon J, Divvala S, Girshick R, et al. You only look once: unified, real-time object detection[C]//Proceedings of the IEEE Conference on Computer Vision and Pattern Recognition. Las Vegas: IEEE, 2016: 779-788.

[105] Goodfellow I, Pouget-Abadie J, Mirza M, et al. Generative adversarial nets [C]//Advances in Neural Information Processing Systems. Montreal: MIT Press, 2014: 2672-2680.

[106] Karras T, Laine S, Aila T. A style-based generator architecture for generative adversarial networks[C]//Proceedings of the IEEE Conference on Computer Vision and Pattern Recognition. Long Beach: IEEE, 2019: 4401-4410.

[107] Bruna J, Zaremba W, Szlam A, et al. Spectral networks and locally connected networks on graphs[J]. arXiv preprint arXiv:1312.6203, 2013.

[108] Defferrard M, Bresson X, Vandergheynst P. Convolutional neural networks on graphs with fast localized spectral filtering[J]. Advances in neural information processing systems, 2016, 29: 3844-3852.

[109] Kipf T N, Welling M. Semi-supervised classification with graph convolutional networks[J]. arXiv preprint arXiv:1609.02907, 2016.

[110] 王正,吴斌,王文哲,等. 基于图像和视频信息的社交关系理解研究综述[J]. 计算机学报,2021,44(6):1168-1199.

[111] Wang H, Zhang F, Zhao M, et al. Multi-task feature learning for knowledge graph enhanced recommendation[C]//The World Wide Web Conference. San Francisco: ACM, 2019: 2000-2010.

[112] Ying R, He R, Chen K, et al. Graph convolutional neural networks for web-scale recommender systems [C]//Proceedings of the 24th ACM SIGKDD International Conference on Knowledge Discovery & Data Mining. London: ACM, 2018: 974-983.

[113] 李梦莹,王晓东,阮书岚,等. 基于双路注意力机制的学生成绩预测模型[J]. 计算机研究与发展,2020,57(8):1729-1740.

[114] 张凯峰,俞扬. 基于逆强化学习的示教学习方法综述[J]. 计算机研究与发展,2019,56(2):254-261.

[115] 郑庆华,董博,钱步月,等. 智慧教育研究现状与发展趋势[J]. 计算机研究与发展,2019,56(1):209-224.